FLATTER YOU

Short hair styled to type can be boon to that irregular profile! the things you don't like about can be minimized by the right hair Your hairdresser's magic can make very nose on your face appear to cha

Wrong

Low Forehead

HIGH FOREHEAD, SHORT CHIN—If this is your type, look at the *Wrong* hairdo and you'll never want another skyscraper pompadour! The higher your hair is piled, the higher your already lofty forehead will seem. The upswept sides also exaggerate the length of the face. All that fluff below the ears makes the short chin seem even shorter by decreasing the length of the jawline. Now look at the *Right* hairdo for your type. The too-high forehead appears lower because it is partially covered with a waved bang. Back curls are short and away from the ears, so the jawline seems longer, the chin more prominent.

LOW FOREHEAD—Don't make the common mistake of thinking that the more you show of your low forehead, the higher it will appear! The sketch of the *Wrong* hairdo proves the error of that idea. Instead, the low forehead must be given height by sweeping the side hair up toward it, and by piling the front hair high. The forehead hairline should be hidden so that no one can see how low the hair actually grows.

Wrong *Right*

HUMPED NOSE, RECEDING BROW—In the *Wrong* hairdo for this type, the ears are completely exposed, thus the bare expanse from nose-tip to ear-tip makes the large nose stand out more prominently than need be. Too many back fluffs lengthen the long line from the nose to the back of the head. The receding brow is greatly exaggerated by sweeping the hair flat, back from the forehead. In the *Right* hairdo, ears are covered with curls to detract from the nose. Crown hair is waved close to the head and low in back. Soft waves, placed high and well forward, give the

미용사 일반(헤어) 실기

HAIRDRESSER Practical Technique

장수은 · 최현경 · (주)에듀웨이 R&D 연구소 지음

일반(헤어) 실기 동영상 강의 인증용 등업방법

1. 본 출판사 카페(eduway.net)에 가입합니다.
2. 아래 기입란에 카페 가입 닉네임 및 이메일 주소를 볼펜(또는 유성 네임펜)으로 기입합니다.
3. 스마트폰 등으로 이 페이지를 촬영한 후 카페 메뉴의 '(실기)미용도서-인증하기'에 게시합니다.
4. 카페매니저가 확인 후 등업을 해드립니다.

카페 닉네임 및 이메일 주소 기입란

Author's profile

장수은

- 한성대학교 예술대학원 뷰티예술 전공
- 국제 분장사 자격증 "CIDESCO"취득
- 2016K-뷰쳐 미용컨테스트 심사위원
- 2016 제11회 BETA컵국제미용대회 심사위원
- 전) SBS방송아카데미 뷰티미용학원 시간강사
- 전) 경북보건대학교 겸임교원
- 전) 한성대학교예술대학원 뷰티예술학과 시간강사
- 전) 서울문화예술대학교 실기강사
- 전) 신도림미용고등학교 교사
- 전) 우석대학교 평생교육원 시간강사
- 전) 국제대학교 시간강사
- 전) SBS뷰티아카데미(신촌점) 강사
- 현) 에르모소뷰티직업전문학교 강사

최현경

- 중앙대학교(산업교육원) 졸업
- NIC 국제 미용자격증
- 세계 뷰티 심사위원
- 트리콜로지스트(Trichologist) 심사위원
- 대한민국 패션대전 헤어 담당
- 산업대학 패션쇼 헤어 담당
- 공인행정관리사
- 전) JA3 미용실
- 전) 금성직업학교 실기교사
- 전) GMB직업학교 실기교사
- 전) 아름다운 사람들(일산) 헤어 전임강사
- 전) 아름다운 사람들(영등포) 헤어 전임강사
- 현) SBS 아카데미 뷰티스쿨 출강

도움을 준 이

- 모델 : 이유진

이 책은 미용사(일반) 실기시험을 준비하는 수험생에게 무엇보다 실기시험 합격을 위한 명확한 기준을 제시하고자 하였습니다. 아울러 시험장에 들어가기 전에 반드시 숙지해야 할 내용들을 수험생의 입장에서 다음 몇 가지 특징을 염두에 두고 집필하였습니다.

【이 책의 특징】

첫째, 이 책의 가장 큰 특징은 심사기준, 심사포인트, 감점요인입니다. 감독위원들이 어떤 부분을 중점적으로 심사를 하는지, 또 감점요인에는 어떤 것들이 있으며, 어떤 점을 특별히 주의해야 하는지 등에 관한 내용을 집필하였습니다.

둘째, 공단에서 공개한 수험자 요구사항과 주의사항을 그대로 복사해서 전달하는 방식이 아니라 해당 시술 과정 곳곳에 말꼬리 설명이나 Checkpoint를 통해 정리하여 핵심적인 내용은 쉽게 이해할 수 있도록 하였습니다.

셋째, 각 과제마다 전체 시술과정을 도식화하여 한눈에 파악할 수 있도록 하였습니다. 복잡하거나 헷갈릴 수 있는 과정을 한눈에 볼 수 있어 전체 과정을 쉽게 이해하는 데 도움이 될 것입니다.

넷째, 전체 시술과정에 대한 무료 동영상강의를 제공하였습니다. 책으로는 다소 부족할 수 있는 부분을 동영상으로 보면서 보다 완벽하게 준비할 수 있도록 하였습니다. 이 책을 구입한 독자분이라면 에듀웨이 카페에서 간단한 인증절차를 거쳐 보실 수 있습니다.

이 책으로 공부하신 여러분 모두에게 합격의 영광이 있기를 기원합니다.

저자 드림

- **시 행 처** | 한국산업인력공단
- **자격종목** | 미용사(일반)
- **실기검정방법** | 작업형
- **시험시간** | 약 2시간 45분
- **합격기준** | 100점을 만점으로 하여 60점 이상
- **수행직무** | 고객의 미적요구와 정서적 만족감 충족을 위해 미용기기와 제품을 활용하여 샴푸, 헤어커트, 헤어퍼머넌트웨이브, 헤어컬러, 두피, 모발관리, 헤어스타일 연출 등의 서비스를 제공

주요 항목	세부 항목	세세 항목
1 미용업 안전위생 관리	1. 미용사 위생 관리하기	1. 고객의 두피나 얼굴 등에 상해를 주지 않도록 손톱 관리 2. 고객에게 불쾌감을 주지 않도록 체취와 구취 관리 3. 미용 업소 내에서 복장을 청결하게 착용 4. 미용서비스 전 · 후 손을 깨끗이 씻거나 소독
	2. 미용업소 위생 관리하기	1. 청소점검표에 따라 미용업소 내 · 외부 청소 2. 미용서비스를 위한 수건과 가운 등을 위생적으로 준비 3. 설비시설과 사용기기 및 도구의 소재별 특성에 따라 소독하여 준비 4. 미용업소에서 발생하는 쓰레기를 분리한 후 주변 정리
	3. 미용업 안전사고 예방하기	1. 전기사고 예방을 위해 전열기, 전기기기 등의 안전 상태를 점검 2. 화재사고 예방을 위해 난방기, 가열기 등의 안전 상태를 점검 3. 낙상사고 예방을 위해 바닥의 이물질 등을 수시 제거 4. 구급약을 비치하여 상황에 따른 응급조치 5. 긴급 상황 발생 시 비상조치 요령에 따라 신속하게 대처
2 두피 · 모발관리	1. 두피 · 모발 관리 준비하기	1. 두피 · 모발 관리에 필요한 기기와 도구 및 재료 준비 2. 문진, 시진, 촉진 등으로 분석한 두피 · 모발 상태에 대해 고객과 상담 3. 두피 · 모발 분석내용을 고객관리차트에 기록
	2. 두피 관리하기	1. 두피 분석 결과에 따라 관리방법을 선택 2. 두피 상태에 따라 관리에 필요한 기기, 기구, 제품을 선택하여 사용 3. 두피를 샴푸, 스케일링, 두피매니플레이션, 팩, 앰플 등으로 관리
	3. 모발관리하기	1. 모발 분석에 따라 관리 방법을 계획 2. 모발 상태에 따라 관리에 필요한 기기, 기구, 제품을 선택하여 사용 3. 모발을 샴푸, 팩, 앰플 등으로 관리
	4. 두피 · 모발 관리 마무리하기	1. 두피 · 모발 진단기를 사용하여 관리 전 · 후의 변화를 비교하여 고객에게 설명 2. 건강한 두피 · 모발상태 유지를 위한 홈 케어 방법을 고객에게 설명 3. 두피 · 모발 관리내용을 고객관리차트에 기록

주요 항목	세부 항목	세세 항목
3 헤어샴푸	1. 헤어샴푸하기	1. 고객 편의를 위해 가운 및 무릎 덮개, 어깨타월 착용 및 좌식 또는 와식 샴푸 2. 엉킨 모발의 정돈과 이물질 제거를 위해 사전 브러싱 3. 고객이 불편하지 않도록 샴푸대의 높이와 수온 및 수압을 조절 4. 얼굴에 물이 튀지 않도록 모발에 물길을 만들어 모발을 충분히 적심 5. 모발 길이 및 모량에 따라 적당량의 샴푸제를 사용하여 두피 매니플레이션 6. 샴푸성분이 남지 않도록 페이스라인, 귀, 모발, 두피 등을 충분하게 헹굼
	2. 헤어트리트먼트하기	1. 샴푸 후 두피 · 모발 상태를 파악하여 모발을 트리트먼트 2. 트리트먼트제를 모발에 도포한 후 두피 지압과 매니플레이션 3. 트리트먼트제가 페이스라인, 귀, 두피 등에 남지 않도록 충분하게 헹굼 4. 타월로 모발의 물기를 제거한 후 두상을 타월로 감싸기 5. 샴푸대 및 주변을 깨끗하게 정리한 후 고객을 서비스 공간으로 안내
4 베이직 헤어펌	1. 베이직 헤어펌 준비하기	1. 고객에게 어깨보, 가운 등을 착용 및 베이직 헤어펌 전 사전 샴푸 2. 모발 길이 등 모발의 상태에 따라 사용할 호수별 로드, 밴드, 앤드페이퍼 등 필요한 도구 및 재료를 준비 3. 모발에 사전 처리 작업으로 전처리제 도포 및 연화 또는 유화작업 4. 헤어라인 및 두피에 보호제를 도포
	2. 베이직 헤어펌하기	1. 크로키놀식 및 스파이럴식 기법으로 와인딩 2. 와인딩 된 모발에 1제를 도포하고 타월밴드 및 비닐캡 처리 3. 헤어펌제의 촉진을 위해 가온기나 음이온기기 등을 사용하여 열처리 4. 웨이브의 형성정도를 파악하기 위한 테스트컬 5. 테스트컬의 결과에 따라 중간 세척 6. 헤어펌제의 유형과 펌디자인에 따라 2제를 도포
	3. 베이직 헤어펌 마무리하기	1. 로드-오프 하여 마무리 세척 2. 헤어펌 디자인에 따라 잔여 수분함량을 조절 3. 헤어펌 디자인에 따라 헤어스타일링 제품을 사용하여 마무리
5 매직스트레이트 헤어펌	1. 매직스트레이트 헤어펌하기	1. 매직스트레이트 헤어펌에 필요한 도구 일체를 준비 2. 모발 연화를 위해 펌 1제와 가온기 등을 사용 3. 연화가 끝난 모발을 충분히 헹군 후 건조 4. 플랫 형태의 매직기로 모발의 큐티클을 정돈하며 스트레이트 형태로 펼 것 5. 펌 2제가 피부에 흘러내리지 않도록 도포
	2. 매직스트레이트 헤어펌 마무리하기	1. 매직스트레이트 헤어펌의 마무리 세척 2. 스타일링을 위해 모발에 잔여 수분함량을 조절 3. 헤어스타일 연출 제품을 사용하여 마무리 4. 고객에게 홈케어 손질법을 설명

주요 항목	세부 항목	세세 항목
6 기초 드라이	1. 스트레이트 드라이하기	1. 모발 상태와 헤어디자인에 따라 블로우 드라이어, 헤어 아이론, 헤어브러시 등의 기기 및 도구를 선정 2. 블로우 드라이어를 사용하여 모발을 스트레이트로 연출 3. 헤어 아이론을 사용하여 모발을 스트레이트로 연출 4. 모발 상태와 헤어디자인에 따라 기기의 온도, 각도와 방향, 텐션 등을 조절 5. 콤아웃 기법과 헤어스타일 연출 제품 등을 사용하여 헤어스타일을 완성
	2. C컬 드라이하기	1. 모발 상태와 헤어디자인에 따라 블로우 드라이어, 헤어 아이론, 헤어브러시 등의 기기 및 도구 선정 2. 블로우 드라이어를 사용하여 모발을 인컬, 아웃컬로 연출 3. 헤어 아이론을 사용하여 모발을 인컬, 아웃컬로 연출 4. 모발 상태와 헤어디자인에 따라 기기의 온도, 각도와 방향, 텐션 등을 조절 5. 콤아웃 기법과 헤어스타일 연출 제품 등을 사용하여 헤어스타일 완성
7 베이직 헤어컬러	1. 베이직 헤어컬러하기	1. 고객에게 가운, 어깨보 등 착용 2. 고객에게 염모제를 사용하여 패치테스트 및 스트렌드 테스트 3. 두피 및 모발 상태에 따른 전처리 제품과 도구 및 재료 준비 4. 원터치 및 투터치 등의 방법으로 염모제 도포 5. 염모제의 발색 촉진을 위해 가온기나 음이온기기 사용 여부 선택
	2. 베이직 헤어컬러 마무리하기	1. 염모제를 제거하기 위한 마무리 샴푸 2. 피부에 묻은 염 · 탈색제를 제거 3. 타월 드라이 및 핸드드라이 기법으로 모발을 건조
8 원랭스 헤어커트	1. 원랭스 커트하기	1. 고객에게 어깨보, 커트보 등을 착용 2. 헤어커트 유형에 따라 모발의 수분 함량을 조절하거나 오염이 심한 모발은 사전 샴푸 3. 헤어커트 공간을 정리한 후 커트 목적에 따라 도구를 선택하여 바른 자세로 블런트 커트 4. 원랭스 스타일에 따라 블로킹과 섹션을 정확하게 구분하여 수평, 사선의 형태로 커트 5. 커트 후 균형 및 완성도 체크
	2. 원랭스 커트 마무리하기	1. 고객의 얼굴과 목 등에 남아있는 머리카락 제거 2. 헤어커트 후 고객 만족을 파악하여 필요한 경우 수정 및 보정커트 3. 헤어커트 후 원랭스 스타일에 따라 모발을 건조하여 마무리 4. 사용한 헤어커트 도구의 청결 · 관리 및 주변 정리 · 정돈
9 그래쥬에이션 헤어커트	1. 그래쥬에이션 커트하기	1. 그래쥬에이션 스타일에 따른 블로킹과 섹션 2. 그래쥬에이션 스타일에 따른 빗질의 방향과 각도를 조절 3. 빗과 커트도구를 정확하게 사용하여 그래쥬에이션 커트 4. 모량 조절이 필요한 부분에 틴닝가위 사용 5. 가위 또는 클리퍼를 사용하여 아웃라인 정리
	2. 그래쥬에이션커트 마무리하기	1. 고객의 얼굴과 목 등의 머리카락 제거 2. 헤어커트 후 고객 만족을 파악하여 필요한 경우 수정 및 보정 커트 3. 그래쥬에이션 커트에 어울리는 스타일로 마무리 4. 사용한 헤어커트 도구의 청결 · 관리 및 주변 정리 · 정돈

주요 항목	세부 항목	세세 항목
10 레이어 헤어커트	1. 레이어 헤어커트하기	1. 레이어 헤어커트 스타일에 따른 블로킹과 섹션 2. 레이어 헤어커트 스타일에 따른 빗질의 방향과 각도 조절 3. 헤어커트 빗과 가위를 정확하게 사용하여 레이어 커트 4. 모량조절이 필요한 부분에 틴닝 가위를 사용
	2. 레이어 헤어커트 마무리하기	1. 고객의 얼굴과 목 등의 머리카락을 제거 2. 마무리 후 고객 만족도를 파악하여 필요한 경우 수정 · 보완 커트 3. 마무리가 종료 된 후 사용한 헤어커트 도구와 주변 정리 · 정돈 4. 레이어 헤어커트에 어울리게 헤어스타일을 마무리

주요 평가 사항

01. 고객에게 청결하고 안전한 서비스를 제공하기 위해 미용사와 서비스공간의 위생을 관리하고 안전사고를 예방
02. 고객의 두피·모발상태를 분석한 후 그 결과에 따라 기기와 제품을 선택하여 두피와 모발을 건강하게 관리
03. 고객의 두피·모발 상태에 따라 적합한 샴푸제와 트리트먼트제를 선택하여 샴푸 기술을 사용하여 세정
04. 모발에 펌제를 도포하고 로드로 와인딩하여 모발을 웨이브형태로 변화
05. 모발에 펌제를 도포하고 플랫 형태의 매직기를 사용하여 모발을 스트레이트 형태로 변화
06. 블로우 드라이어, 헤어 아이론, 헤어브러시 등의 기기 및 도구를 이용하여 모발을 스트레이트 또는 C컬 형태로 연출
07. 목적에 따라 선정한 염 · 탈색제를 모발에 원터치 또는 투터치 등의 도포법을 사용하여 모발색 변화
08. 층이 없는 형태의 헤어커트 스타일로 두상의 모든 모발을 동일선상에서 커트
09. 모발에 층이 있는 형태의 헤어커트로 헤어스타일에 따라 원하는 부분에 무게감을 주어 볼륨을 만들 목적으로 모발 커트
10. 모발에 층이 있는 형태의 헤어커트로 가벼운 헤어스타일을 연출할 목적으로 모발 커트

실기응시절차

Practical technique Test Process

전체 검정일정은 큐넷 홈페이지 또는 에듀웨이 카페에서 확인하세요.

01 시험일정 확인

원서접수기간, 필기시험일 등.. 티큐넷 홈페이지에서 해당 종목의 시험일정을 확인합니다.

1 한국산업인력공단 홈페이지(**q-net.or.kr**)에 접속합니다.

2 화면 상단의 로그인 버튼을 누릅니다. '로그인 대화상자가 나타나면 아이디/비밀번호를 입력합니다.

※회원가입 : 만약 q-net에 가입되지 않았으면 회원가입을 합니다. (이때 반명함판 크기의 사진(200kb 미만)을 반드시 등록합니다.)

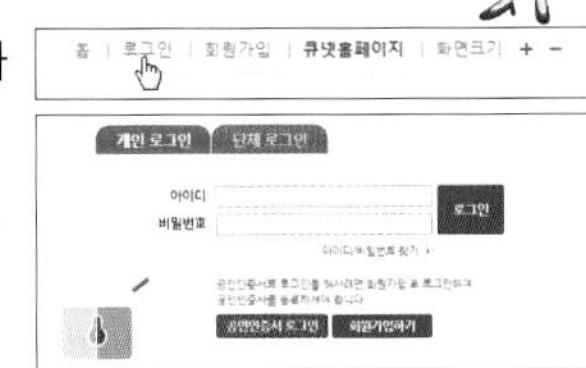

3 메인 화면에서 원서접수를 클릭하고, 좌측 원서 접수신청을 선택하면 최근 기간(약 1주일 단위)에 해당하는 시험일정을 확인할 수 있습니다.

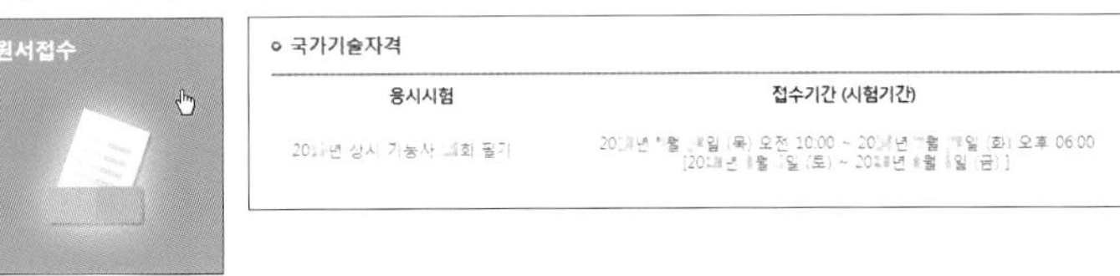

02 원서접수현황 살펴보기

4 좌측 메뉴에서 원서접수현황을 클릭합니다. 해당 응시시험의 현황보기를 클릭합니다.

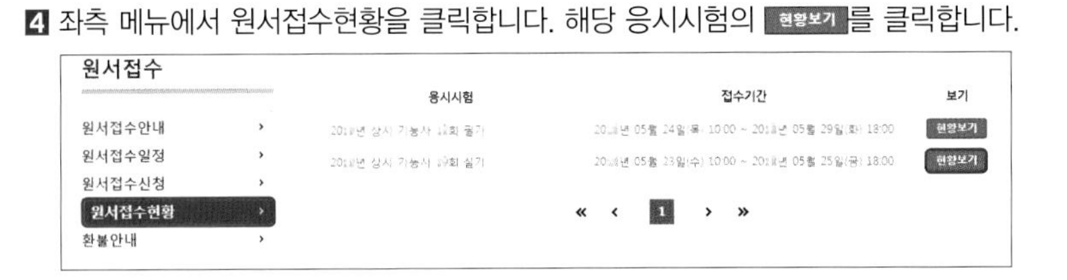

5 그리고 자격선택, 지역, 시/군/구, 응시유형을 선택하고 (조회버튼)을 누르면 해당시험에 대한 시행장소 및 응시정원이 나옵니다.

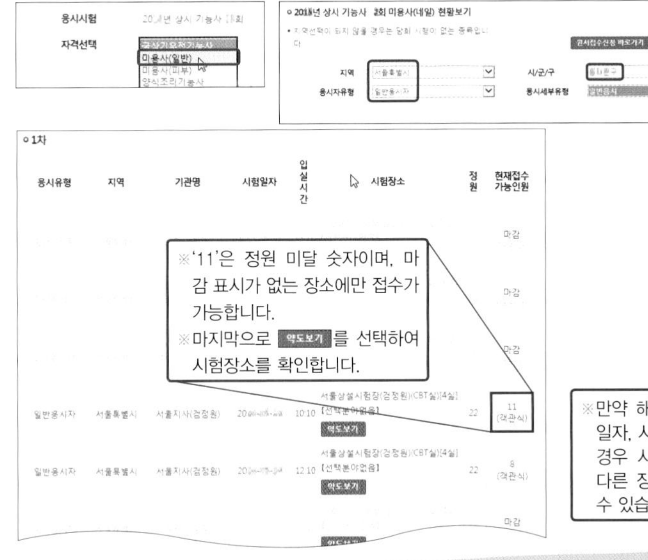

※'11'은 정원 미달 숫자이며, 마감 표시가 없는 장소에만 접수가 가능합니다.

※마지막으로 약도보기를 선택하여 시험장소를 확인합니다.

※만약 해당 시험의 원하는 장소, 일자, 시간에 응시정원이 초과될 경우 시험을 응시할 수 없으며 다른 장소, 다른 일시에 접수할 수 있습니다.

03
원서접수

6 시험장소 및 정원을 확인한 후 오른쪽 메뉴에서 '원서접수신청'을 선택합니다. 원서접수 신청 페이지가 나타나면 현재 접수할 수 있는 횟차가 나타나며, 접수하기 를 클릭합니다.

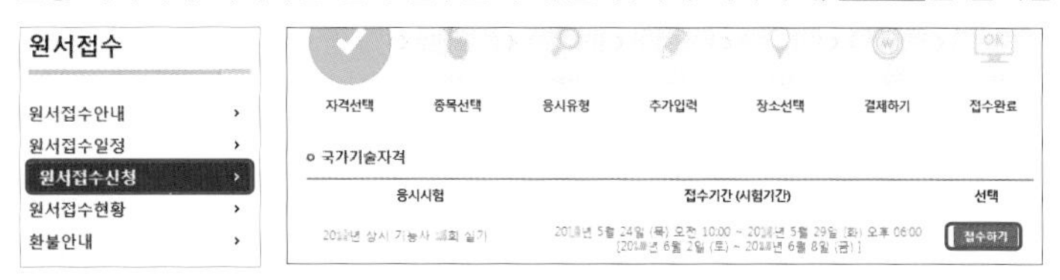

7 응시종목명을 선택합니다. 그리고 페이지 아래 수수료 환불 관련 사항에 체크 표시하고 다음(다음 버튼)을 누릅니다.

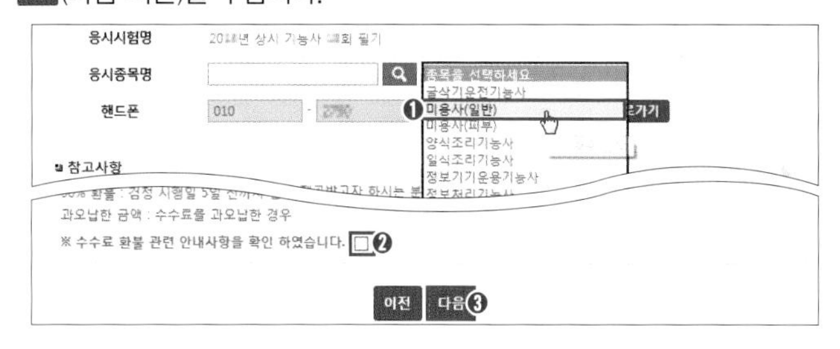

마지막 수험표 확인은 필수!

8 자격 선택 후 종목선택 – 응시유형 – 추가입력 – 장소선택 – 결제 순서대로 사용자의 신청에 따라 해당되는 부분을 선택(또는 입력)합니다.

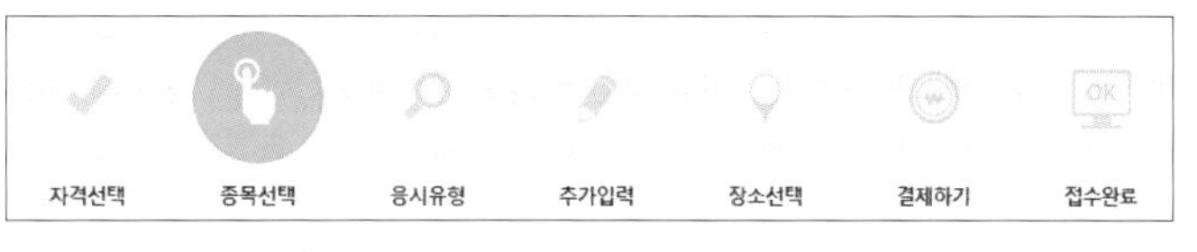

※응시료
• 필기 : 14,500원 • 실기 : 24,900원

04
실기시험
응시

실기시험 시험일 유의사항

❶ 신분증 필수 지참
❷ 실기시험용 도구 · 재료 지참 및 모델 동석
❸ 고사장에 30분 전에 입실(입실시간 미준수시 시험응시 불가
※기타 실기시험에 관련 기본 내용은 16페이지 참조

05
합격자
발표

Q-net 홈페이지의 마이페이지에서 합격자 발표 및 알람서비스 신청 시 개별 문자 발송

06
자격증
발급

공단지사에 직접 방문하여 수령받거나 인터넷에 신청하면 우편으로 수령받을 수 있음

※ 기타 사항은 큐넷 홈페이지(**www.q-net.or.kr**)를 방문하거나 또는 전화 **1644-8000**에 문의하시기 바랍니다.

이책의 구성

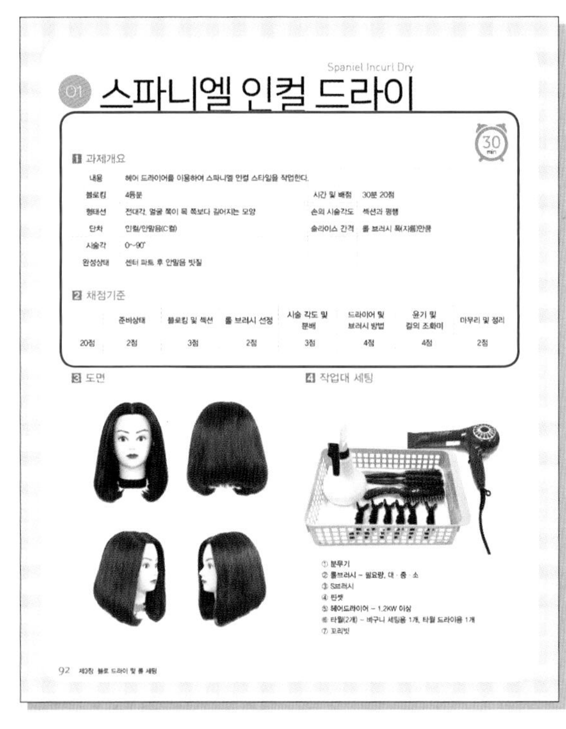
Spaniel Incurl Dry

01 스파니엘 인컬 드라이

1 과제개요

2 채점기준

	준비상태	블로킹 및 섹션	롤 브러시 선정	시술 각도 및 분배	드라이어 및 브러시 방법	윤기 및 컬의 조화미	마무리 및 정리
20점	2점	3점	2점	3점	4점	4점	2점

3 도면

4 작업대 세팅

92 제3장 블로 드라이 및 롤 세팅

합격에 필요한 과제개요 및 채점기준 수록 ▶

- 세부 과제별로 시술에 있어 반드시 수행해야 할 부분을 정리하였습니다.
- 특히 채점기준에 배점을 두어 단계별로 중요도를 나타내었습니다.

▼ 과제별로 전체 과정을 비교 · 정리!

각 과제별로 전체 과정을 도식화하여 쉽게 이해할 수 있도록 하였으며, 제한 시간 내에 작업을 마칠 수 있도록 과정별 시간 배분 기준을 제시하였습니다.

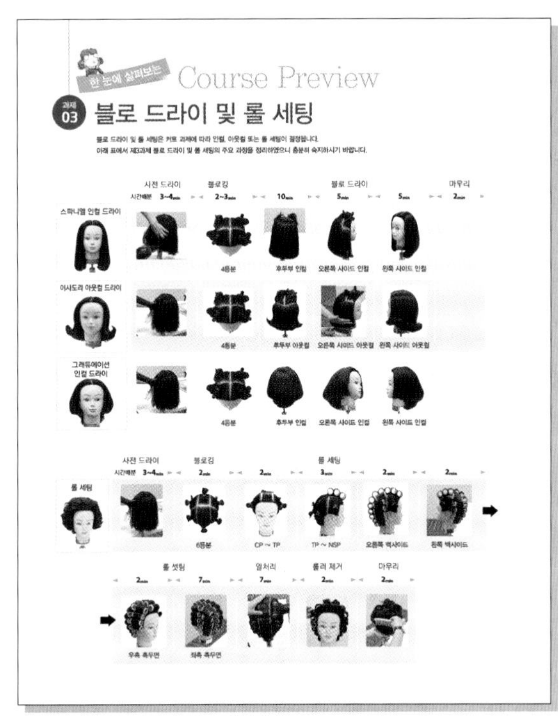
한 눈에 살펴보는 Course Preview

과제 03 블로 드라이 및 롤 세팅

▲ 과제별로 전체 과정을 비교 · 정리!

각 과제별로 전체 과정을 도식화하여 쉽게 이해할 수 있도록 하였으며, 제한 시간 내에 작업을 마칠 수 있도록 과정별 시간 배분 기준을 제시하였습니다.

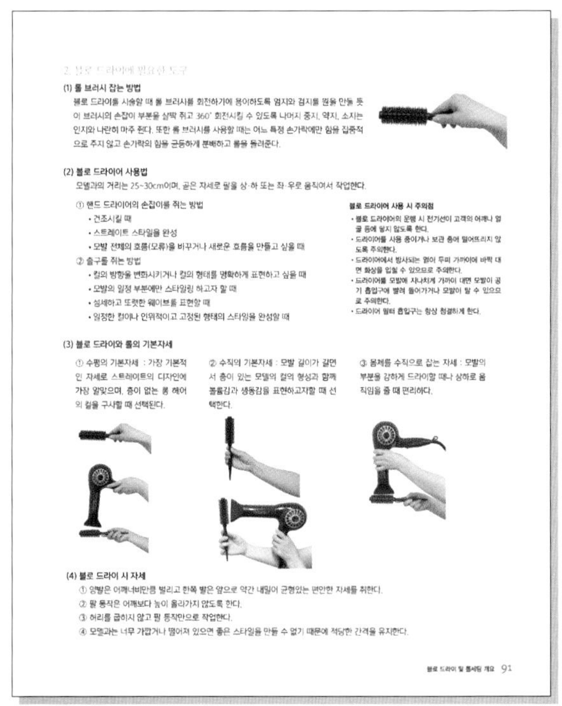
(1) 롤 브러시 잡는 방법

(2) 블로 드라이어 사용법

(3) 블로 드라이와 롤의 기본자세

(4) 블로 드라이 시 자세

올바른 시술을 위해 반드시 알아야 할 사항을 과제 시작 전에 정리하였습니다. ▶

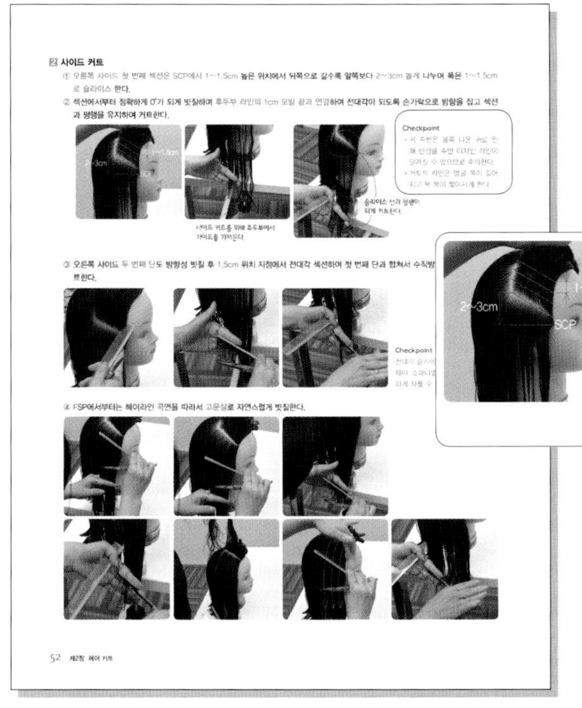

2 사이드 커트

① 오른쪽 사이드 첫 번째 섹션은 SCP에서 1~1.5cm 높은 위치에서 뒤쪽으로 갈수록 앞쪽보다 2~3cm 높게 나누며 폭은 1~1.5cm로 슬라이스 한다.

② 섹션에서부터 정확하게 0°가 되게 빗질하며 후두부 라인의 1cm 모발 끝과 연결하여 전대각이 되도록 손가락으로 방향을 잡고 섹션과 평행을 유지하여 커트한다.

52 제2장 헤어 커트

▼ Checkpoint

각 과정별로 놓치지 않아야 할 내용이나 중요사항을 설명하였습니다.

2~3cm

1~1.5cm

SCP

사이드 커트를 위해 후두부에서 가이드를 가져온다.

슬라이스 선과 평행이 되게 커트한다

Checkpoint

- 귀 주변은 볼록 나온 귀로 인해 텐션을 주면 디자인 라인이 달라질 수 있으므로 주의한다.
- 커트의 라인은 얼굴 쪽이 길어지고 목 쪽이 짧아지게 한다.

▲ 말꼬리 설명

각 과정에 놓치지 말아야 할 사항이나 시술의 이해를 돕기위한 설명을 꼼꼼하게 첨부하였습니다.

◀ 풍부한 사진 수록

독자의 이해를 돕기위해 시술에 관련된 사진을 최대한 많이 실었으며, 저자의 경험과 노하우를 최대한 반영하여 상세히 설명하였습니다.

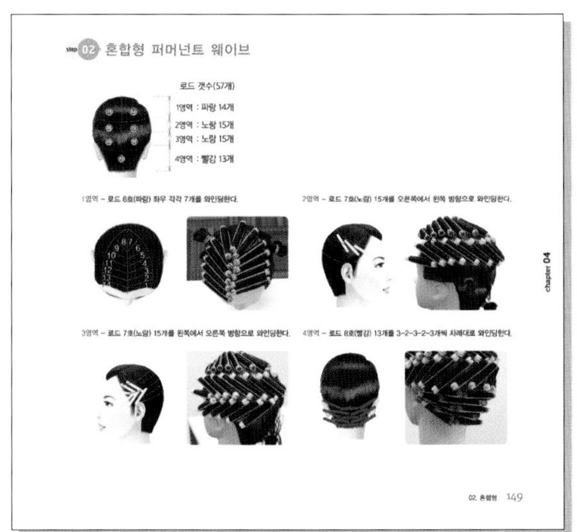

step 02 혼합형 퍼머넌트 웨이브

로드 갯수(57개)

1영역 : 파랑 14개
2영역 : 노랑 15개
3영역 : 노랑 15개
4영역 : 빨강 13개

1영역 – 로드 6호(파랑) 좌우 각각 7개를 와인딩한다.

2영역 – 로드 7호(노랑) 15개를 오른쪽에서 왼쪽 방향으로 와인딩한다.

chapter 04

02 혼합형 149

▲ 스탭 시작전 개요

해당 과정 시작 전에 시술 과정을 정리하여 한 눈에 쉽게 알아볼 수 있도록 하였습니다.

▲ Finish Works와 동영상

마지막으로 최종 완성작을 수록하여 참고할 수 있도록 하였습니다.
또한 독학으로 준비하는 독자를 위해 동영상을 제공하여 시험에 보다 완벽하게 대비할 수 있도록 하였습니다. (에듀웨이 카페 참조)

Hair Beauty Tools & Material Introduction

미용사(일반) 도구 & 재료

미용사(일반) 실기시험에 반드시 필요한 도구 및 재료의 종류를 정리해보자!

스케일링제 스케일링 볼 핀셋

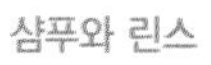

샴푸와 린스

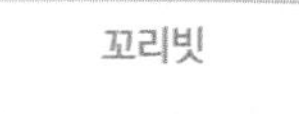

꼬리빗

우드스틱

탈지면

타월

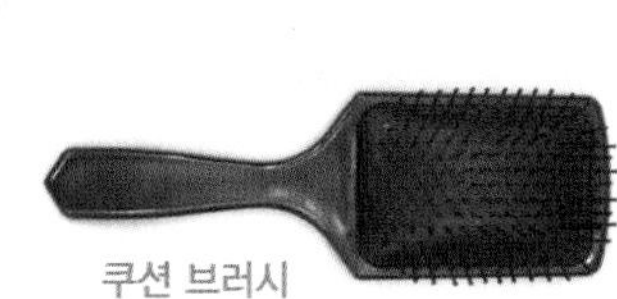

쿠션 브러시

전과제 공통

위생복

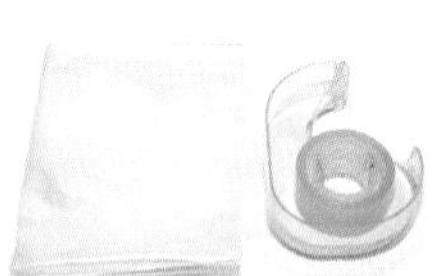

위생봉투와 투명테이프

1과제

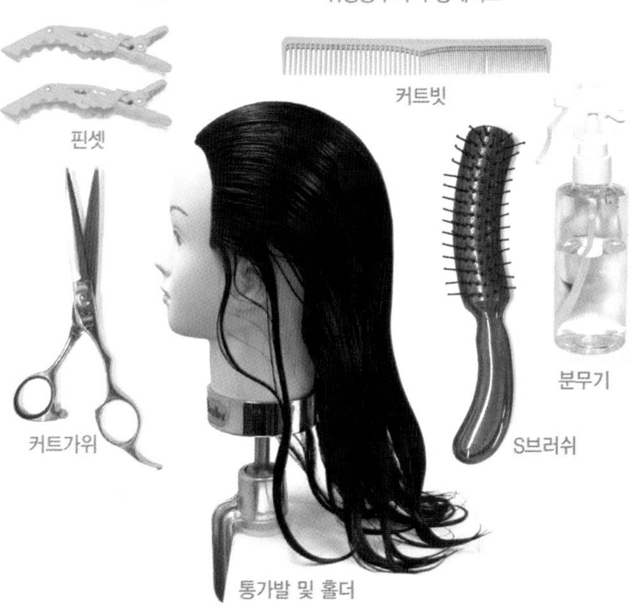

핀셋 커트빗 2과제 분무기 커트가위 S브러쉬 통가발 및 홀더

3과제

S브러쉬 롤브러시

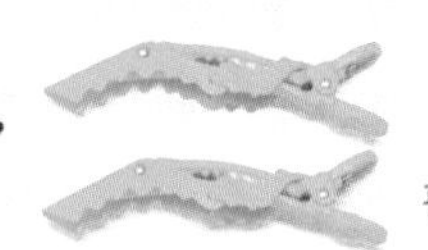

핀셋

도구와 재료를 구분하여 정리하면 시술과정을 보다 빠르게 이해할 수 있죠

타월

꼬리빗

헤어드라이어

분무기

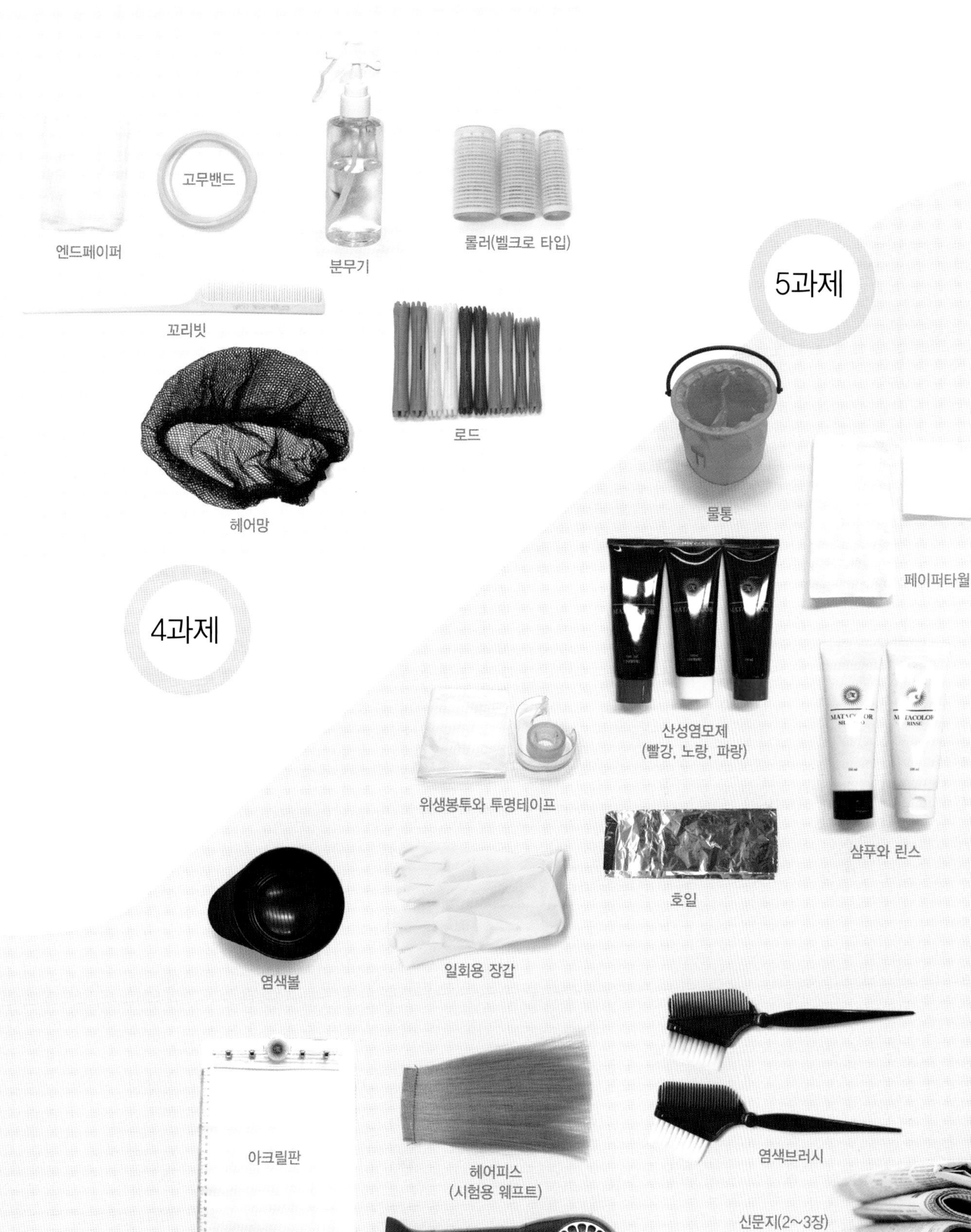
고무밴드
엔드페이퍼
분무기
롤러(벨크로 타입)
5과제
꼬리빗
로드
헤어망
물통
페이퍼타월
4과제
산성염모제
(빨강, 노랑, 파랑)
위생봉투와 투명테이프
샴푸와 린스
호일
염색볼
일회용 장갑
아크릴판
헤어피스
(시험용 웨프트)
염색브러시
신문지(2~3장)
헤어드라이어

수험자 지참 도구 목록

번호	재료명	규격	단위	수량	비고
01	위생복		벌	1	흰색, 시술자용(1회용 가운 불가)
02	마네킹	16인치 이상 또는 덧가발 (민두 포함)	SET	1	모발이 달려있는 마네킹(총 중량 160g 이상 정도)
03	홀더		SET	1	미용시술용
04	롤러	대, 중, 소	개	31개 이상	벨크로 타입(일명 찍찍이 롤)
05	가위	헤어 커트용 미용가위	SET	1	헤어커트용, 미용가위
06	고무 밴드	퍼머넌트 웨이브용	개	60개 이상	2중대형 밴딩용, 노란색
07	굵은 빗		개	1	미용시술용
08	꼬리 빗		개	1	퍼머넌트 웨이브용
09	브러시		개	1	미용시술용
10	롤브러시		개	필요량	블로 드라이용, 열판 부착 타입의 제품 사용 불가
11	커트빗		개	1	미용시술용
12	쿠션(덴맨)브러시	두피용	개	1	브러싱용
13	분무기		개	1	미용시술용
14	타월	흰색	장	6장 이상	시술과정에 지장이 없는 수량 및 크기
15	탈지면	7*10cm 이상	개	2개 이상	두피스케일링용
16	대핀(핀셋)	대형	개	5개 이상	모발 고정용
17	로드	6~10호	개	필요량	퍼머넌트웨이브용
18	엔드 페이퍼		장	60장 이상	퍼머넌트 웨이브용
19	우드스틱		개	2개 이상	미용시술용
20	산성염모제 (빨강, 노랑, 파랑)	크림 타입	개	각 1개	덜어오거나 미리 섞어오는 것 제외, 색상별 각 1개
21	샴푸제	두피모발용	개	1	덜어오는 것 제외
22	린스제(트리트먼트제)	두피모발용	개	1	덜어오는 것 제외
23	스케일링제	두피용	개	1	덜어오는 것 제외
24	스케일링 볼	두피모발용	개	1	
25	물통		개	필요량	헹굼용
26	염색 볼		개	필요량	미용시술용
27	염색 브러시		개	필요량	미용시술용
28	티슈		개	필요량	
29	신문지		장	필요량	
30	아크릴판		개	필요량	미용시술용, 투명색
31	호일		개	필요량	미용시술용
32	일회용 장갑		개	1개 이상	미용시술용
33	위생봉지	투명비닐	개	1	쓰레기 처리용
34	투명 테이프	폭 2cm 이상	개	1	헤어피스 고정용
35	헤어드라이어	1.2KW 이상	개	1	
36	헤어망	그물망	개	1	롤세팅용
37	헤어피스 (시험용 웨프트)	7*15cm 이상, 15g 내외	개	1	명도 7레벨, 모량이 적당한 것

What's on This book?

미용사(일반) 실기시험 과제구성

01 미용사(일반) 과제 유형 (2시간 20분)

각 과제에서 비고란의 세부 과제 중 1과제가 선정됩니다.

	과제명	시간	비고(세부 과제)
1	두피 스케일링 & 백 샴푸	25분	백 샴푸
2	헤어 커트	30분	스파니엘, 이사도라, 그래듀에이션, 레이어드
3	블로 드라이 & 롤 세팅	30분	인컬(스파니엘), 아웃컬(이사도라), 인컬(그래듀에이션), 롤컬(레이어드)
	재커트	15분	레이어드형은 재커트 없음
4	헤어 퍼머넌트웨이브	35분	기본형(9등분), 혼합형
5	헤어 컬러링	25분	주황, 초록, 보라

※ 각 과제별 배점은 각 20점입니다.

02 과제 순서

- 과제 순서는 조별 순환을 원칙으로 하며, 시험장의 샴푸대 개수에 따라 수용인원을 고려하여 과제 수행
- 실기시험 과제 집행(예시)

<table>
<tr><th>과제 유형</th><th>1교시</th><th>2교시</th><th>3교시</th><th>4교시</th><th>5교시</th></tr>
<tr><td>1조</td><td>두피 스케일링
& 샴푸</td><td>헤어커트
(이사도라)</td><td>블로드라이
(아웃컬)</td><td>[재커트 15분 후]
헤어 퍼머넌트
(기본형)</td><td rowspan="3">[동일]
헤어 컬러링
(주황)</td></tr>
<tr><td>2조</td><td>헤어커트
(이사도라)</td><td>두피 스케일링
& 샴푸</td><td>블로드라이
(아웃컬)</td><td>[재커트 15분 후]
헤어 퍼머넌트
(기본형)</td></tr>
<tr><td>⋮</td><td>⋮</td><td>⋮</td><td>두피 스케일링
& 샴푸</td><td>⋮</td></tr>
</table>

※ 1~4교시 세부과제 내용 및 순서는 시행 장소, 조별 인원 등에 따라 변경될 수 있습니다.

미용사(일반) 위생관리

01 헤어샵 환경 위생

① 기온 및 습도
냉 · 난방기를 적절히 사용하여 온도 및 습도를 조절하여 쾌적함을 느낄 수 있도록 한다.

② 환기
고객과 미용사의 건강을 위해 1~2시간에 한 번씩 환기하여 쾌적한 환경을 유지한다.

③ 청소
- 미용실 입구, 미용실 유리, 바닥, 샴푸실, 화장실, 제품준비실 등을 깨끗이 청소한다.
- 소독제를 사용하여 청소할 경우에는 소독제 사용방법을 잘 숙지하여 사용한다.

02 헤어샵의 안전관리

① 비상시 응급조치를 할 수 있도록 구급상자를 준비해 둔다.
② 전기기기는 용량에 적합한 제품을 사용하고 합선이나 누전을 예방한다.
③ 냉 · 난방기 등은 정기적으로 점검을 한다.
④ 감전 사고 예방을 위해 물기 있는 손으로 전기 기기를 만지지 않는다.
⑤ 소방안전을 위해 눈에 잘 띄는 곳에 소화기를 비치한다.

03 미용기기 위생관리

① 도구 관리
- 가위 : 알코올 솜으로 닦아내고 자외선 소독기에 보관한다.
- 빗, 핀셋, 염색볼 등 : 깨끗하게 세척하고 물기를 닦아낸 후 알코올 솜으로 닦아내고 자외선 소독기에 보관한다.
- 롤 브러시 : 브러시 사이에 끼어있는 머리카락을 빼낸 후 브러시 클리너나 알코올 스프레이로 소독 후 자외선 소독기에 보관한다.
- 드라이기, 전기 아이론, 매직기, 디지털 세팅기 : 외부 및 전선을 알코올 솜으로 닦아내고 전선을 정리한 후 제자리에 비치한다.
- 스티머기 : 물통에 물때가 끼지 않도록 세척하고, 스팀 분사기 구멍은 면봉으로 닦아낸다.

② 샴푸대, 화장대, 의자, 드라이기, 헤어 스티머 등의 청결을 유지한다.
③ 타월 및 가운 : 세탁 후 잘 건조하여 불쾌한 냄새가 나지 않도록 주의한다.

04 미용사 위생관리

① 손 씻기 : 비누 또는 소독제를 이용해 손과 손가락을 깨끗이 씻는다.
② 손 보호 : 약품 사용으로 손이 상할 수 있으므로 약품 사용 시에는 미용 장갑을 착용하거나 핸드 로션을 충분히 사용하여 거칠어지는 것을 방지한다.
③ 체취 및 구취 관리 : 고객과 가까운 거리에서 직무를 수행하므로 체취 또는 구취로 인해 불쾌감을 줄 수 있으므로 각별히 관리한다.
④ 복장 관리 : 항상 청결하고 단정한 복장을 한다.
⑤ 개인위생관리 수칙을 준수한다.

Course Preview

과제 01 스케일링 및 백샴푸

제1과제는 스케일링과 백샴푸로 구성되어 있습니다.
아래 표에서 주요 과정을 정리하였으니 충분히 숙지하시기 바랍니다.

1 스케일링

시간배분	모델준비	스케일링 면봉 만들기	브러싱	블로킹	두피 스케일링
	1min	1min	1min	1min	3~4min

2 백샴푸

모발 적시기	샴푸 테크닉	샴푸 헹구기	물기 제거	린스하기
1min	3min	3min	1min	2min
	지그재그 / 양손 교차 / 굴려주기 / 튕겨주기			

타월 드라이	수건 감싸기	마무리 및 주변정리
1min	2min	2min

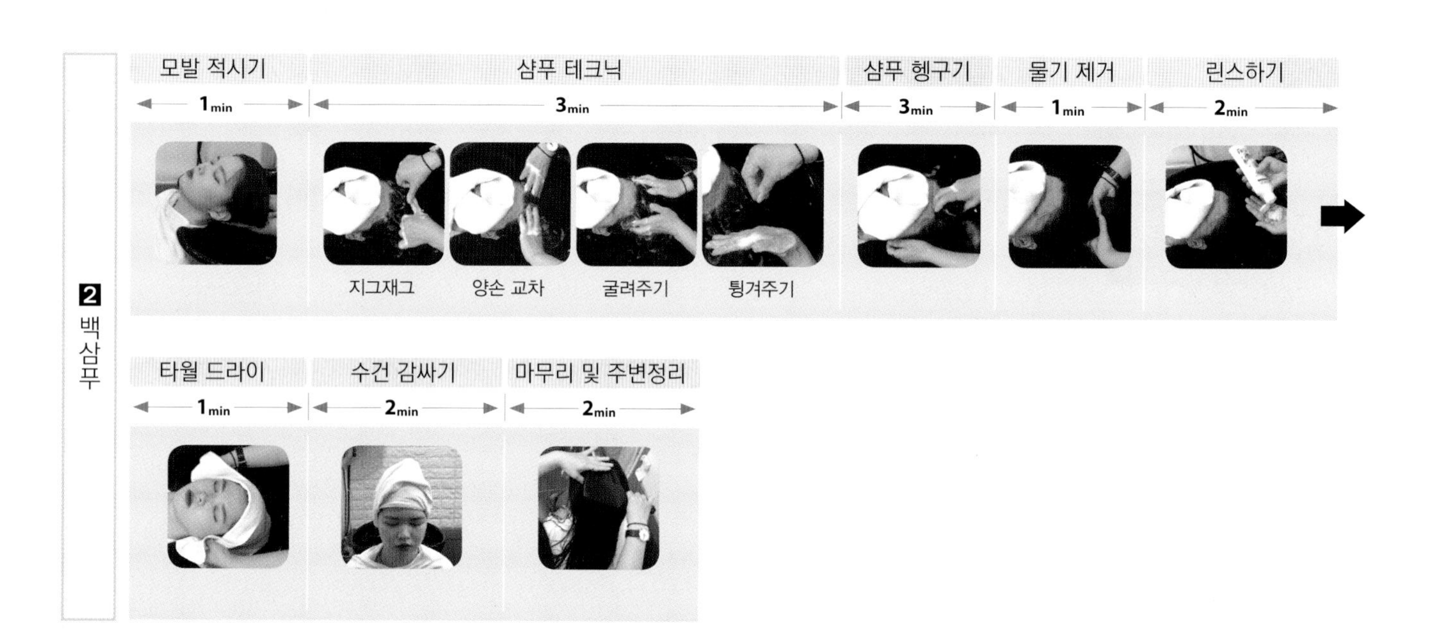

Chapter
01

스케일링 및 백샴푸

Scaling & Back Shampoo

Subject's Outline

스케일링 및 백샴푸 개요

1 요구사항

1) 전체적인 순서는 도구 및 재료 준비 - 두피 스케일링(브러싱 포함) - 샴푸 - 린스(헤어 트리트먼트) - 마무리 등의 순으로 작업하시오.

2) 각 작업의 세부요구사항은 다음과 같습니다.

작업명	세부 요구사항	
두피 스케일링	① 모델의 어깨, 무릎, 얼굴을 덮을 수 있는 타월을 준비하시오. ② 탈지면(가로 길이 7cm, 세로 길이 10cm 이상)을 우드스틱에 말아서 스케일링 면봉을 만드시오. ③ 두상을 좌우로 나눈 후 두피용 쿠션 브러시를 이용하여 C.P, E.P, N.P.에서 G.P.를 향하여 골고루 브러싱을 하시오. ④ 두상을 4등분으로 블로킹한 후 두상 상단에서 하단을 향해 1~1.5cm 간격으로 스케일링 면봉을 사용하여 두상 전체를 스케일링한다.	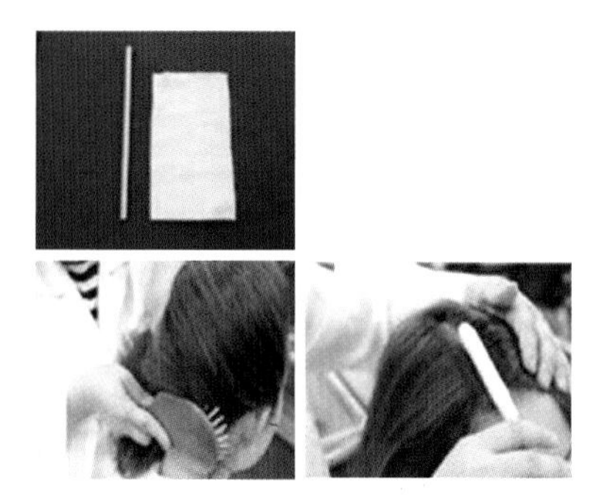
샴푸	① 모델의 목덜미를 한손으로 받치고 다른 한손으로는 이마 윗부분을 받쳐서 샴푸대에 눕힌 후 타월을 삼각형으로 접어 얼굴을 가려주시오. ② 손등 또는 손목 안쪽에 물의 온도가 적당한지 확인하시오. ③ 모델의 뒤에서 두피와 두발에 물을 충분히 적신 후 적당량의 샴푸제를 사용하여 샴푸하시오. ④ 두상 전체에 각각의 샴푸테크닉(지그재그하기, 굴려주기, 튕겨주기, 양손 교차 사용하기)을 반드시 골고루 적용하시오. ⑤ 모델의 두피와 모발에 샴푸제가 남아 있지 않도록 깨끗하게 헹구시오. ⑥ 모델의 페이스 라인과 목 뒤, 귀 등에 샴푸제와 린스가 남아있지 않도록 깨끗하게 헹구시오.	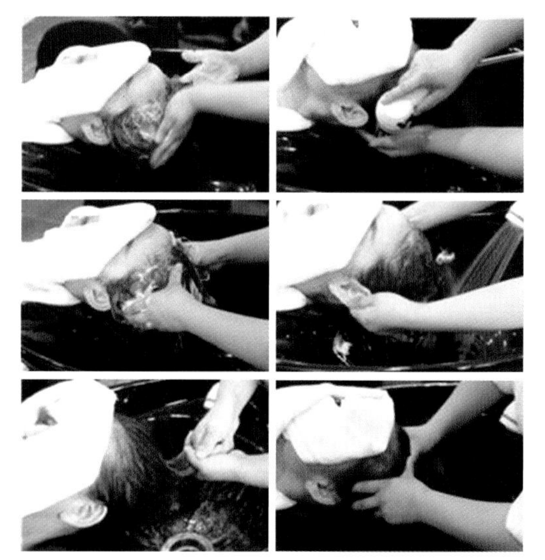
린스	① 모델의 뒤에서 적당 양의 린스(헤어 트리트먼트)제를 사용하여 작업하시오. ② 모델의 두피와 두발에 도포된 제품이 남아있지 않도록 깨끗하게 헹구시오. ③ 모델의 페이스 라인과 목 뒤, 귀 등에 트리트먼트제가 남아있지 않도록 깨끗하게 헹구어 내시오.	

작업명	세부 요구사항	
마무리	① 타월을 사용하여 페이스라인, 목 뒤, 귀 등의 물기를 깨끗하게 닦으시오. ② 두피, 모발의 물기를 제거하기 위해 타월 드라이 하시오. ③ 타월을 사용하여 모델의 모발을 감싸는 작업을 하시오. ④ 타월 감싸기 작업 이후 모델의 모발을 빗질하여 마무리하시오. ⑤ 샴푸 · 린스 작업을 마친 후 샴푸대 주변을 깨끗하게 정리하시오.	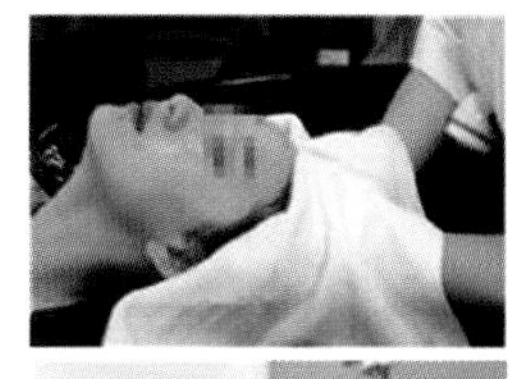 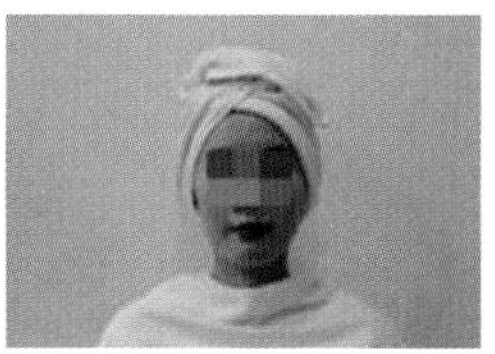 

2 과제개요

내용	두피 스케일링 및 백 샴푸를 모델에 실시한다.	시간	25분
블로킹	원웨이 브러싱, 스케일링 시 4등분	배점	20점
형태선	발제선, 블로킹 영역선부터 스케일링제 도포 후 섹션을 한다.	시술각	모다발 90° 이상
파팅	1~1.5cm	손의 시술각도	파팅과 평행
샴푸 테크닉	지그재그하기, 굴려주기, 튕겨주기, 양손 교차하기		
완성상태	모델에게 타월 터번을 한 상태에서 타월을 벗기고 두발을 빗질하여 정돈해둔다.		

3 채점기준

구분	준비상태	브러싱	스케일링 방법 및 순서	샴푸 및 테크닉	린스	타월 드라이 및 감싸기	마무리 및 정리
배점	2점	2점	4점	4점	2점	3점	3점

※ 채점기준은 실제 채점방식과 다를 수 있으나 핵심 요구사항은 유사하므로 참고하시면 도움이 됩니다.

4 사전심사 및 주의사항

1) 수험자의 복장

반팔 또는 긴팔의 흰색 위생복(1회용 가운 불가)

2) 모델

- 만 14세 이상(신분증 지참)
- 모발 길이 : 귀 밑 5cm 이상, 네이프 라인 5cm 이상

3) 기타 주의사항

- 복장에 소속을 나타내거나 암시하는 표식이 없을 것
- 눈에 보이는 표식(네일 컬러링, 디자인 등)이 없을 것
- 액세서리(반지, 시계, 팔찌, 발찌, 목걸이, 귀걸이 등) 착용 금지
- 스톱워치나 휴대전화 사용 금지

4) 채점 대상에서 제외되는 경우

- 마네킹 및 헤어피스를 사전 작업하여 시험에 임하는 경우
- 시험의 전체 과정을 응시하지 않은 경우
- 시험도중 시험장을 무단으로 이탈하는 경우
- 부정한 방법으로 타인의 도움을 받거나 타인의 시험을 방해하는 경우
- 무단으로 모델을 수험자 간에 교환하는 경우
- 국가기술자격법상 국가기술자격 검정에서의 부정행위 등을 하는 경우
- 수험자가 위생복을 지참하지 않은 경우
- 마네킹 또는 헤어피스를 지참하지 않은 경우

5) 시험 응시가 제외되는 경우

- 모델을 데려오지 않은 경우

6) 0점 처리 되는 경우

- 수험자 유의사항 내의 모델 부적합 조건에 해당하는 모델일 경우
- 헤어컬러링 작업 시 헤어피스를 2개 이상 사용할 경우
- 열판이 부착된 롤브러시를 사용할 경우

7) 감점 처리되는 경우

- 복장상태, 사전 준비상태가 미흡한 경우
- 헤어 퍼머넌트 와인딩의 경우 사용한 로드가 55개 미만인 경우
- 롤 세팅 작업 시 사용한 롤러 개수가 31개 미만인 경우
- 필요한 기구 및 재료 등을 시험 도중에 꺼내는 경우
- 백 샴푸 및 린스 작업을 수험자 옆에서 진행하는 경우
- 헤어컬러링 작업 시 도포된 염모제를 세척하지 못한 경우

※ 배열된 롤러 크기가 틀리거나 로드 개수가 틀린 것은 오작이 아님

4 작업대 세팅

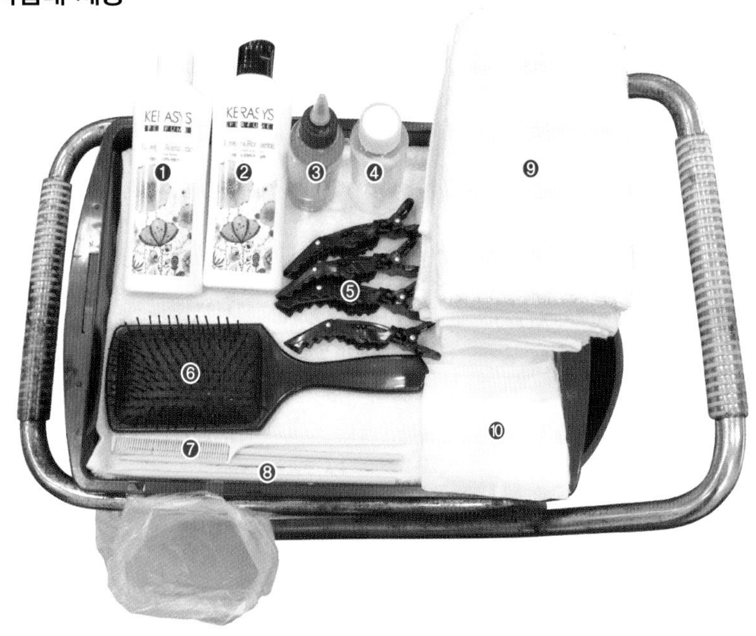

❶ 샴푸
❷ 린스제(트리트먼트제)
❸ 스케일링제
❹ 스케일링 볼(공병)
❺ 핀셋(4개 이상)
❻ 쿠션(댄멘) 브러시
❼ 꼬리빗
❽ 우드스틱(4개 이상)
❾ 타월(4장)
❿ 탈지면

1 학습 개요

1. 두피 스케일링

- 두피의 상태에 알맞은 전용 스케일링제를 사용하여 두피의 묵은 각질과 비듬을 제거하고 깨끗이 씻어냄으로써 두피의 혈액순환을 도와 유분 및 수분을 공급한다.
- 두피를 청결하게 하며 모근에 자극을 주어 탈모를 방지하고 모발의 발육을 촉진한다.

2. 샴푸

땀과 피지, 모발 화장품류, 샴푸와 린스 찌꺼기 등으로 오염된 모발과 두피의 이물질을 제거하여 청결하고 깨끗하며 두피에 적당한 자극을 주어 건강한 모발을 자라게 하는 것이다.

2 학습 목표

① 엉킨 모발의 정돈과 이물질 제거를 위해 사전 브러시를 할 수 있다.
② 두피의 유형과 모발 상태를 확인하고 스케일링할 수 있다.
③ 두피·모발상태를 파악하여 샴푸제를 생성할 수 있다.
④ 샴푸 시 샴푸 테크닉을 자연스럽게 적용할 수 있다.
⑤ 샴푸 후 모발 보호제 사용 여부를 판단하여 사용할 수 있다.
⑥ 샴푸성분이 남지 않도록 페이스라인, 귀 뒤, 모발, 두피 등을 충분하게 헹굴 수 있다.

3 브러싱의 자세

① 모델의 뒤편에 서서 주먹 하나 정도의 거리를 유지하는 것이 좋다.
② 양발을 벌려 체중의 중심을 잡고 똑바로 서서 행한다.
③ 모델의 두상이 시술자의 팔과 평행이 되도록 무릎으로 조정하며 허리를 좌우로 움직이고 두상 전체를 브러싱 한다.

4 브러싱의 종류

1. 원웨이 브러싱

① 가장 일반적인 브러싱 기법으로 나일론 브러시나 쿠션 브러시를 사용하여 짧은 길이의 모발에서 중간 길이의 모발에 이르기까지 다양한 모발에 적용할 수 있다.
② 두상을 좌우로 나눈 후 오른쪽→왼쪽 순으로 두피용 쿠션 브러시를 이용하여 페이스라인 밑 CP, EP, NP에서 백회(TGMP) 쪽으로 굴리듯이 브러싱해 준다.

2. 투웨이 브러싱

양손에 브러시를 쥐고 번갈아 브러싱을 하는 방법으로 나일론 브러시나 쿠션 브러시를 사용하여 둥글게 돌며 브러싱 한다.

3. 롱헤어 브러싱

긴 머리의 머리칼을 부분별로 나누어 브러싱 한다. 롱헤어는 샴푸하기 전에 반드시 브러싱으로 모발을 정돈하여, 샴푸 시 물이 두피까지 충분히 닿을 수 있도록 하여야 한다.

5 두피 스케일링

각질, 피지분비물, 비듬 등이 두피에 쌓이게 되면 모발의 성장뿐만 아니라 두피에 염증이 생겨 건강에까지 악영향을 미친다. 이러한 두피의 이물질을 제품과 기기를 이용하여 제거할 수 있도록 스케일링제를 도포함으로써 딥클레징 하며, 모발과 두피 관리에 있어 가장 기초적이며 근본이 되는 방법이다.

6 샴푸 시 사용하는 매뉴얼 테크닉

샴푸 시 두피의 각질을 제거하고 혈액순환을 촉진하며 피지를 제거하기 위한 방법이 있는데 근육, 신경, 피부 경락 및 경혈 등에 대한 인체생리를 이해한 다음 목적에 맞게 시술하여야 한다.

① 경찰법 : 손끝 또는 손가락을 이용하여 두피를 가볍게 문지르는 기법
② 강찰법 : 손끝 또는 손가락을 이용하여 두피를 강하게 문지르는 기법
③ 유연법 : 손가락을 이용하여 두피를 집었다 놓았다 하면서 근육을 풀어주는 기법
④ 지그재그법 : 한쪽 손의 네 손가락으로 지그재그로 비벼 준다.
⑤ 나선형법(굴리기법) : 한쪽 손의 세 손가락으로 원을 그리듯이 굴려준다.
⑥ 양손교차법 : 양손으로 헤어라인에서 정수리까지 지그재그로 교차하며 비벼 준다.
⑦ 튕기기법 : 양손 손가락으로 두피를 쥐었다 놓았다 하면서 짧게 튕겨 준다.

how to work

스케일링 및 백샴푸 과정

step 01 모델 준비

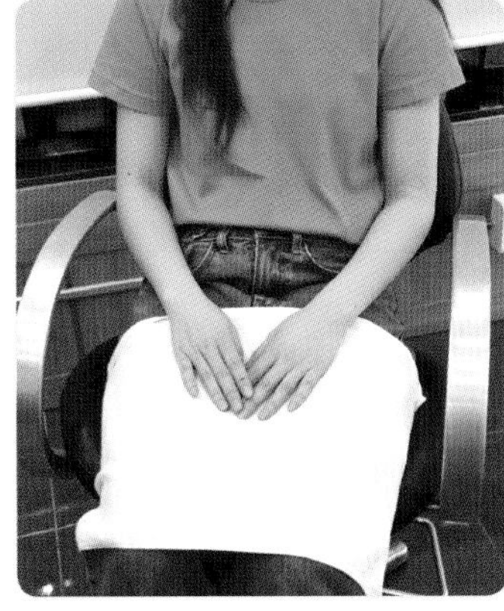

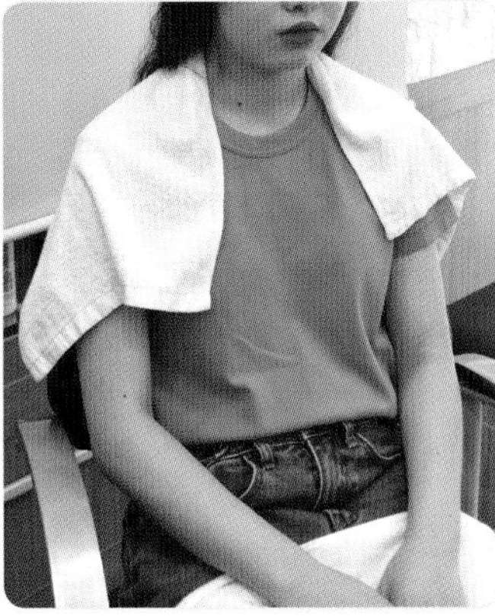

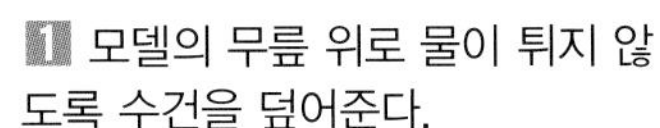

1 모델의 무릎 위로 물이 튀지 않도록 수건을 덮어준다.

2 2장의 타월을 준비하여 먼저 어깨 뒤쪽에서 앞쪽으로 덮어준 후 앞쪽에서 뒤쪽으로 또 덮어준다.

Note 모델 기준 : 모발 길이(귀밑 5cm 이상, 네이프 라인 5cm 이상)

step 02 스케일링 면봉 만들기

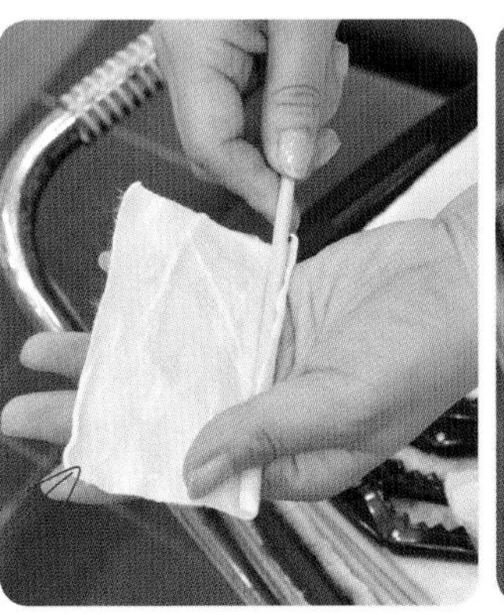

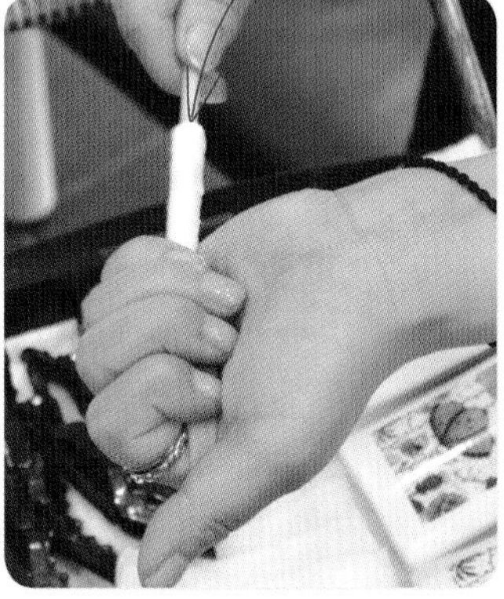

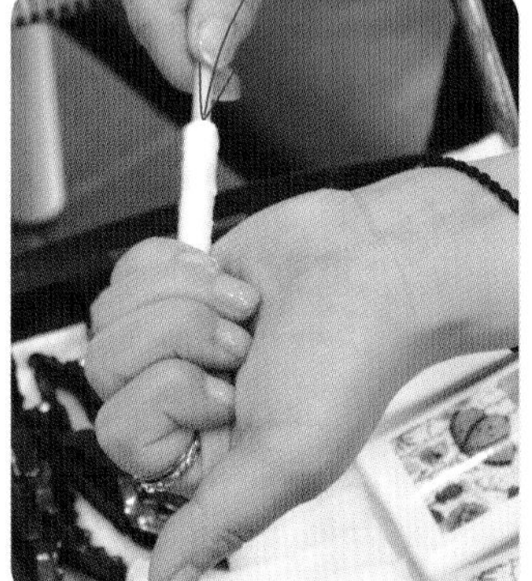

텐션이 없을 경우 스케일링할 때 우드스틱에서 탈지면이 빠질 수 있으므로 주의한다.

1 탈지면을 손바닥에 올려놓고 우드스틱을 탈지면의 하단부분에 올려놓는다.

7×10cm 이상의 탈지면을 준비한다.

2 탈지면 끝을 잡고 하단에서 상단 부분을 향하여 텐션을 주며 감아올린다.

3 완전히 감은 후 손바닥을 사용하여 전체를 균일하게 만들면서 수분을 제거하고 스케일링 면봉 앞쪽으로 우드스틱이 튀어 나오지 않도록 하며 두께를 적절하게 만든다.

Note 총 4개 정도의 스케일링 면봉을 만든다.

step 03 브러싱

1 두상을 좌우로 나눈 후 오른쪽 사이드부터 전두부에서 후두부 방향으로 브러싱 한다.
※ SP – SCP – EP – EBP에서 GP를 향해 두상 전체를 브러싱 한다.

Checkpoint | 쿠션 브러시의 빗살 끝이 두피에 닿도록 빗질하며 두상 전체를 골고루 브러싱한다.

2 왼쪽 사이드도 같은 방법으로 브러싱한다.

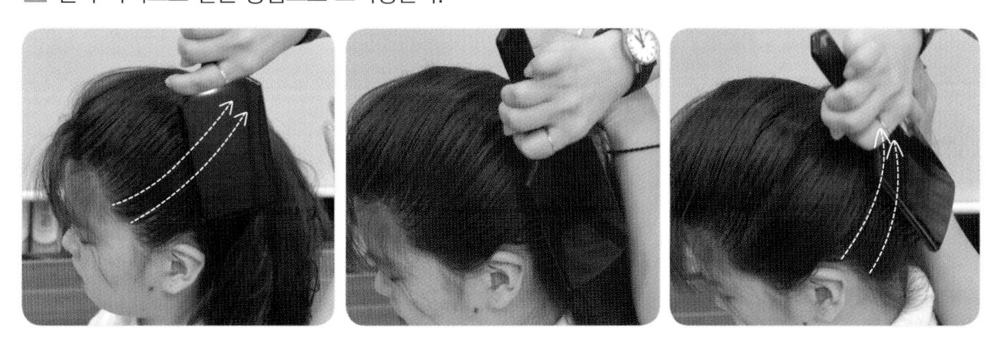

step 04 두피 스케일링(scalp scaling)

1 꼬리빗 또는 우드스틱을 사용하여 두상을 4등분으로 블로킹한다.
※ 4등분 블로킹에 대한 상세 과정은 스파니엘 커트 블로킹(49페이지)을 참고한다.

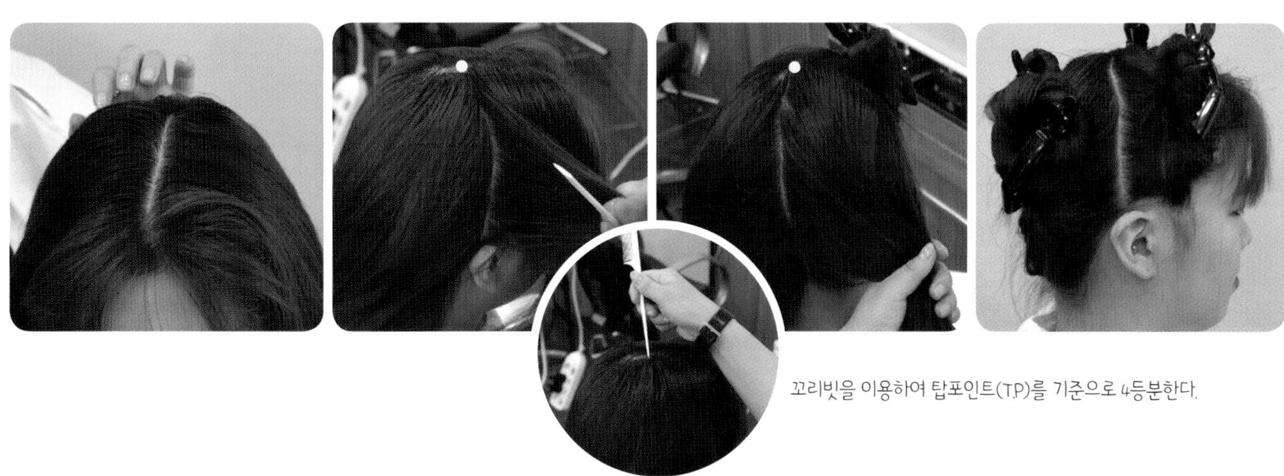

꼬리빗을 이용하여 탑포인트(T.P)를 기준으로 4등분한다.

2 스케일링 직전에 스케일링 용액을 용기에 담고 스케일링 면봉을 용액에 적신다.

Tip | 스케일링 면봉을 적신 후 볼의 입구에서 면봉에서 용액이 흘러내리지 않도록 적당하게 사용량을 조절한다.

3 스케일링 젤을 묻힌 면봉으로 오른쪽 사이드 CP~TP 라인부터 우드스틱을 약 10~20° 각도로 눕혀서 가볍게 문지르듯이 3번 정도 가로로 왔다갔다 하면서 스케일링 한다.

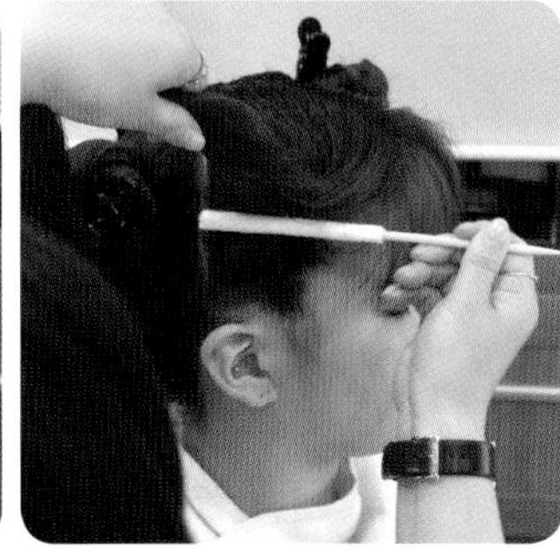

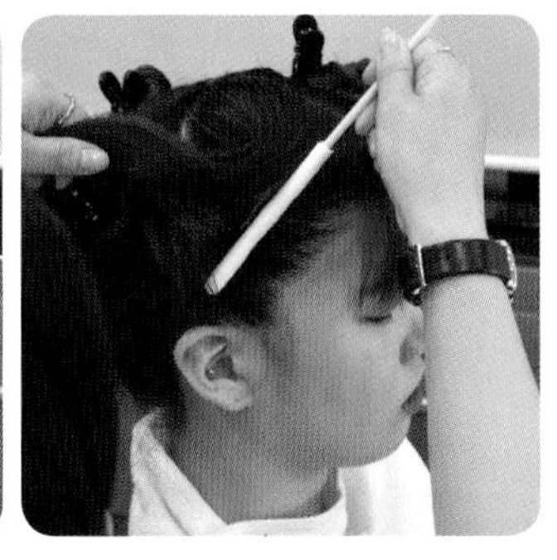

페이스라인의 전두부 탑에서 페이스라인 쪽으로 이동하면서 스케일링한다.

Note | 스케일링 시술 순서는 왼쪽 사이드부터 시작해도 무방하다.

4 꼬리빗 또는 우드스틱을 이용하여 오른쪽 사이드를 1~1.5cm 간격으로 수평 파팅하여 슬라이스를 왼손 검지와 중지 사이에 끼워 고정하고 위와 같은 방법으로 스케일링한다.

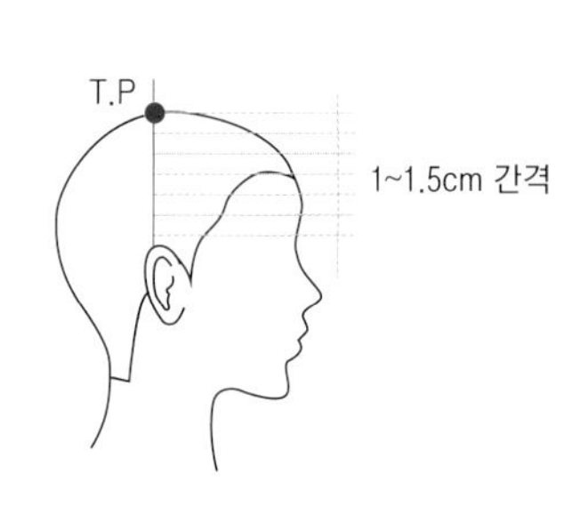

5 앞과 동일한 방법으로 꼬리빗 또는 우드스틱을 이용하여 오른쪽 백 부분을 수평 파팅하여 1~1.5cm 간격의 폭으로 슬라이스를 왼손 검지와 중지 사이에 끼워 고정하고 스케일링한다.

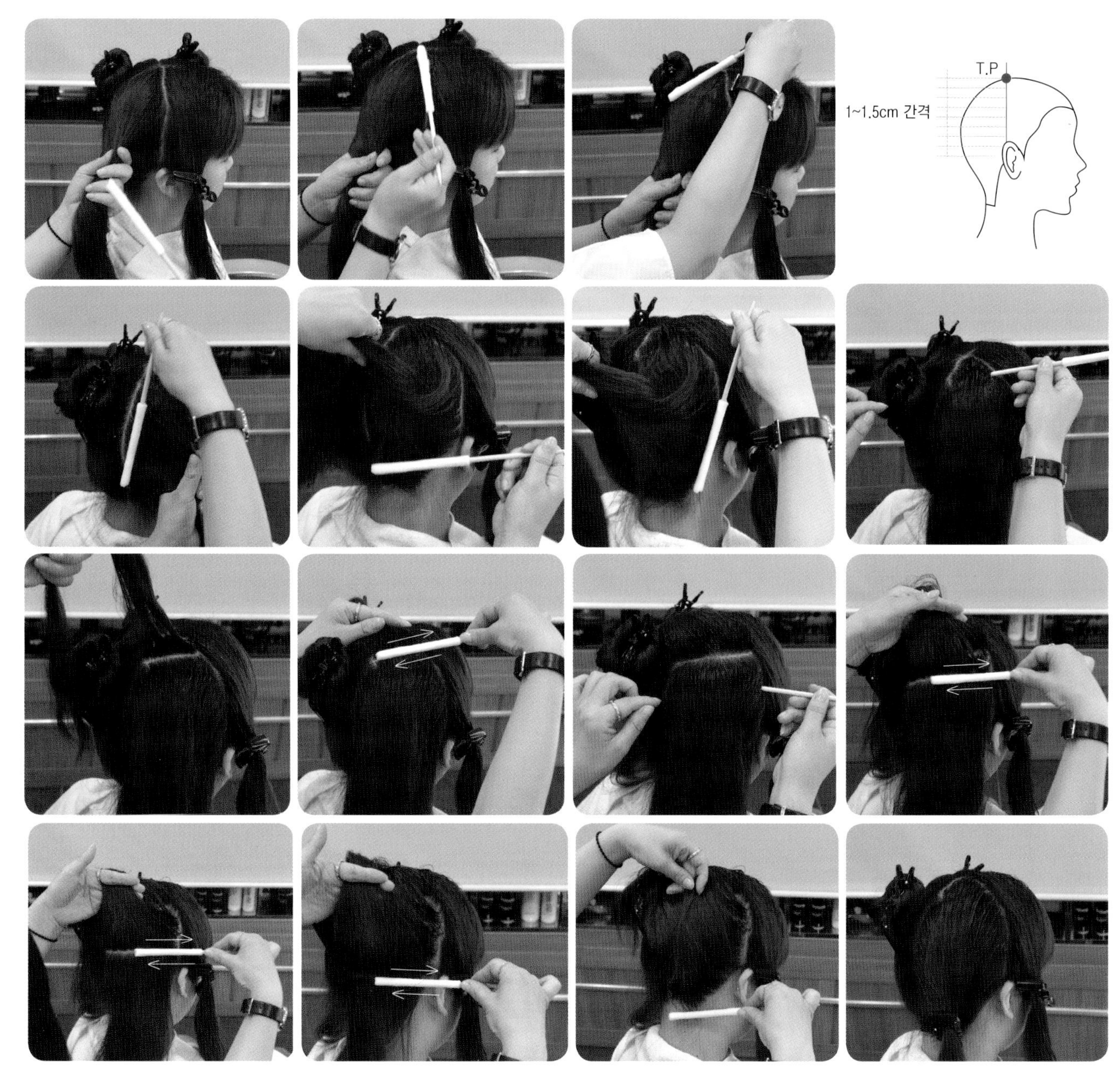

6 왼쪽 백부분을 수평 파팅하여 1~1.5cm 간격의 폭으로 슬라이스를 왼손 검지와 중지 사이에 끼워 고정하고 앞과 같은 방법으로 스케일링한다.

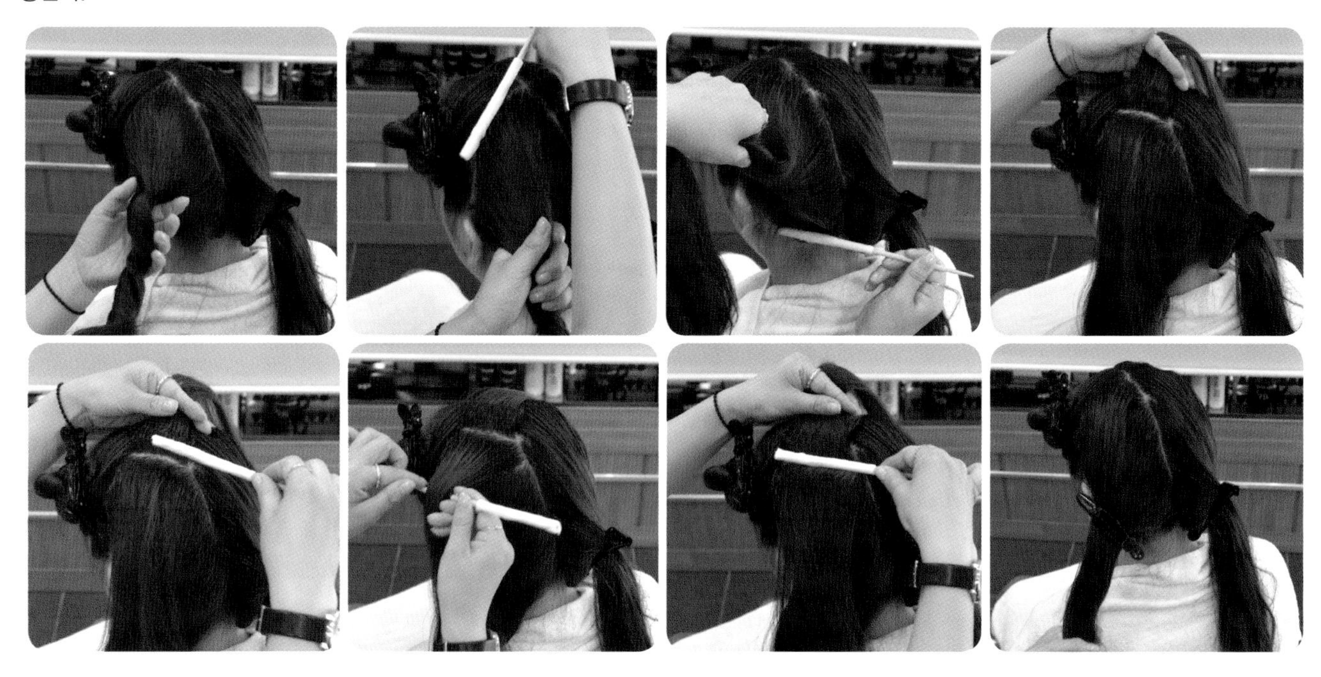

7 왼쪽 사이드를 수평 파팅하여 1~1.5cm 간격의 폭으로 슬라이스를 왼손 검지와 중지 사이에 끼워 고정하고 앞와 같은 방법으로 스케일링한다.

Checkpoint

- 헤어라인과 블로킹 라인도 빠트리지 않고 스케일링 한다.
- 사용한 우드스틱은 위생봉투에 버린다.

Note

두피 스페일링이 끝나면 백샴푸를 준비한다.

step 05 백샴푸(Back Shampoo)

애벌 샴푸하기

1 모델을 샴푸 의자에 앉힌 후, 모델의 목덜미를 한 손으로 받치고 나머지 손은 이마의 헤어라인 부분에 가볍게 올려놓고 샴푸대에 눕힌다.

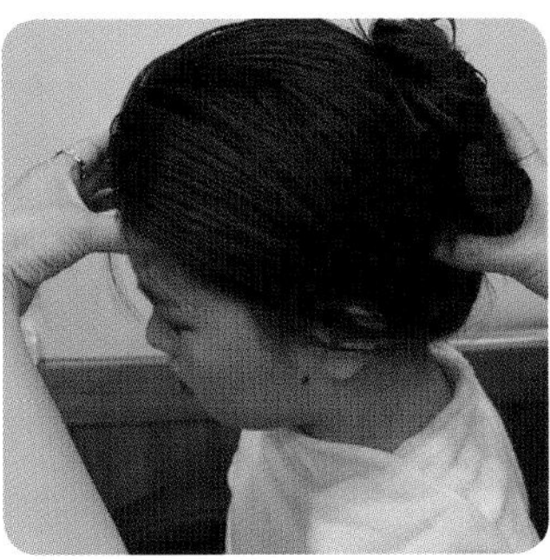
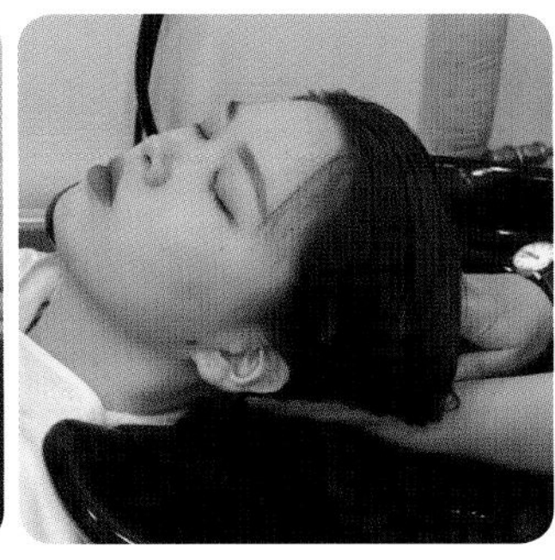
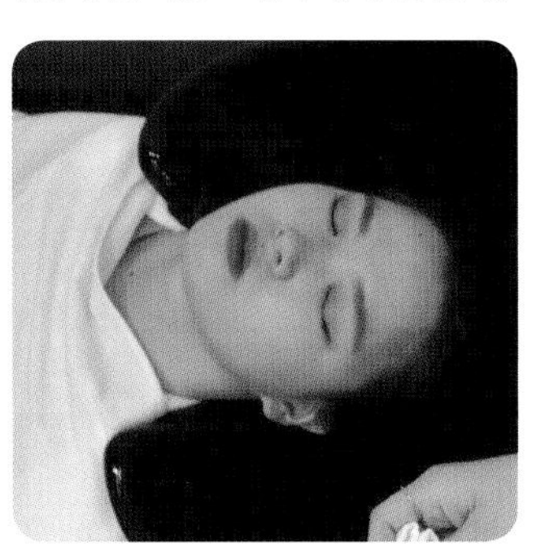

2 두상과 모발이 샴푸도기에 잘 들어갔는지 확인 후, 타월을 세로로 접어 삼각 타월 형태로 얼굴 위에 올려놓는다.

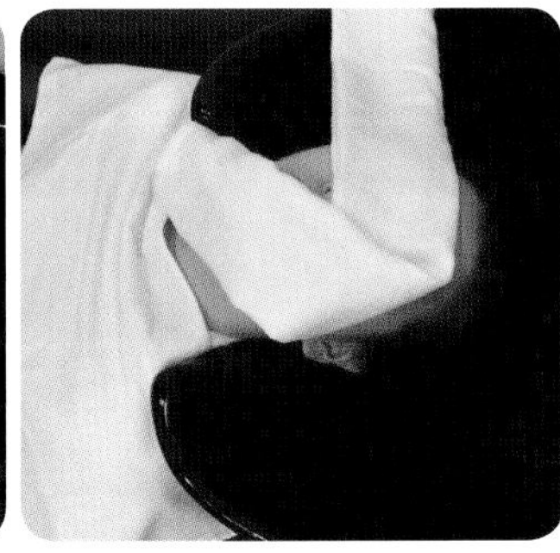
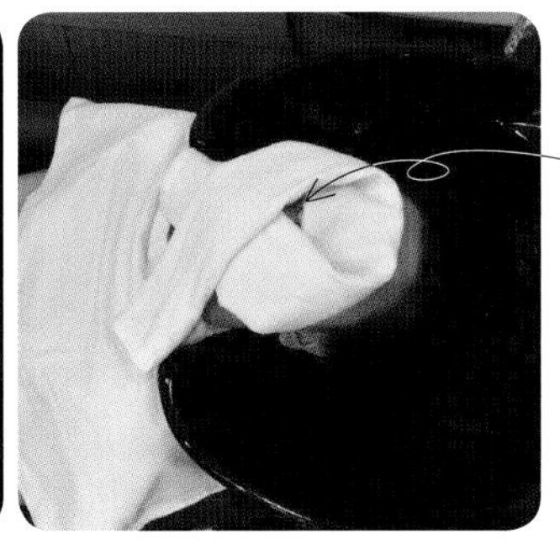

타월을 덮을 때 코를 가리지 않도록 주의한다.

Checkpoint | 작업은 반드시 모델의 뒤에서 이루어지는 백샴푸로 진행한다.
감정요인 | 사이드 샴푸로 진행할 때

3 손목 안쪽 또는 손등으로 물의 온도가 적당한지 확인한 후, 두피와 모발에 전두부, 측두부, 후두부 순으로 충분히 물을 적셔준다.

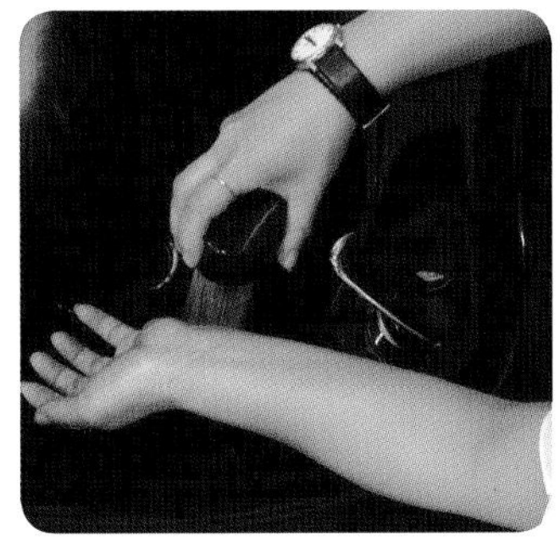
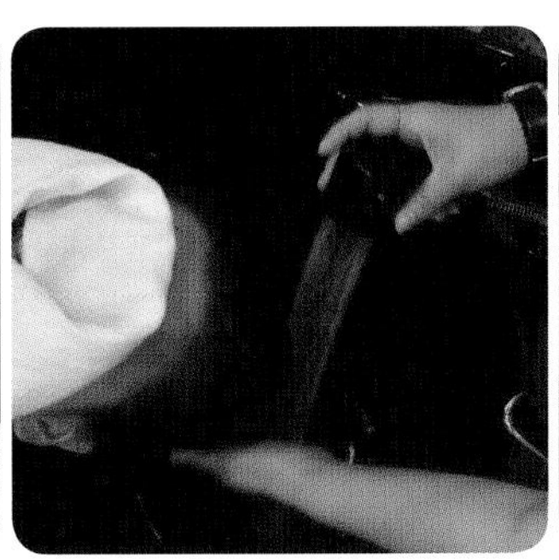
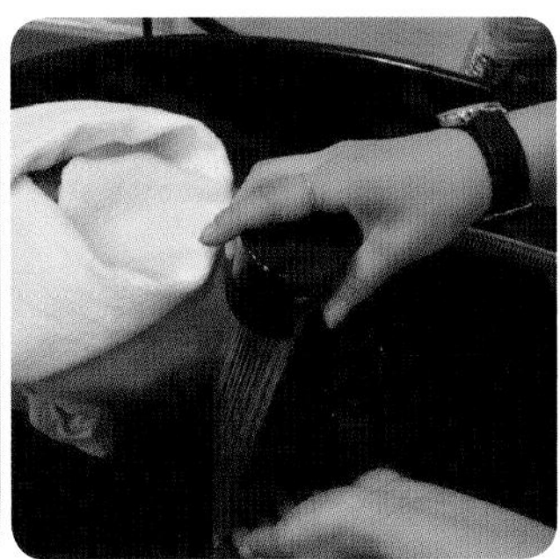
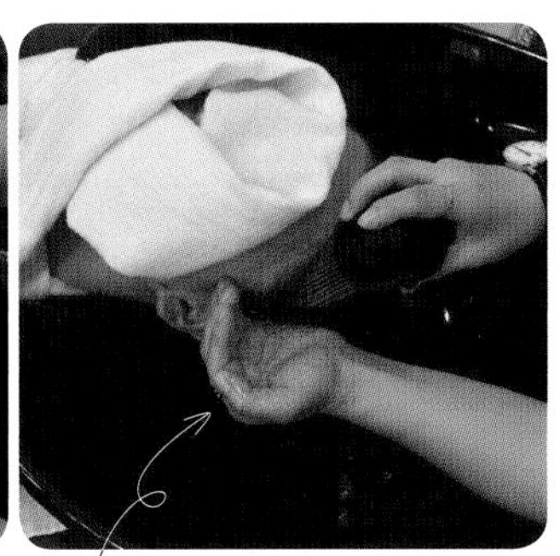

헤어라인을 적실 때 얼굴에 물이 튀지 않도록 하며, 특히 귀 주변을 적실 경우 귀에 물이 들어가지 않도록 다른 손으로 막아준다.

Checkpoint
- 모델의 얼굴에 물이 튀지 않도록 약 45°에서 한 손으로 얼굴을 가리면서 전체적으로 골고루 적신다.
- 모델의 귀 뒤쪽은 왼손 손가락을 가지런히 붙여 귀 속에 물이 들어가지 않도록 주의하면서 샤워헤드를 대준다.
- 샤워 헤드를 너무 높이 들지 않도록 주의한다.

4 네이프(후두부) 부분은 목덜미 부분을 엄지손가락과 검지손가락 측면으로 받치고 손바닥을 오목하게 하여 충분히 적신다.

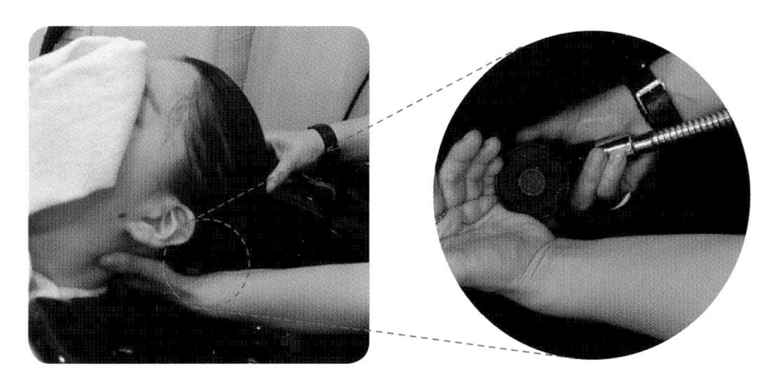

5 적당량의 샴푸제를 손바닥에 덜어내어 믹싱한 후 두피에 묻어있는 스케일링제를 씻어내기 위해 가볍게 문질러준다.

6 애벌 샴푸는 테크닉 없이 바로 물로 헹구어 낸다.

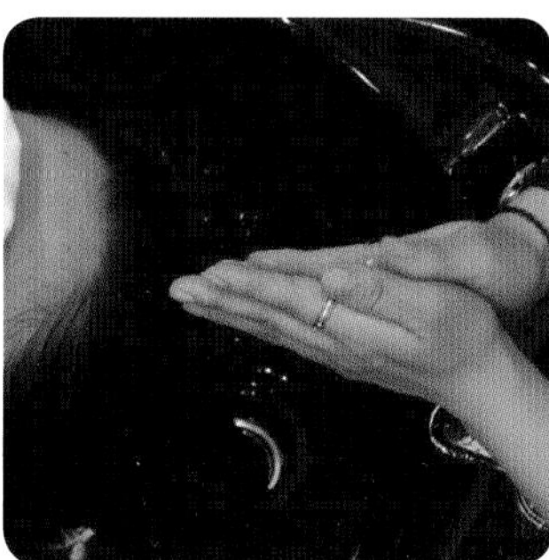
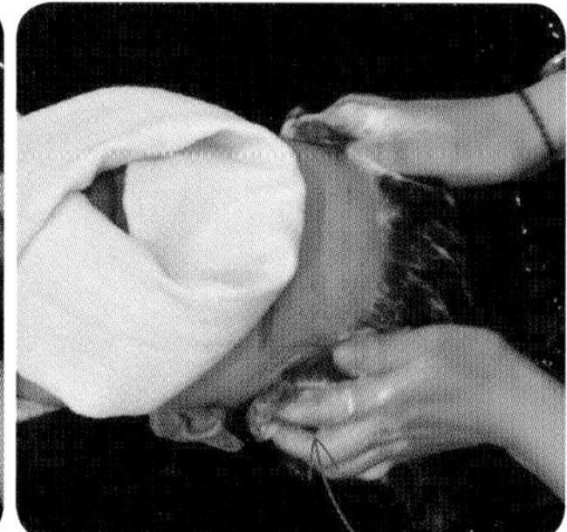
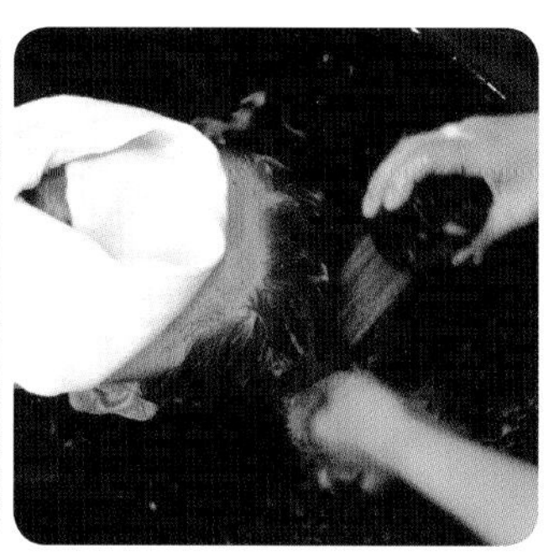

귀 주위와 목 뒤쪽에도 거품이 충분히 묻을 수 있게 한다.

본 샴푸하기

(1) 적당량의 샴푸제를 손바닥에 덜어내어 믹싱한 후 거품이 모발과 두피 전두부, 측두부, 후두부 순으로 풍부하게 생성되도록 한다.
(2) 샴푸 테크닉 – 두상 전체에 4가지 샴푸 테크닉을 골고루 시행한다. 순서는 상관없다.

1 지그재그하기

① CP에서 TP 쪽으로 내려가면서 양손의 엄지손가락 지문 부분을 이용해 지그재그 모양으로 서로 교차한다.
② 양쪽 사이드 부분도 같은 방법으로 테크닉 한다.
③ 네이프 부분을 양 손가락이 겹치도록 지그재그로 테크닉 한다.

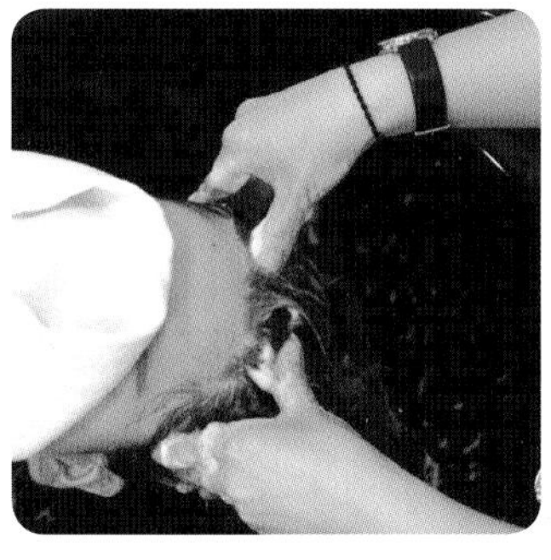
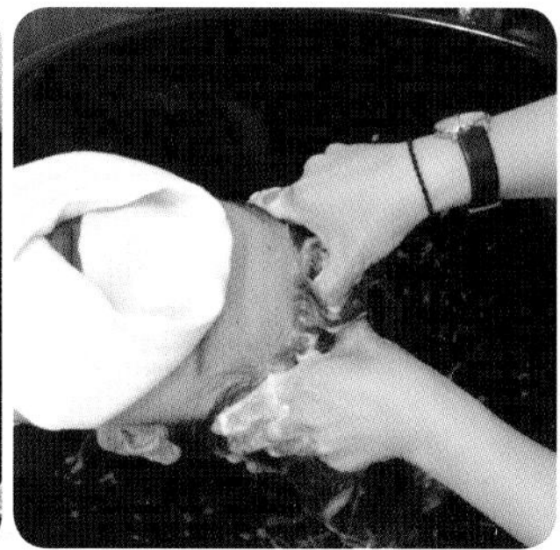
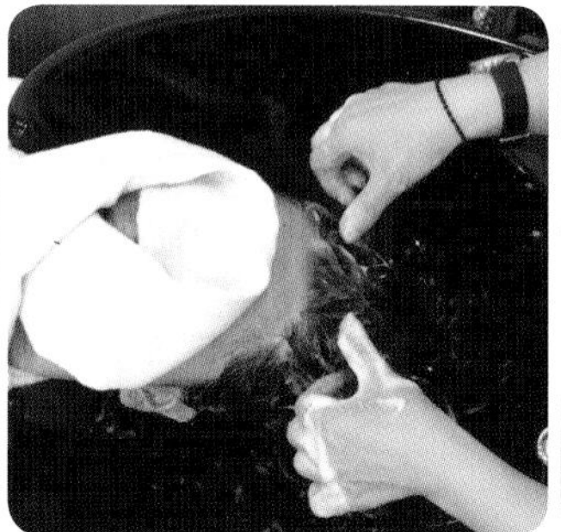
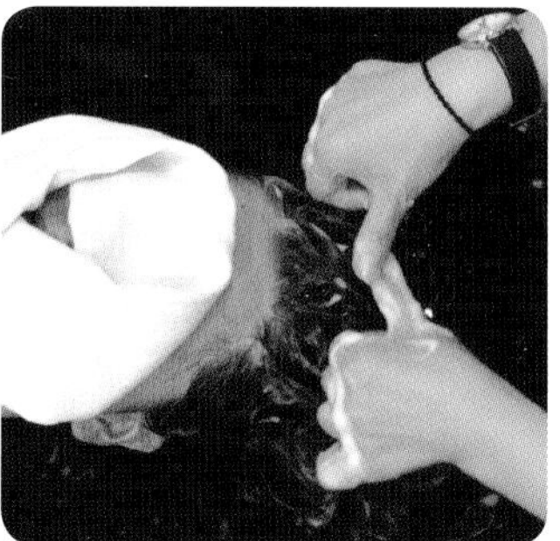

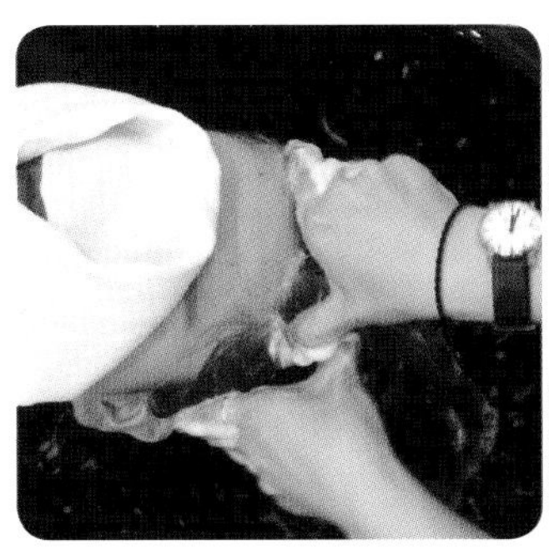
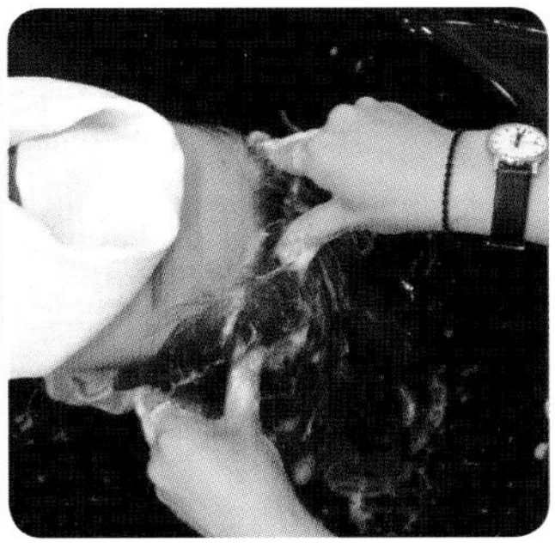

2 양손 교차 사용하기

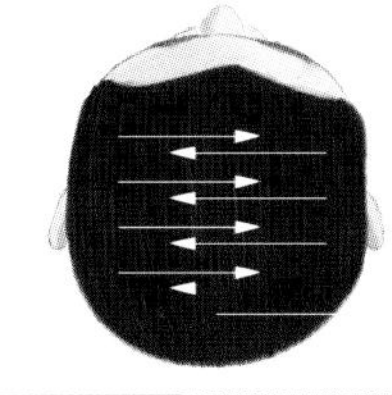

① 양쪽 손가락을 서로 교차하여 전두부에서 후두부 방향으로 긁어준다.

② 후두부는 손바닥이 위로 향하도록 한다.

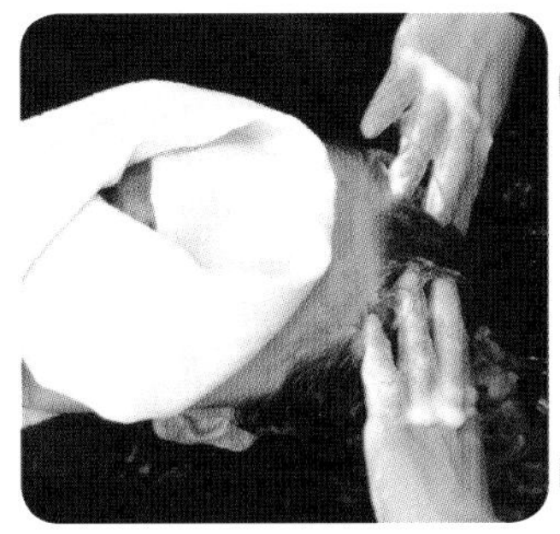

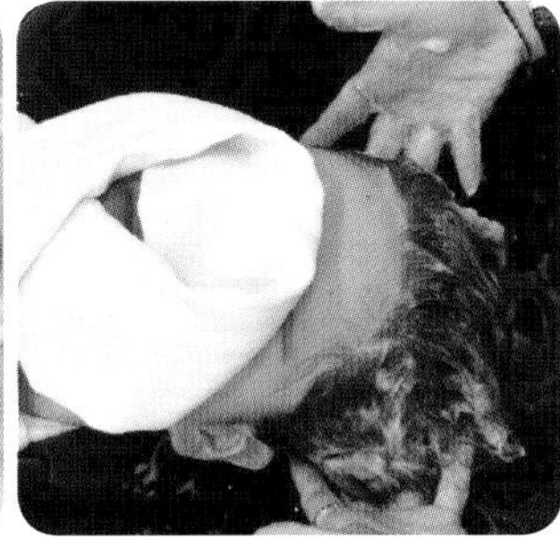
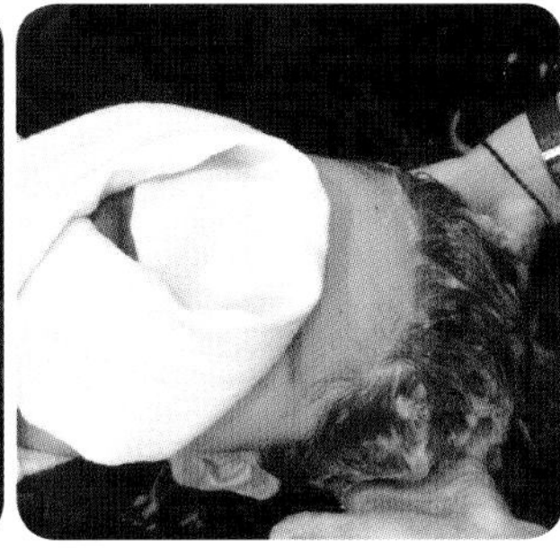

3 굴려주기

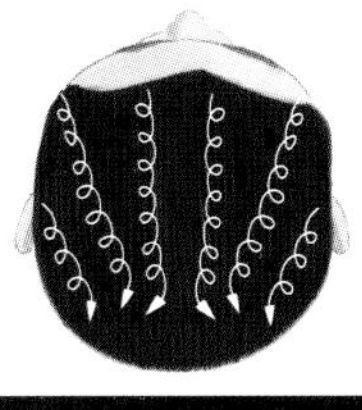

① 양손의 엄지손가락을 이용하여 헤어 라인 쪽을 둥글게 굴려 준다.

② 양손으로 두부를 전체적으로 나선형으로 그리듯이 굴려주고 네이프는 머리의 무게를 받쳐들듯이 조금 들어 오른손으로 굴려 준다.

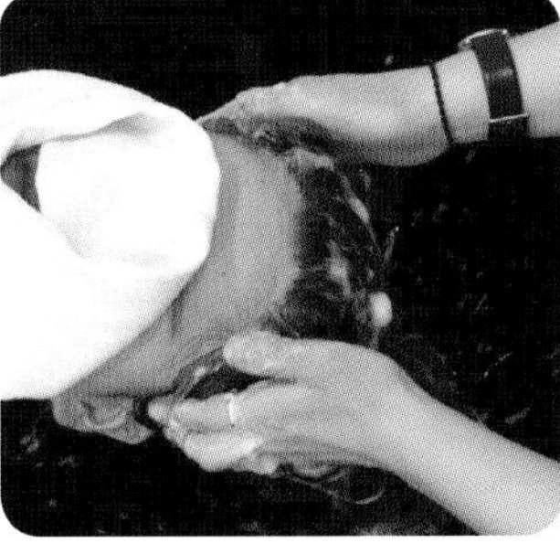
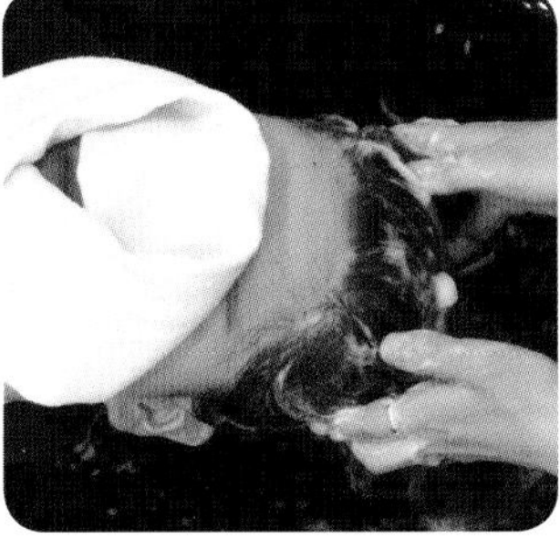
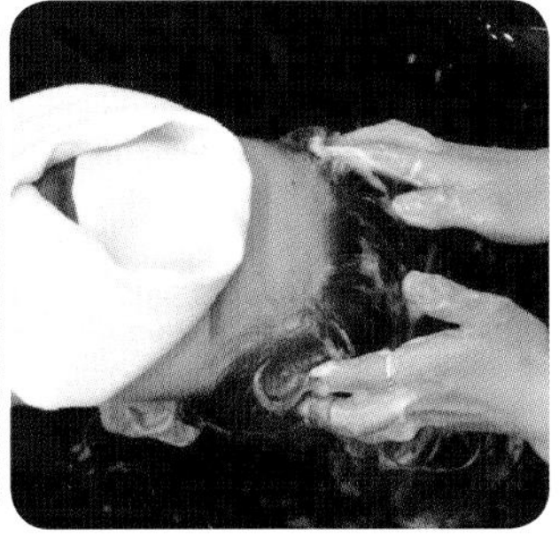

4 튕겨주기

양손으로 두피 전체를 손가락으로 쥐었다 놨다하며 튕겨주며 테크닉 한다.

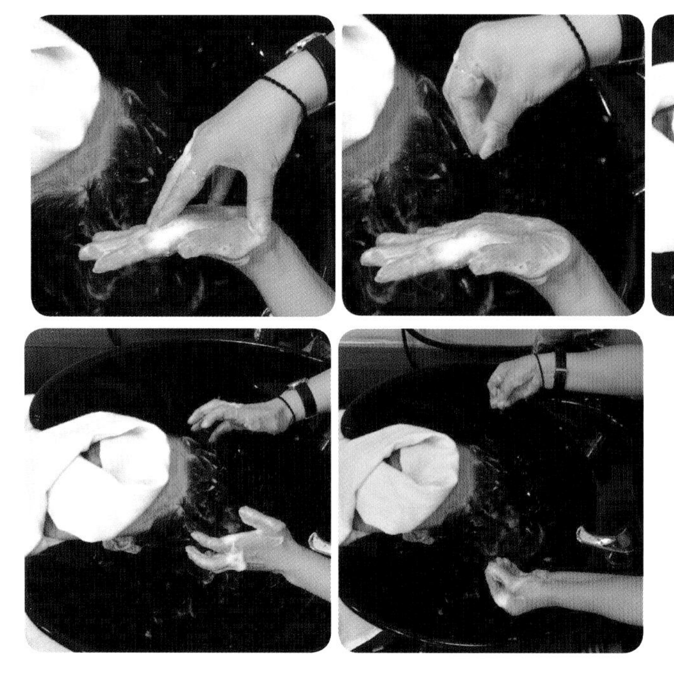

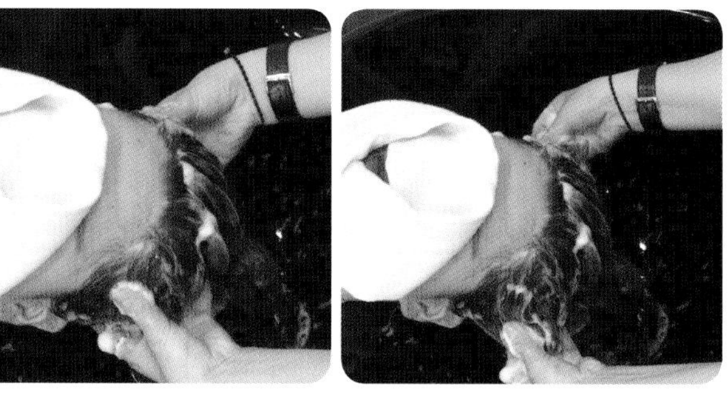

Checkpoint

모발을 당겨서 아프지 않도록 주의하고 모발의 끝부분도 가볍게 주물러 주듯이 샴푸한다.(비비거나 너무 세게 주무르지 않는다)

샴푸 헹구기

① 물의 온도를 확인한 후 페이스 라인, 목 뒤, 귀 등에 거품이 남아 있지 않도록 전체적으로 깨끗이 헹구어 낸다.

② 모발의 물기를 꼭 짜준다.

Note

- 네이프 부분을 한 손으로 받친 후 헹구어 낼 때 특히 등이 젖지 않도록 주의한다.
- 귀부분이나 목덜미에 거품이 남아있지 않도록 주의한다

귀부분을 헹굴때 물이 들어가지 않도록 감싸준다.

린스(트리트먼트, Treatment)

① 두발에 여분의 물기를 양손으로 짜준 후 적당량의 린스제를 손바닥에 덜어서 두피에 닿지 않도록 주의하며 모발의 끝 부분과 사이사이에 도포한다.

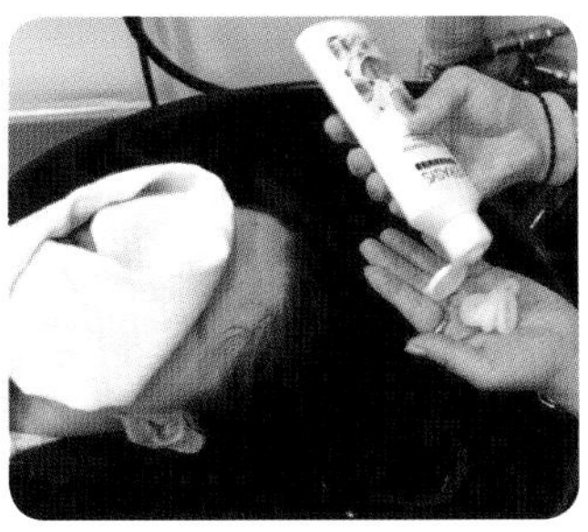

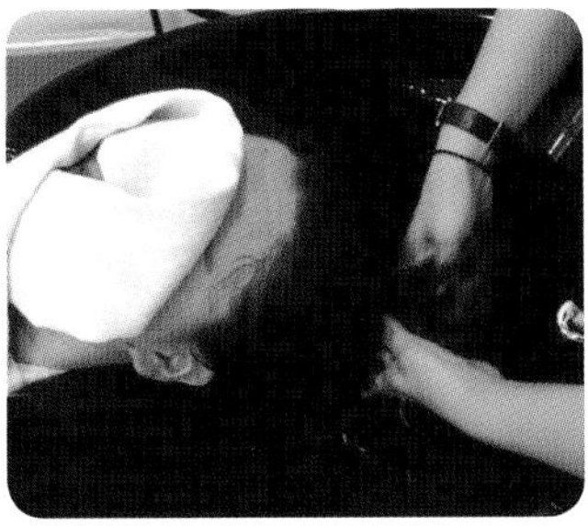

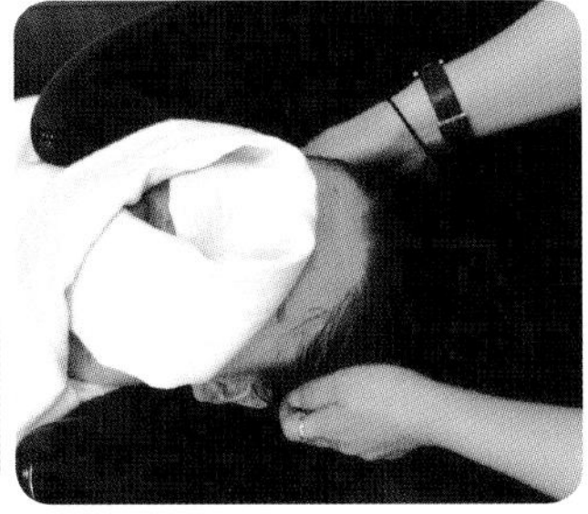

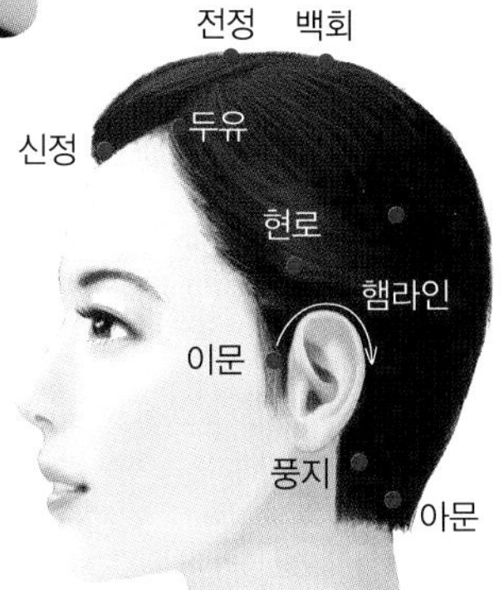

② 손을 헹군 후 엄지손가락의 지문부분으로 지그시 신정을 굴리듯이 눌러준다.

③ 위와 같은 방법으로 두유에서 현로, 이문을 엄지손가락의 지문 부분으로 굴리듯이 지압한다.

④ 이문에서 햄 라인을 따라 귀 뒤쪽을 지압한다.

⑤ 신정에서 백회를 향하여 같은 방법으로 지압한다.

⑥ 두유에서 백회, 이문에서 백회를 향하여 같은 방법으로 지압한다.

⑦ 네이프의 풍지, 아문 부분을 검지, 중지, 약지를 이용하여 굴려주듯이 지압한 후 마무리한다.

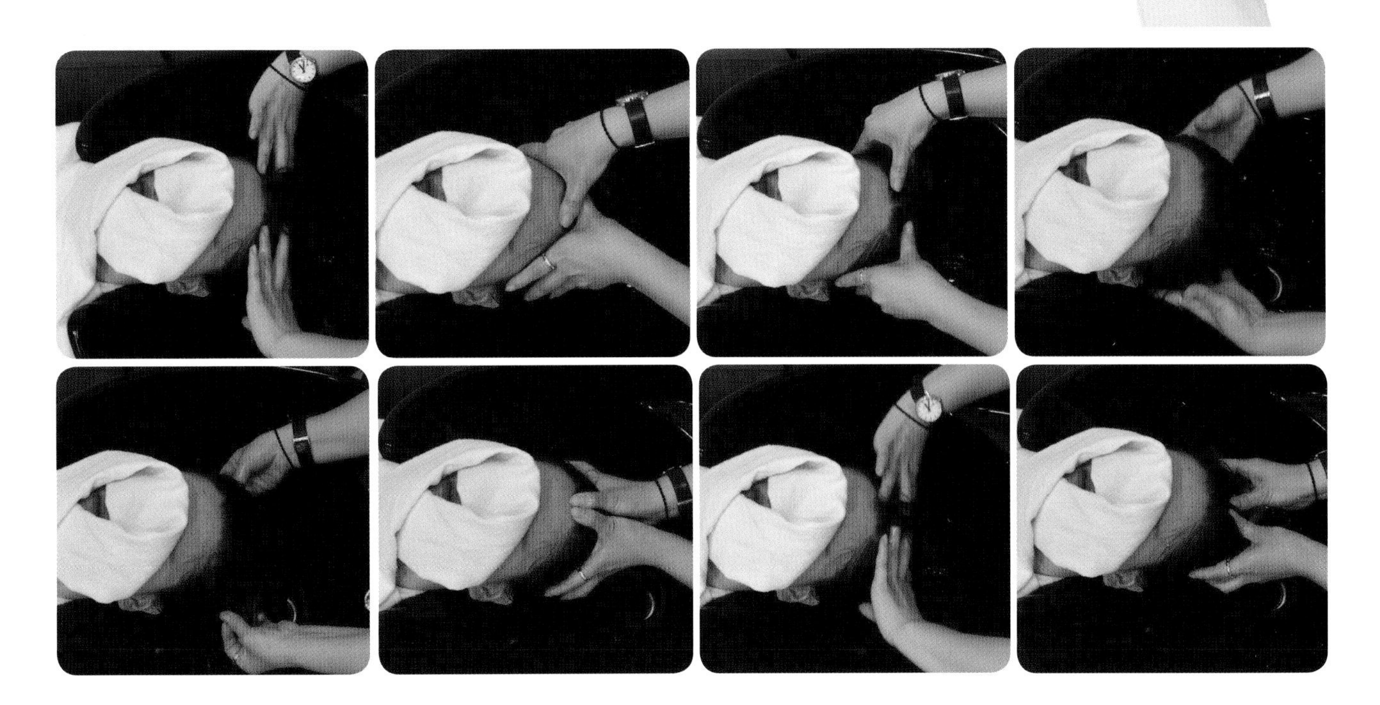

⑧ 물의 온도를 확인한 후 페이스 라인, 목 뒤, 귀 등에 린스 잔여물이 남아 있지 않도록 깨끗이 헹군 후 모발을 꼭 짜준다.

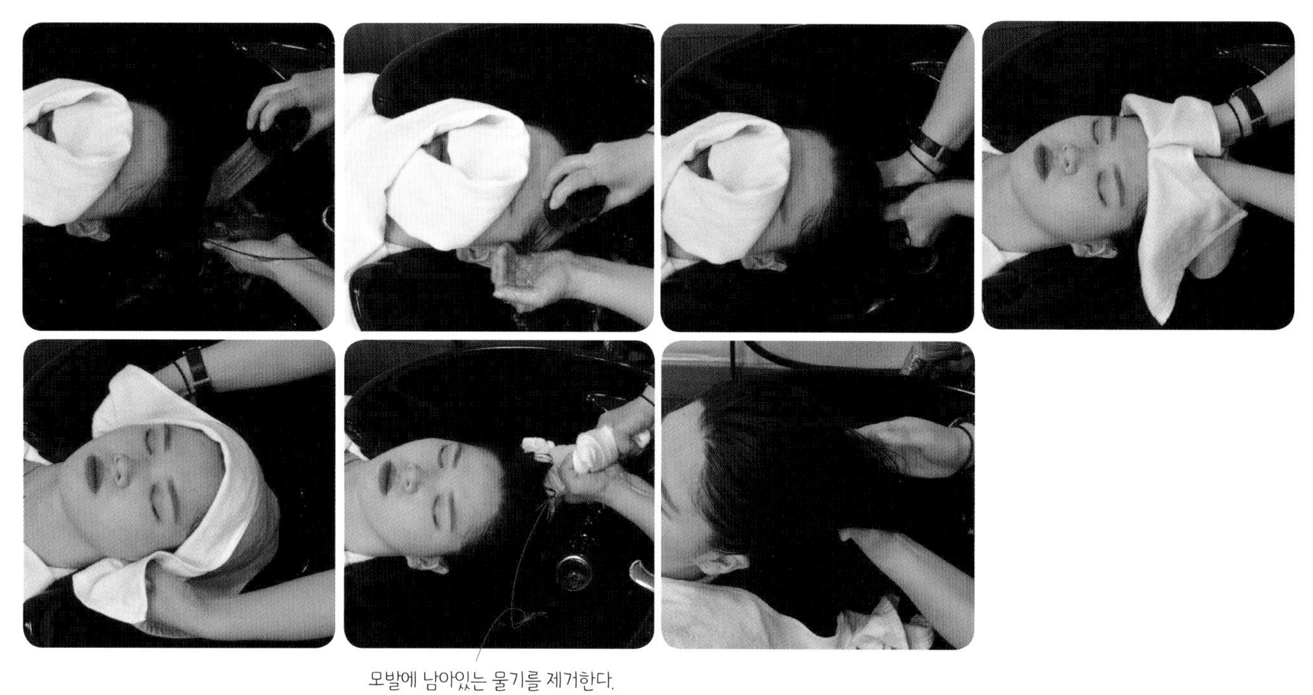

모발에 남아있는 물기를 제거한다.

Check Point

페이스 라인이나 귀 옆, 네이프, 목 받침대 등에 린스 잔여물이 남지 않도록 깨끗하게 헹군다.

step 07 마무리

1 얼굴에 덮인 타월을 펼쳐 페이스 라인을 살짝 눌러주듯이 닦아 물기를 제거하고 귀와 목덜미의 물기도 제거한다.

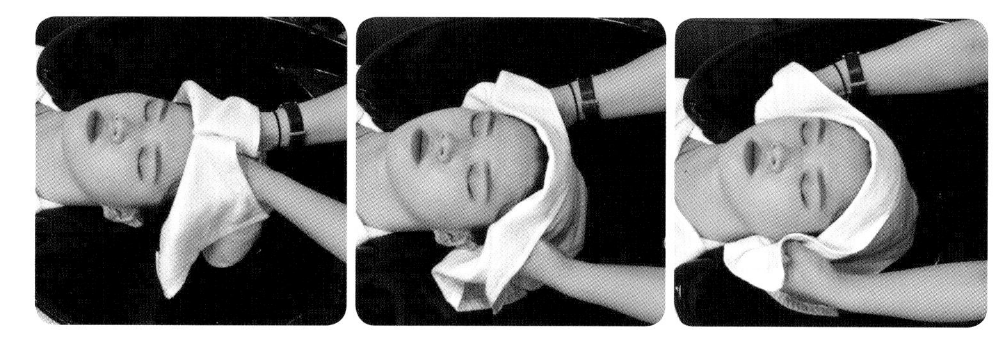

2 타월로 두상을 감싼 후 두피를 살짝 튕기듯이 하며 물기를 제거하고 두상과 모발의 물기를 누르거나 털어내어 물기를 제거한다.

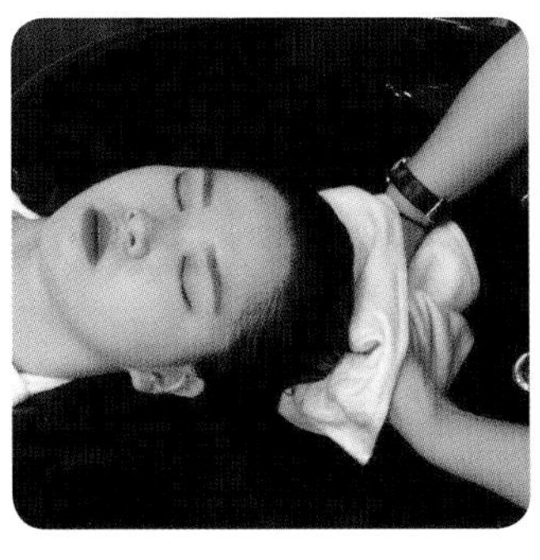
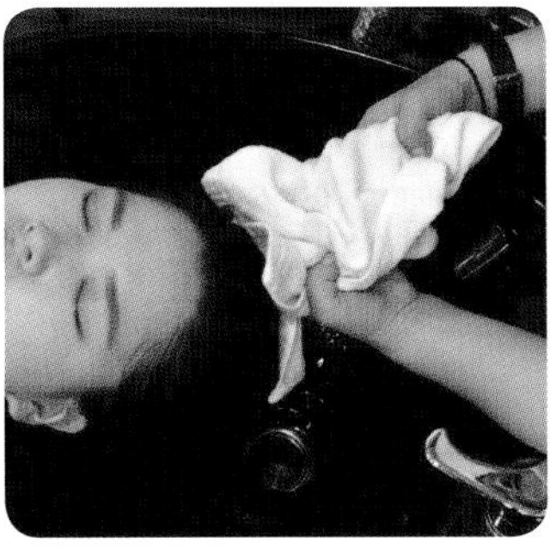
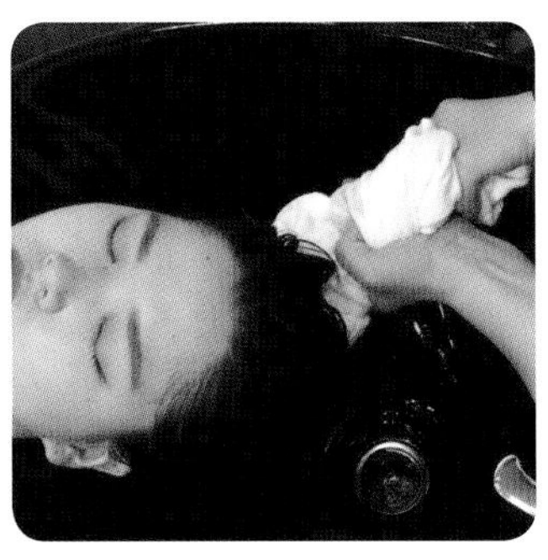

Checkpoint
모발을 비틀거나 비벼서 건조시키지 않는다.

3 타월을 모델의 머리 뒤로 펼쳐 놓고 모발은 자연스럽게 흘러내리도록 한다.

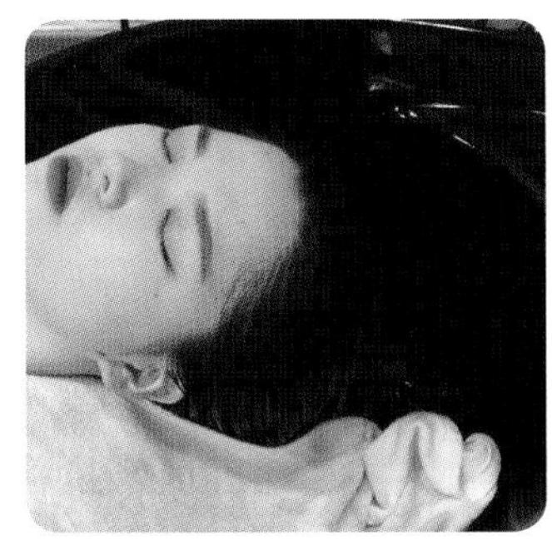
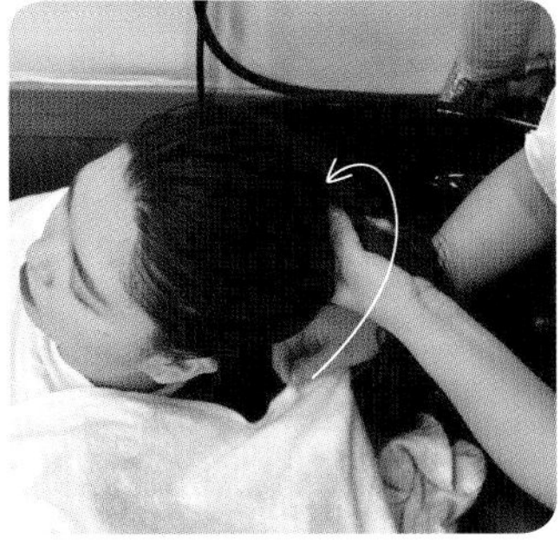

4 타월을 모델의 페이스 라인에 고정시킨다.

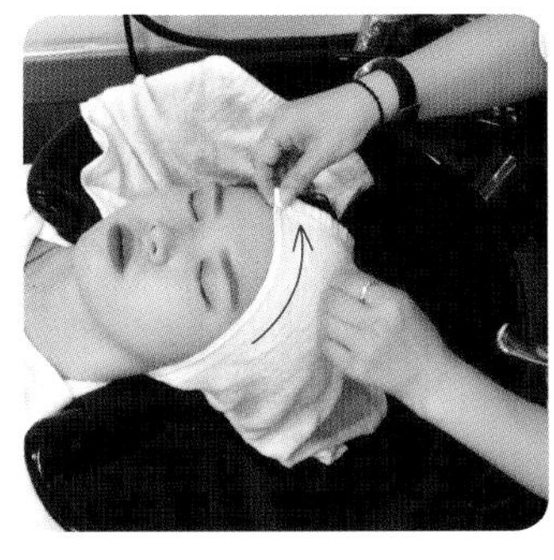
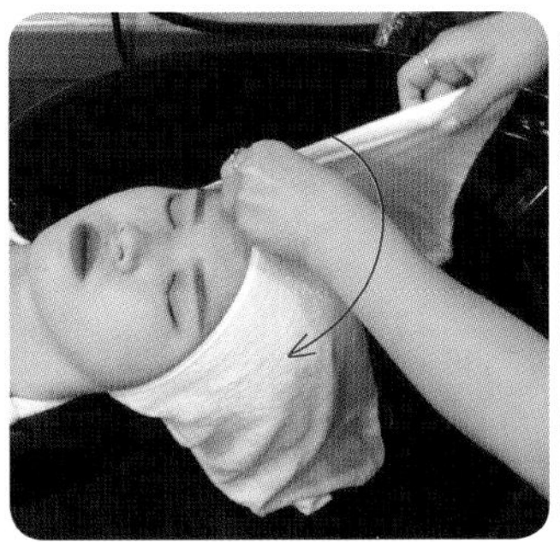
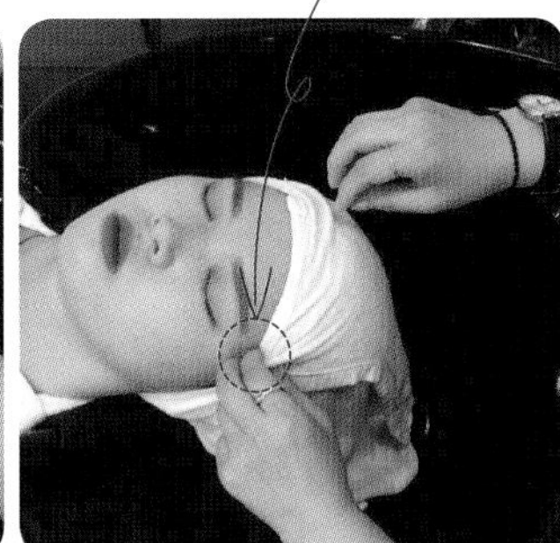
타월 양쪽 끝을 헤어라인을 따라 팽팽하게 크로스로 감싼 후 타월 끝부분을 안으로 말아넣어 고정해 준다.
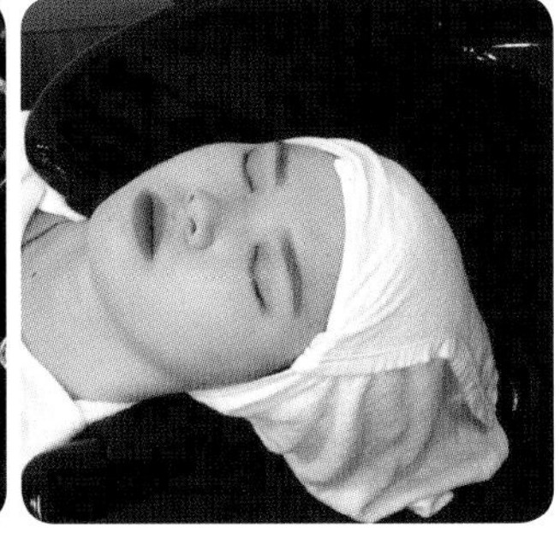

5 뒷머리를 받치고 모델을 일으켜 세운 후 타월을 두를 수 있게 두발을 정리한다.

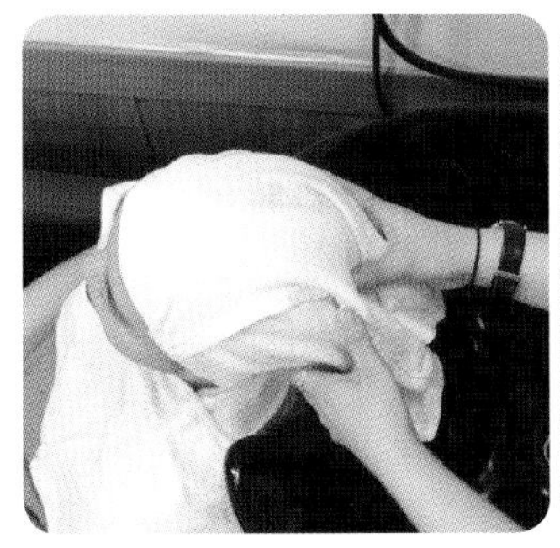

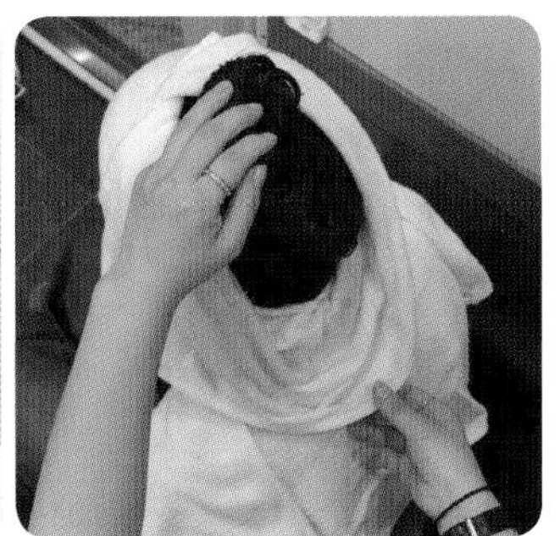
뒷머리의 수건을 위로 올려준다.

6 두발이 옆으로 빠져 나오지 않게 타월로 두발을 깔끔하게 감싼다.

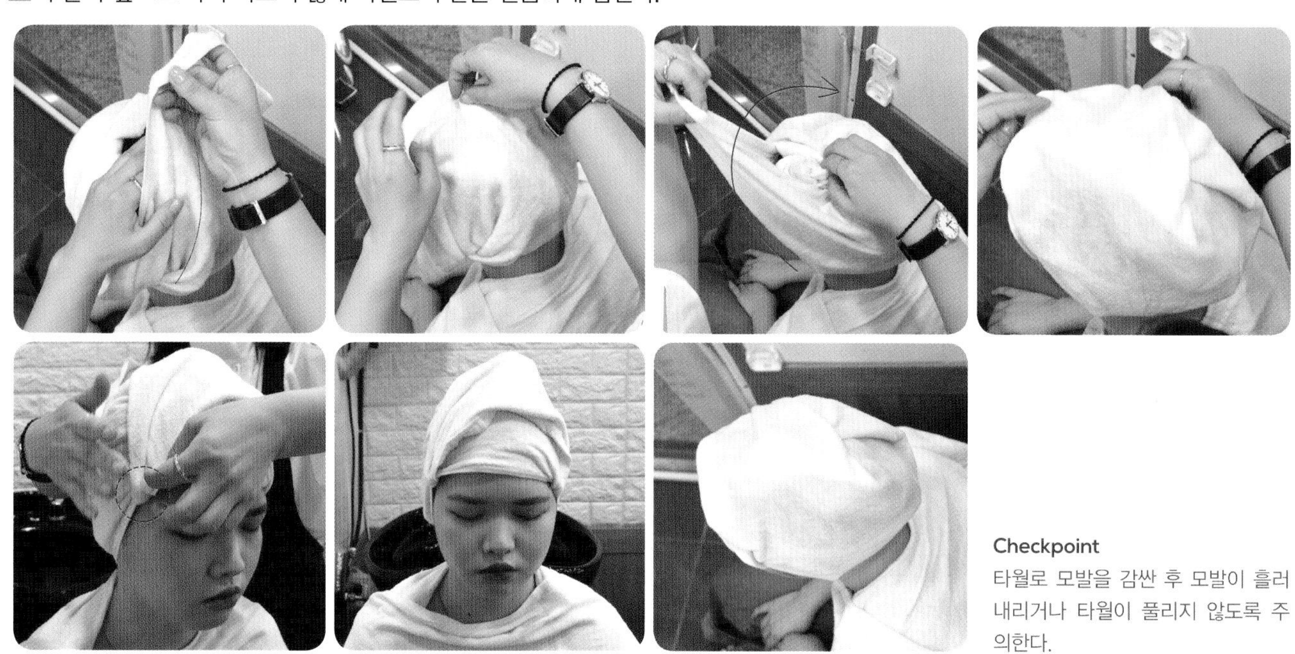

Checkpoint
타월로 모발을 감싼 후 모발이 흘러 내리거나 타월이 풀리지 않도록 주의한다.

7 타월을 사용하여 샴푸대와 등받이 등 물기를 깨끗이 제거하고, 주변을 정리한다.

세면대의 거름망을 꺼내 스케일링 면봉으로 거름망의 머리카락을 깨끗이 제거한 후 위생봉투에 버린다.

8 모발을 감싸고 있던 타월로 얼굴에 닿거나 스치지 않도록 두상을 감싼 후 손목에 힘을 뺀 상태로 좌우 부분과 모발의 뒷부분을 타월 드라이한다.

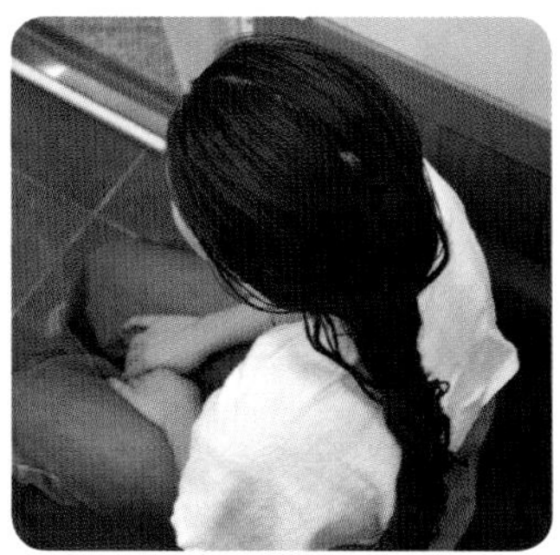

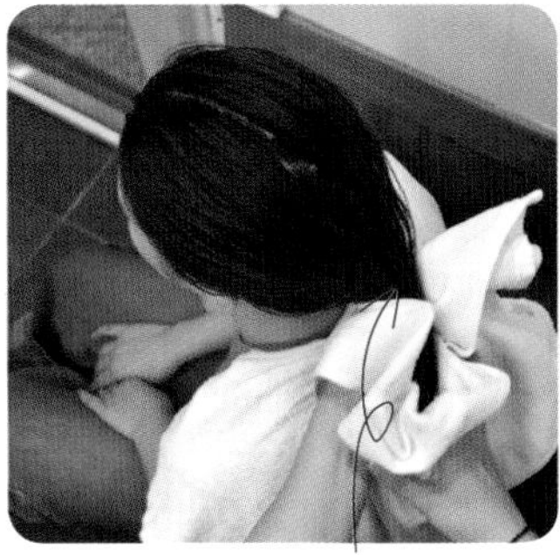

모발의 끝부분을 다시 한번 짜준다.

감정요인

- 모발에서 물기가 떨어질 때
- 모발을 비벼서 말릴 때

9 타월 드라이가 끝난 후 모발을 깨끗한 빗 또는 손으로 빗어 정돈하고 마무리한다.

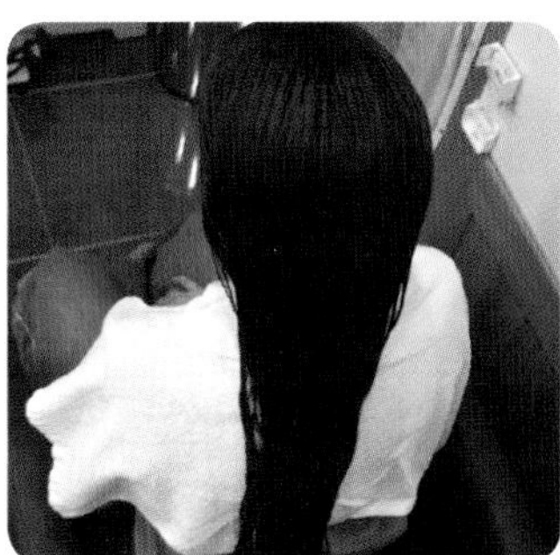

chapter 01

Course Preview

과제 02 헤어 커트

헤어 커트는 스파니엘 커트, 이사도라 커트, 그래듀에이션 커트, 레이어드 커트 중 한 가지 타입이 지정됩니다. 아래 표에서 제2과제 헤어 커트의 주요 과정을 정리하였으니 충분히 숙지하시기 바랍니다.

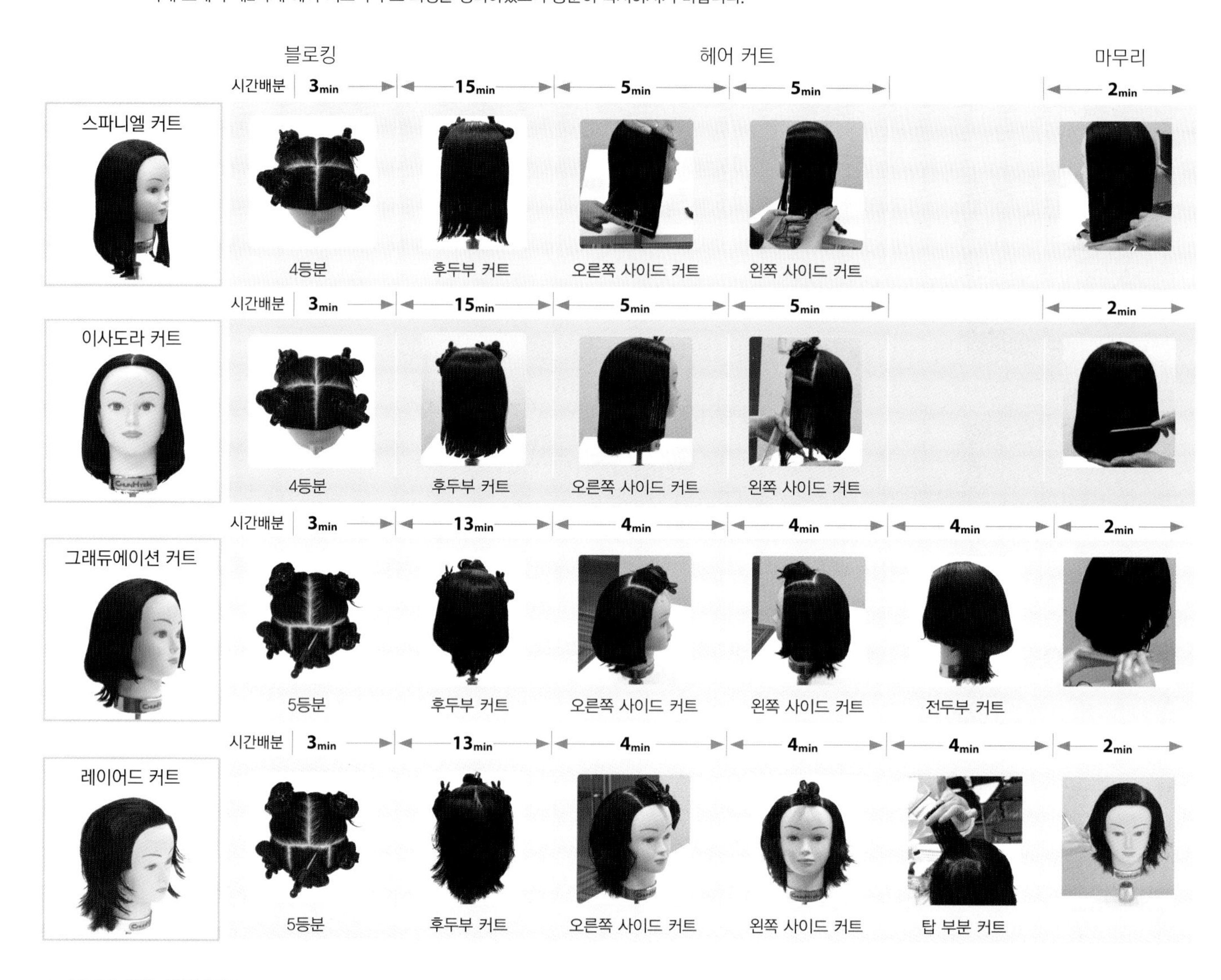

▶ **과제별 주요 항목 비교**

과제	시술각도	네이프 가이드라인	섹션
스파니엘 커트	자연 시술각 0도	10~11cm	∧라인
이사도라 커트	자연 시술각 0도	10~11cm	∨라인
그래듀에이션 커트	• 첫 번째 단 : 자연 시술각 0도 • 두 번째 단부터 BP까지 : 두상 시술각 45도 • BP 이후 : 자연 시술각 45도	10~11cm	완만한 U라인
레이어드 커트	• 첫 번째 단 : 자연 시술각 0도 • 두 번째 단부터 : 두상 시술각 90도	12~14cm	완만한 U라인

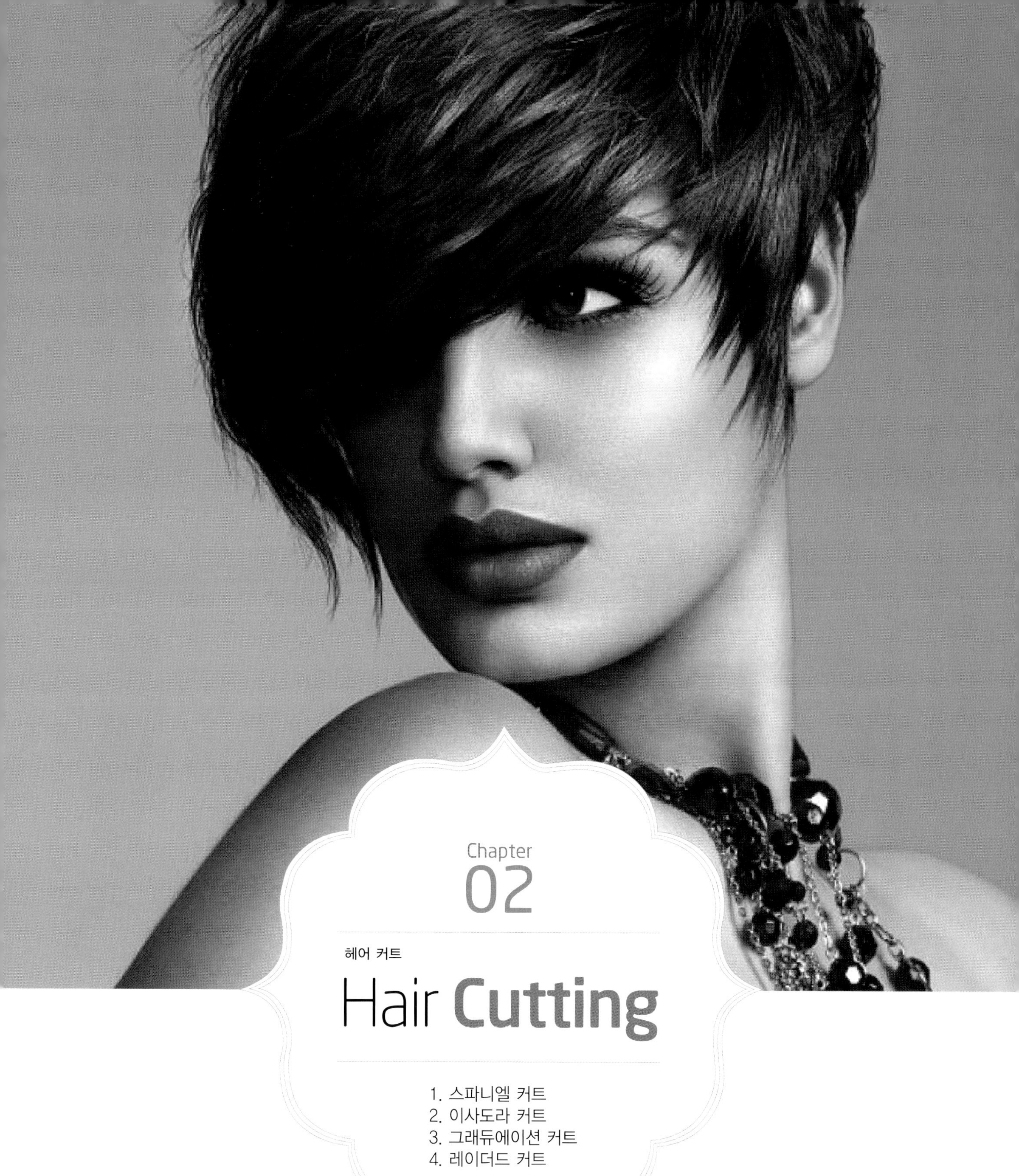

Chapter
02

헤어 커트

Hair **Cutting**

1. 스파니엘 커트
2. 이사도라 커트
3. 그래듀에이션 커트
4. 레이더드 커트

Subject's Outline

헤어 커트 개요

1 요구사항

지참 재료 및 도구를 사용하여 아래의 요구사항을 시험시간 내에 완성하시오.

1) 다음 형별 중 시험위원이 지정하는 형을 시술하시오.

형별	세부 요구사항	세부 요구사항	비고
1	스파니엘 커트	가이드 라인은 네이프 포인트에서 10~11cm로 하고, 앞뒤의 수평상의 단차는 4~5cm 로 하시오.	• 다음 과제에 지장이 없도록 시술하시오. • 블로킹 4등분
2	이사도라 커트	가이드 라인은 네이프 포인트에서 10~11cm로 하고, 앞뒤의 수평상의 단차는 4~5cm 로 하시오.	
3	그래듀에이션 커트	가이드 라인은 네이프 포인트에서 10~11cm로 하시오.	• 다음 과제에 지장이 없도록 시술하시오. • 블로킹 5등분
4	레이어드 커트	유니폼 레이어 커트로 하고 가이드 라인은 네이프 포인트에서 12~14cm 로 하시오.	

2) 준비요령

① 마네킹을 시험위원의 지시에 따라 작업에 편리하도록 홀더에 고정시키시오.

② 마네킹의 모발에 물을 적당히 분무하여 곱게 빗질한 다음 시험시작과 함께 작업을 시작하시오.
(건조한 모발 상태로 시술한 경우 감점됩니다)

2 수험자 유의사항

① 블로킹은 반드시 4~5등분(헤어 커트 스타일에 따라 구분)하고 블로킹 부위에 따라 시술순서를 정확히 지켜야 합니다.

② 바른 자세로 시술하여야 하며, 요구 작품 내용별 기본기법 및 작업순서를 정확히 지키고 도구 사용의 기법 및 손놀림 등이 자연스럽고 조화를 이루어야 합니다.

③ 시술순서 및 기법 상 한번 커트한 모발에 재차 커트하는 것은 허용되나, 요구된 각도와 단차가 없거나 조화가 맞지 아니하여 재커트하는 경우에는 감점됩니다.

④ 원랭스 커트일 경우에는 형태(외각)선의 흐름, 각도에 따른 단차 등이 정확하여야 합니다.

⑤ 시험시간 종료 후 가위질이나 빗질 등을 하면서 작품 및 도구를 만져서는 안 됩니다.

⑥ 채점이 종료된 후 시험위원의 지시에 따라 다음 시술준비를 해야 합니다.

Hair cut's basic

헤어커트의 기본

01 | 학습의 개요

1. 헤어커트는 가위와 빗을 이용하여 모발을 잘라 길이를 짧게 하거나 머리의 형태를 만드는 것으로서 모발에 물을 적셔서 커트하는 웨트(wet) 커트와 마른 상태로 커트하는 드라이(dry) 커트가 있다.
2. 기본 헤어커트를 원활하게 시술하기 위해서는 블로킹, 슬라이스, 섹션, 시술 각도, 베이스 등에 대한 이해가 필요하며 올바른 가위의 조작법, 스트랜드 잡는 법 등이 중요하며 특히 슬라이스 선에서 빗을 넣어 두발의 단을 균일한 텐션으로 빗질하여 잡고 커트하여야 한다.

02 | 학습의 목표

1. 일반 헤어커트용 가위인 블런트 가위를 정확하게 사용할 수 있다.
2. 기본 헤어커트를 위해 블로킹과 슬라이스를 할 수 있다.
3. 기본 헤어커트를 위해 시술 각도를 조절할 수 있다.
4. 정확하고 올바른 자세로 헤어 커트를 할 수 있다.
5. 스파니엘, 이사도라, 그래듀에이션, 레이어 유형을 커트할 수 있다.

03 | 기초 학습

1 헤어커트 시 올바른 자세

헤어커트 시 양발은 어깨 넓이로 벌려 안정된 자세를 유지하며, 시술 위치는 가슴선이 적당하다. 무릎을 쉽게 굽혔다 폈다 할 수 있는 자세를 취하도록 한다.

2 기본 헤어커트 유형의 종류와 특징

(1) 원랭스 커트(one-length cut)

- 일직선의 동일 선상에서 같은 길이가 되도록 커트하는 방법으로 네이프의 길이가 짧고 톱으로 갈수록 길어지면서 모발에 층이 없이 동일한 라인으로 자르는 커트 스타일이다.
- 자연시술 각도 0°를 적용하여 커트한다.

(2) 그래듀에이션 커트(graduation cut)

- 헤어커트 각도에 따라 길이가 조절되면서 형태가 만들어지는 스타일이다. 네이프 부분이 짧고 톱으로 갈수록 길어지면서 단차가 만들어지는 커트 스타일이다.
- 목선의 가이드 라인을 기준으로 무게감을 나타내는 형태선은 시술각 1~ 89°의 삼각형 머리 모양을 나타내는 스타일이다.

(3) 레이어 커트(layer cut)

- 두상에 대한 시술각 90°의 직각분배는 두상 자체에 의해 단차를 나타내는 활동적인 질감의 스타일이다.
- 시술 각도와 커트선으로 길이가 조절되며 시술 각도가 높을수록 많은 단차가 생기고, 이로 인해 디자인 라인은 가볍고 활동적인 질감의 스타일이다.

3 기본 헤어 커트를 위한 기술

(1) 블로킹(blocking)

- 파팅과 유사한 개념으로 시술을 정확하고 편리하게 하기 위하여 두상의 모발을 가장 크게 나누는 것이다.
- 대표적으로 정중선과 측중선을 나누면 4등분 블로킹이 되며, 앞머리 영역을 구분하면 5등분이 된다.

(2) 슬라이스(slice)

- 섹션과 유사한 개념으로 사전 계획된 커트 디자인의 형태선을 맞추어 헤어 커트를 시술하기 위하여 두상에서 모발을 나누는 선과 그 형태를 말한다.
- 평행 라인(parallel line), A라인(concave), V 또는 U라인(convex)이 있다.
- 슬라이스 라인에 의해 만들어진 영역은 섹션이 되며, 이것은 여러 개의 베이스(base)와 패널(panel)이 된다.

(3) 섹션(section)

헤어 커트 시 두상에서 블로킹을 나눈 후 블로킹 내에서 다시 작은 구역을 나누는 것(슬라이스)으로 나누는 선의 방향에 따라 명칭이 다양하다.

종류		특징	종류		특징
가로섹션 (horizontal section)		가로 또는 수평으로 나누는 것으로 원랭스 커트 시 주로 사용	후경사 섹션 (backward slope section)		두상의 뒤에서 얼굴 방향으로 사선을 그리면서 나누는 것으로 이사도라 커트 또는 그래듀에이션 스타일 커트 시 주로 사용
세로섹션 (vertical section)		세로 또는 수직으로 나누는 것으로 그래듀에이션, 레이어 커트 시 주로 사용. 헤어 커트 시 베이스 확인이 용이하여 각도 조절이 쉬움	방사선 섹션 (radial shape section)		파이 섹션, 오렌지 섹션이라고도 하며 두상의 꼭짓점에서 똑같은 크기의 섹션을 나누기 위해 사용. 레이어 커트 시 주로 사용
전경사 섹션 (forward slope section)		두상의 뒤에서 얼굴 방향으로 사선을 그리면서 나누는 것으로 스파니엘 커트 또는 A라인 스타일 커트 시 주로 사용			

(4) 시술 각도(angle)

헤어 커트 시 두상으로부터 모발을 들어 올려 펼치거나 내려진 상태로 자르는 각도를 말한다.

종류		특징	종류		특징
자연 시술 각도 (고정 시술각도)	180°, 135°, 135°, 90°, 90°, 45°, 45°, 0°	중력에 의해 모발이 자연스럽게 떨어지는 각도로 0°를 기준으로 한다. 면에 의한 각도이며, 전체 축을 기준으로 한 각도이다.	두상 시술 각도	45°, 90°, 135°, 135°, 90°, 45°, 90°, 135°, 90°, 45°, 90°, 45°	모발을 두상에서 들어 올려 펼쳐 빗었을 때 나타내는 각도로 베이스의 모발을 빗어 잡았을 때 두상의 둥근 접점을 기준으로 한 각도이다.

4 두부의 명칭

(1) 두부의 부위 명칭

번호	기호	명칭
❶	C.P	센터 포인트(Center point) - 중심
❷	T.P	탑 포인트(Top point) - 두정점
❸	G.P	골든 포인트(Golden point) - 머리꼭지 지점
❹	B.P	백 포인트(Back point) - 뒷 지점
❺	N.P	네이프 포인트(Nape point) - 목 옆 지점
❻	N.S.P	네이프 사이드 포인트(Nape Side Point) - 목 옆 지점
❼	E.B.P	이어 백 포인트(Ear back point) - 귀 뒤 지점
❽	E.P	이어 포인트(Ear point) - 귀 지점
❾	S.C.P	사이드 코너 포인트(Side corner point) - 옆 코너 지점
❿	S.P	사이드 포인트(Side Point) - 옆 꼭짓점

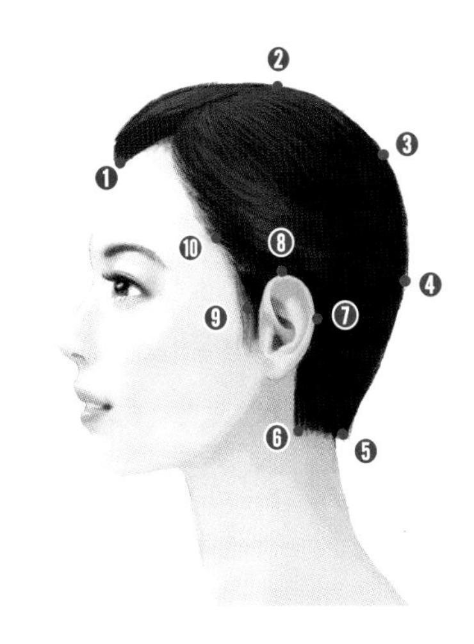

(2) 두부의 라인 명칭

번호	명칭	설명
❶	정중선(C.P~N.P)	코의 중심을 기준으로 머리 전체를 수직으로 가른 선
❷	측중선(E.P~E.P)	좌측 귀에서 우측 귀까지 이은 선
❸	수평선(E.P~E.P)	E.P의 높이를 수평으로 이은 선
❹	측두선(F.S.P)	대체로 눈끝을 수직으로 세운 머리 앞쪽에서 측중선까지의 선
❺	페이스 라인(S.C.P~S.C.P)	(헤어라인) 두발과 얼굴의 경계선
❻	네이프 라인(N.S.P~N.S.P)	(목뒷선) N.S.P에서 N.S.P를 연결한 선
❼	네이프 사이드 라인(E.P~N.S.P)	(목옆선) E.P에서 N.S.P를 연결한 선
❾	S.C.P	사이드 코너 포인트(Side corner point) - 옆 코너 지점
❿	S.P	사이드 포인트(Side Point) - 옆 꼭짓점

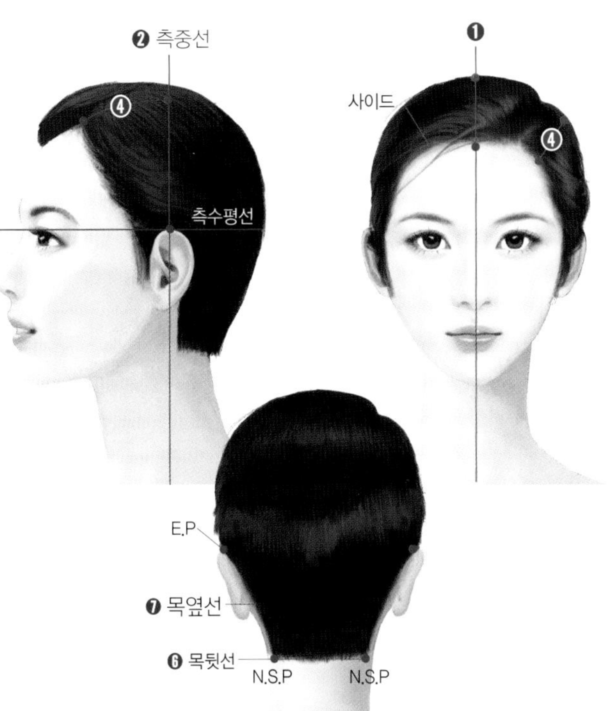

5 헤어 커팅 도구

(1) 가위

가위는 길이가 4인치부터 7인치까지인 것과 직선형과 R형 등 모양이 다양하다. 길이가 짧을수록 섬세한 커트를 할 수 있고, 길수록 신속하게 할 수 있는 장점을 가지고 있다. 가위를 사용할 때는 한쪽 협신을 고정시켜 자르며, 개폐가 일정하고 원활하도록 해야 한다. 가위는 길이나 무게가 미용사의 손에 맞는 것을 선택하는 것이 중요하다.

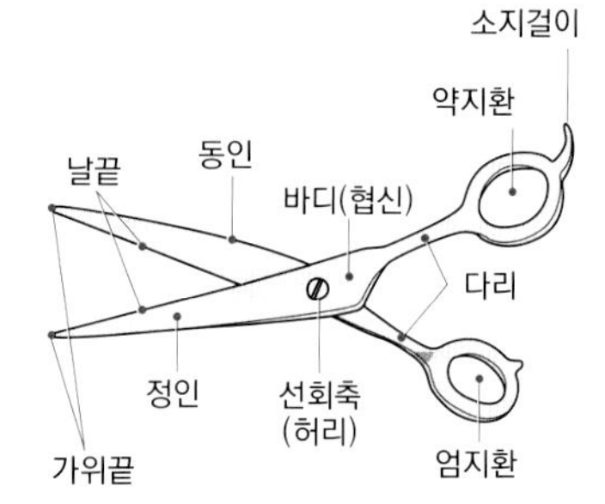

(2) 가위 쥐는 법 - 기본형

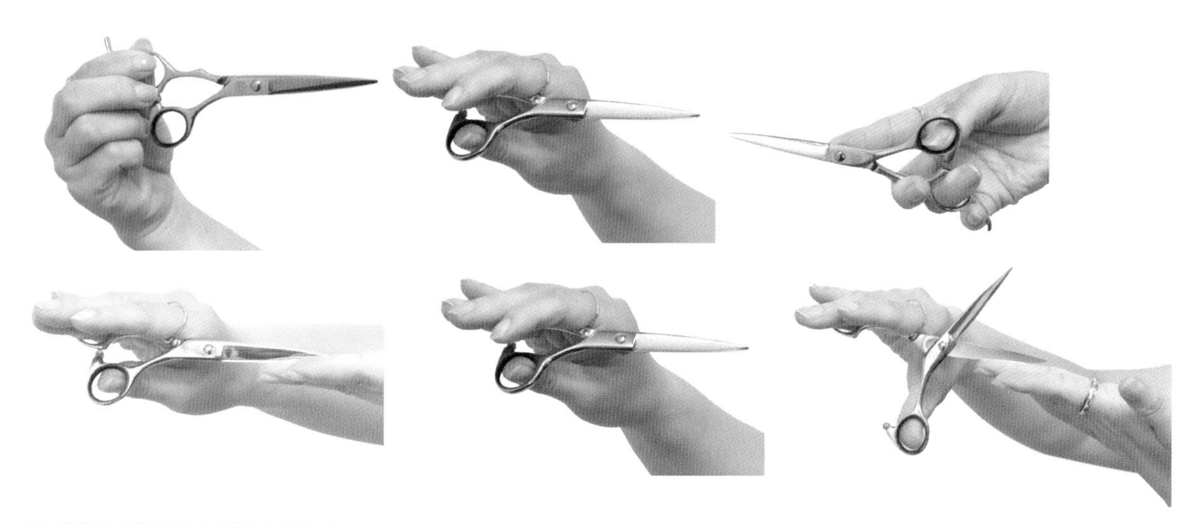

① 가위의 선회축이 보이도록 잡는다.
② 가위의 선회축이 위쪽으로 오게 하고 오른손바닥을 위로 하고 약지환의 두 번째 마디를 끼운다.
③ 엄지 환에 엄지손톱의 중간쯤을 걸쳐 개폐 연습을 한다.
④ 소지는 소지걸이에 올려놓고 그대로 손을 뒤집어 손등이 보이도록 하는 자세가 가위 잡는 기본형이다.
⑤ 엄지손가락만을 움직여 개폐동작을 하며 가위의 날은 수평을 유지하며 가위를 벌리고 닫는 개폐 상태에서 정인과 동인의 각도는 약 90°가 되도록 한다.
⑥ 가위 개폐 시 약지환과 정인을 지탱하는 네 손가락은 움직이지 않으며, 엄지환을 움직이는 엄지손가락은 동인을 개폐할 때도 곧게 편 상태를 유지한다.

(3) 가위 쥐는 법 - 변형형

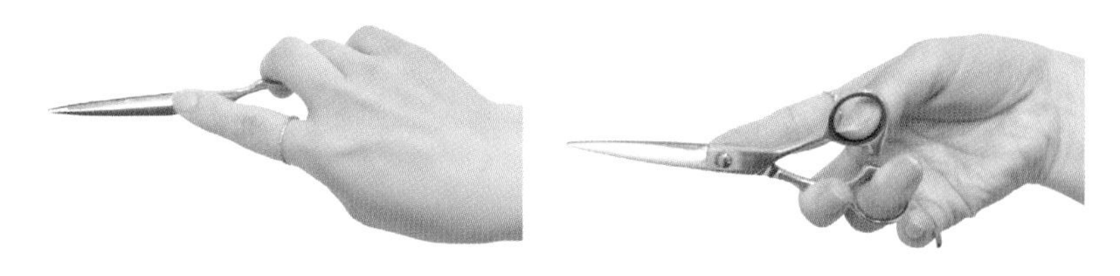

① 손등 위에서 방사선 세로 커트할 때 사용하는 방법이다.
② 오른손 약지의 약지환에 두 번째 마디까지 끼우고 검지는 선회축에 댄 후 가위 자세가 수평이 되도록 한다.
③ 엄지와 검지를 제외한 손가락을 동그랗게 말아 쥐고 검지는 선회축에 밀착한다.
④ 엄지의 끝부분을 이용하여 손가락에 힘을 빼고 가위를 개폐한다.
⑤ 가윗날을 왼손 검지 끝에 대고 안정감 있고 자신 있게 커트한다.

(4) 빗

빗은 커트하는 동안 두발을 분배하고 조절하며, 빗살 간격과 디자인에 따라 다양한 용도로 사용된다. 전체적으로 빗살이 균일한 것이 좋고, 너무 뾰족하거나 뭉툭하지 않는 것을 사용하며, 얼레살과 고운살로 나눌 수 있다.

- 얼레살 : 블로킹, 섹션을 나눌 때 사용
- 고운살 : 패널을 빗질할 때 사용

(5) 빗과 가위를 쥐는 법

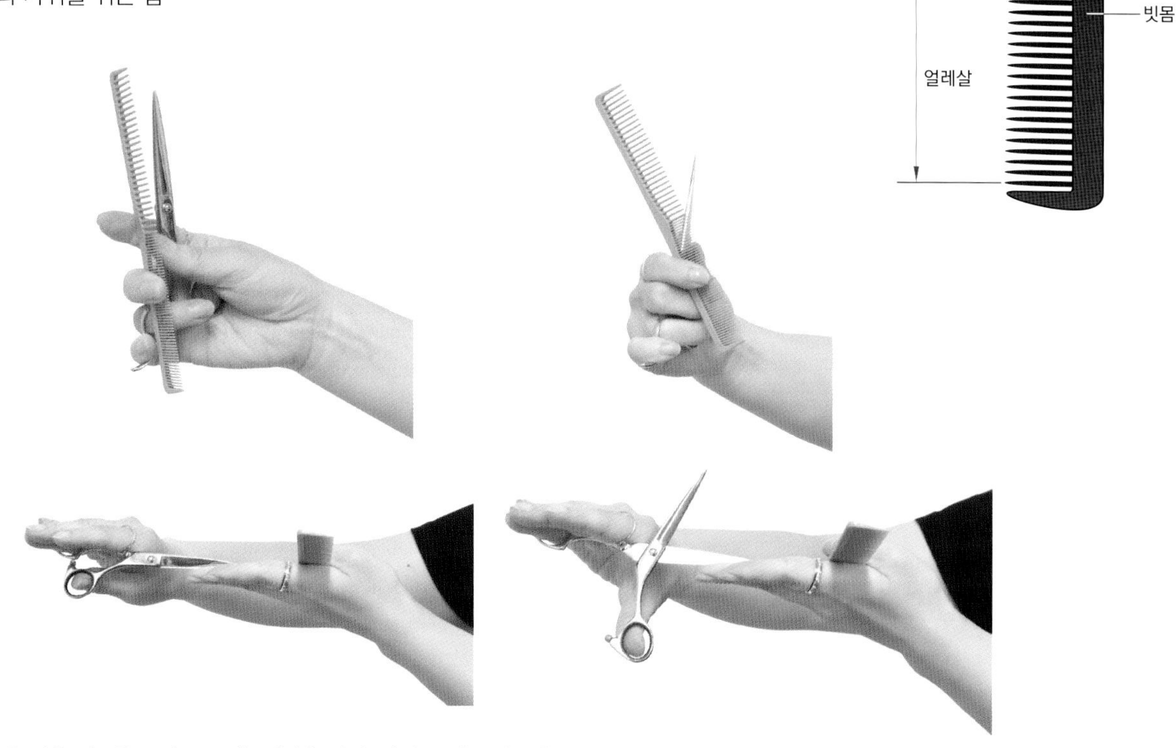

① 빗은 빗몸을 중심으로 1/3 지점을 엄지, 검지, 중지로 잡는다.
② 블로킹, 섹션, 슬라이스는 얼레살(굵은 빗살)을 이용하고, 섬세한 빗질은 고운살을 이용한다.
③ 빗과 가위를 사용할 때는 엄지환에서 엄지를 빼고 손가락 전체로 가위를 가볍게 감싸 쥐며 빗의 1/3 지점을 엄지, 검지, 중지로 잡는다.
④ 왼손 엄지 사이에 빗을 끼워 고정한 후 오른손에 가위를 왼손 중지 끝에 고정 가윗날을 대고 개폐 동작을 충분히 반복한다.

Spaniel cut

01 스파니엘 커트

1 과제개요

내용	가위와 커트 빗을 사용하여 시험규정에 맞게 스파니엘 스타일을 작업하시오.		
블로킹	4등분	시간 및 배점	30분 20점
형태선	전대각 사선, ∧라인	시술각	자연시술각 0°
파팅	1~1.5cm	손의 시술각도	섹션과 평행
단차	앞뒤의 수평상의 단차 4~5cm	가이드라인	네이프 포인트에서 10~11cm
완성상태	센터 파트 후 안마름 빗질		

2 채점기준

	준비상태	블로킹 및 섹션	빗질 및 시술각도	가위테크닉	커트의 완성도	정리 및 마무리
20점	2점	3점	3점	4점	5점	3점

※ 채점기준은 실제 채점방식과 다를 수 있으나 핵심 요구사항은 유사하므로 참고하시면 도움이 됩니다.

3 도면

4 작업대 세팅

① 커트빗 ② S브러쉬 ③ 커트가위 ④ 분무기 ⑤ 핀셋(6개 이상)
⑥ 타월 ⑦ 통가발 또는 덧가발(덧가발의 경우 민두 마네킹 지참)
⑧ 홀더 ⑨ 위생봉지(투명비닐)

how to work

4등분 블로킹

1 센터 파팅

① 분무기로 모발에 충분히 물을 뿌리고 커트빗을 이용해 빗질을 한다.

감정요인
건조한 모발 상태로 시술할 경우

② CP~TP로 센터 파팅을 한 후 좌우로 빗질을 해준다.

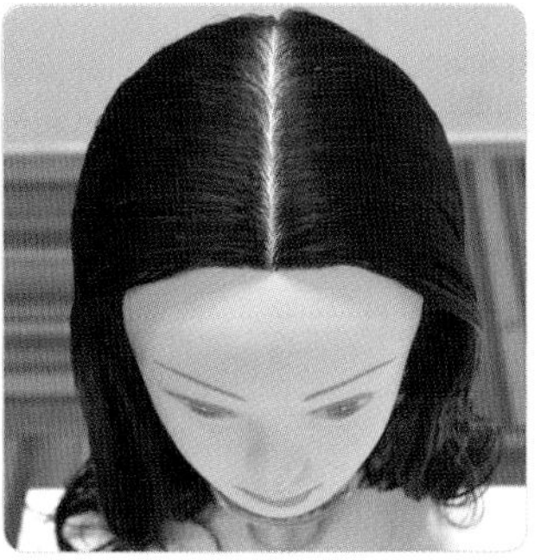

2 사이드 파팅

① TP에서 우측 EBP까지 나누고 충분히 빗질을 한 후 머리카락을 꼬아서 돌돌 말아준 상태에서 핀셋으로 고정한다.

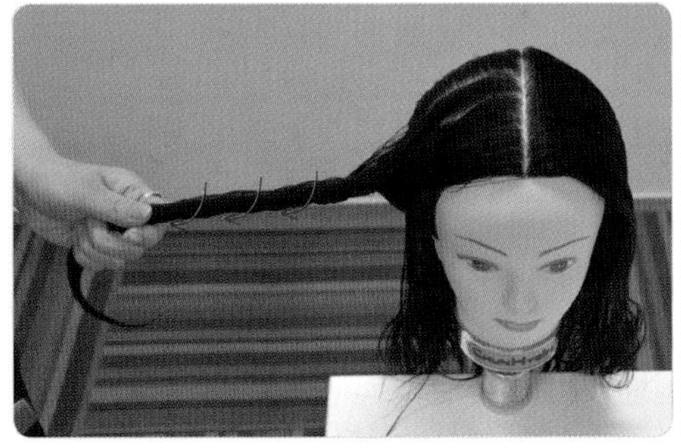

② 우측에 이어 좌측도 같은 방법으로 파팅을 해준다.

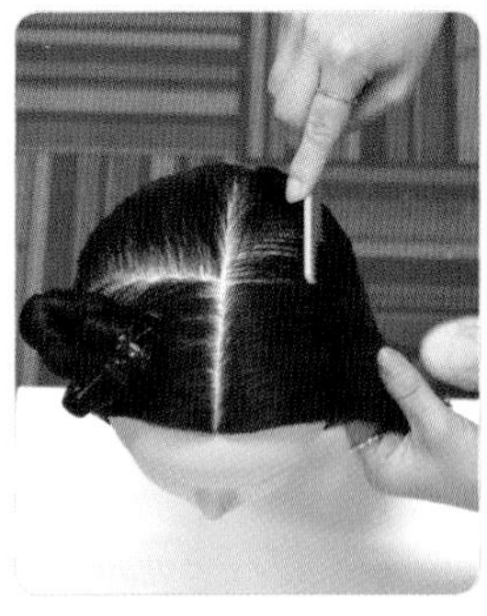

3 백 센터 파팅

후두면도 TP를 중심으로 NP까지 백 센터 파트하여 좌우로 나누고 같은 방법으로 핀셋으로 고정한다.

step 02 커팅

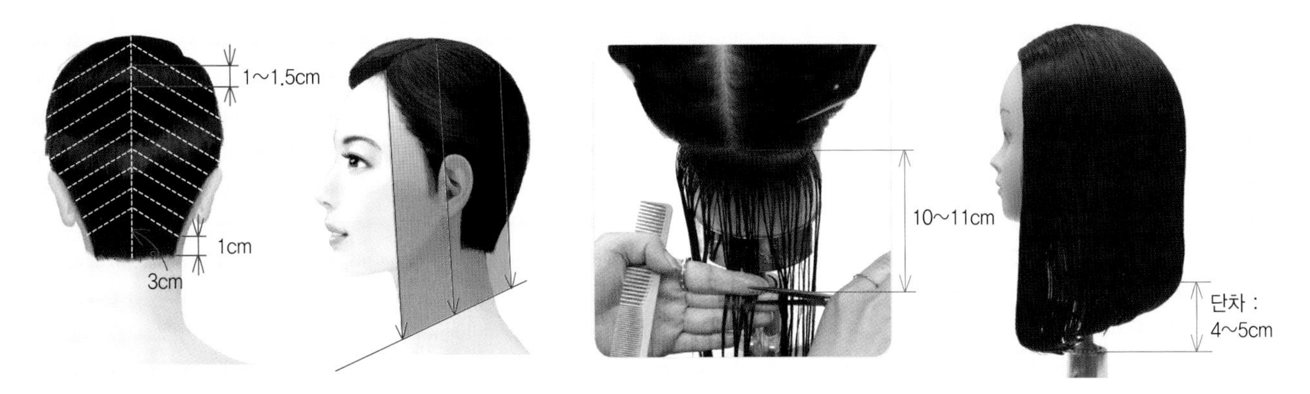

chapter 02

1 후두부 커트

① 슬라이스를 위해 먼저 후두부의 우측 핀셋을 제거한다.

② 네이프의 첫 번째 단을 NP에서 3cm, NSP는 약 1cm로 얼굴 쪽이 내려가도록 사선 슬라이스 하여 빗질한다.

※슬라이스 후 다시 핀셋으로 두발을 고정한다.

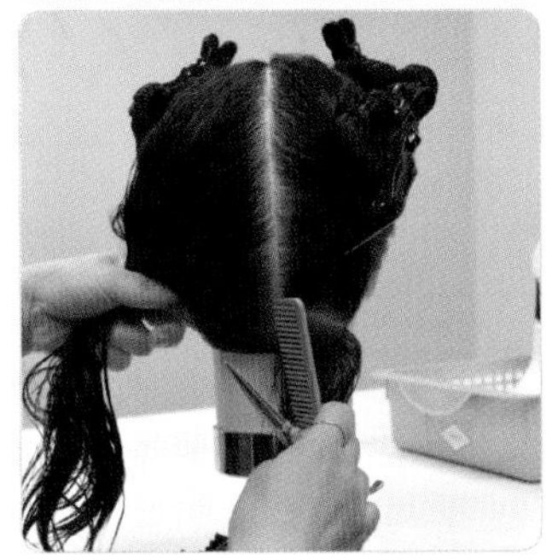

Checkpoint

- 한 슬라이스 선을 커팅할 때 모발을 두 번, 세 번 나누어서 커팅한다.
- 두발에 물을 적정하게 분무하여 곱게 수직으로 빗질한 후 최소한의 텐션으로 커트한다.
- 텐션을 강하게 또는 약하게 하지 않도록 주의하면서 일정하게 텐션을 준다.

③ 가운데 블로킹 중심선을 기준으로 좌우 약 3cm로 가이드를 잡아주며, 네이프 라인에서 약 10~11cm 길이로 자연 시술각 0°로 수평 커트한다.

④ 기준선을 중심으로 좌우로 나눈다.

⑤ 오른쪽부터 슬라이스 선을 따라 빗어 내려와 가운데 가이드에 맞추어서 모발이 앞쪽이 길어지도록 사선(전대각) 모양으로 잡아서 커트한다.

Checkpoint
슬라이스 선, 모발을 잡은 손가락, 빗이 평행이 되도록 한다.

⑥ 가운데 가이드를 기준으로 왼쪽도 동일하게 커트한다.

⑦ 양쪽의 길이가 같은지 체크하기 위해 양쪽 끝을 잡고 길이를 맞추어 본다.

Checkpoint
모발의 왼쪽과 오른쪽의 길이가 같도록 하며 커트라인은 앞쪽이 길고 뒤쪽이 짧다.

⑧ 첫 번째 단을 기준으로 두 번째 단을 약 1~1.5cm로 파팅한 후 모근 쪽에서부터 0°로 빗질한다.

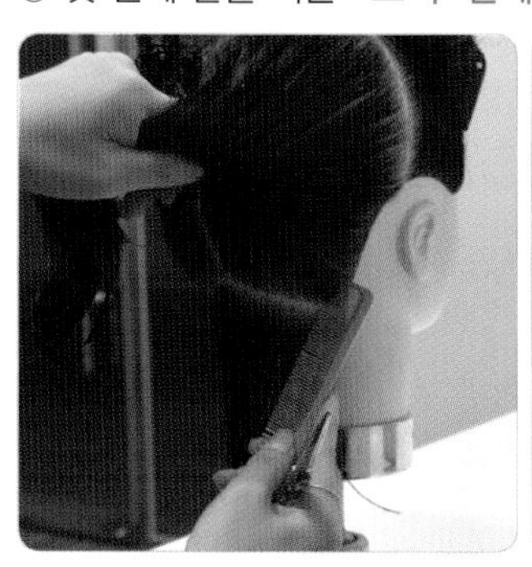

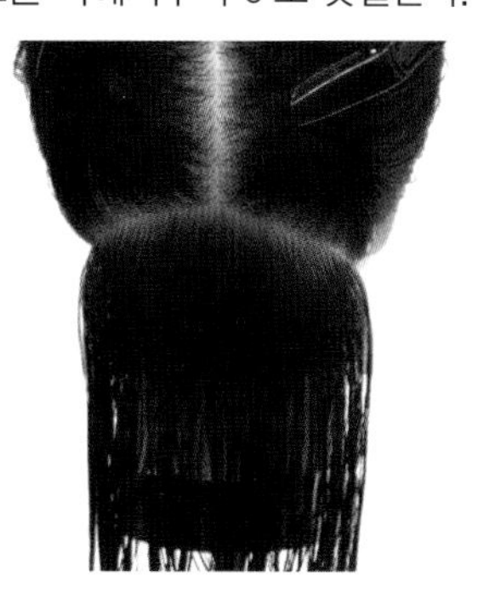

커트하기 전에 충분히 분무하여 두발이 촉촉한 상태를 유지하도록 한다.

Checkpoint

- 두 번째 파팅은 반드시 굵은 빗살로 모근에서 빗질한다.
- 가위는 두발을 커트하지 않을 때 엄지를 빼서 손바닥에 빗과 동시에 쥐고 빗질을 한다.

⑨ 오른쪽을 왼손 검지와 중지로 잡아주고 첫 번째 단의 커트된 두발을 기준 가이드로 두 번째 단을 0°로 사선 커트한다.

두 번째 단도 첫 번째 단과 마찬가지로 가운데 부분을 먼저 수평 커팅해도 된다.

⑩ 왼쪽도 위와 같은 방법으로 두 번째 단을 0°로 사선 커트한다.

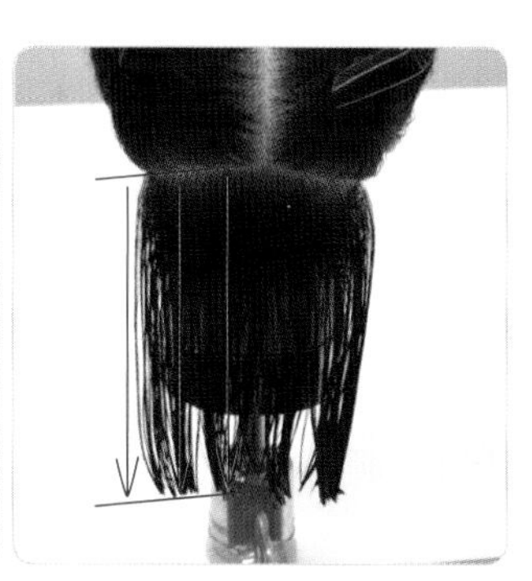

Note

백(Back) 부분의 두발이 잘린 스파니엘 디자인 라인의 흐름을 따라 최소한의 텐션을 주면서 양쪽 길이가 대칭이 된 스타일 모습이다.

⑪ 같은 방법으로 후두부의 나머지 부분을 1~1.5cm 간격으로 커팅한다.

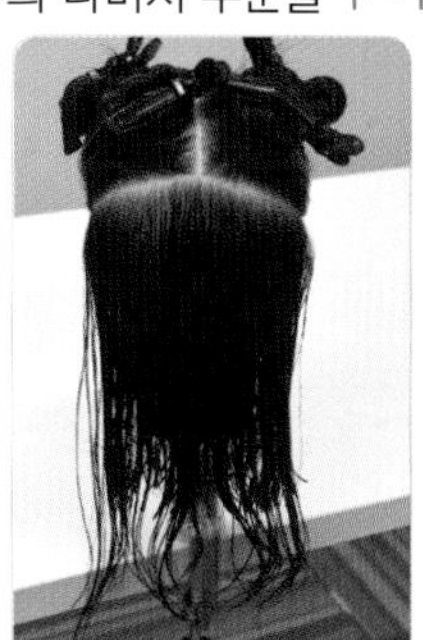
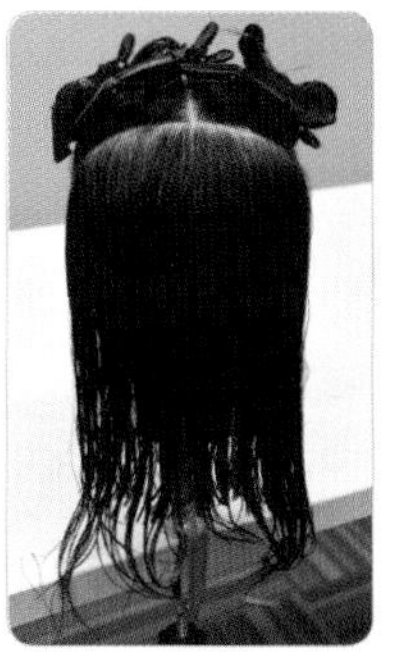

Checkpoint

- 전체 커트 단차가 4~5cm이기 때문에 후두부에서는 앞뒤의 수평상의 단차 2~3cm 이하로 커트한다.
- 후두부 커트가 끝나면 사이드로 넘어가기 전에 빗으로 두발을 정리해 준다.

2 사이드 커트

① 오른쪽 사이드 첫 번째 섹션은 SCP에서 1~1.5cm 높은 위치에서 뒤쪽으로 갈수록 앞쪽보다 2~3cm 높게 나누며 폭은 1~1.5cm로 슬라이스 한다.

② 섹션에서부터 정확하게 0°가 되게 빗질하며 후두부 라인의 1cm 모발 끝과 연결하여 전대각이 되도록 손가락으로 방향을 잡고 섹션과 평행을 유지하여 커트한다.

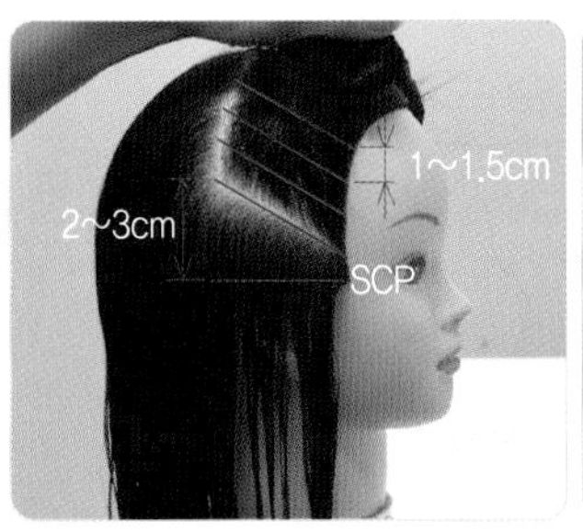

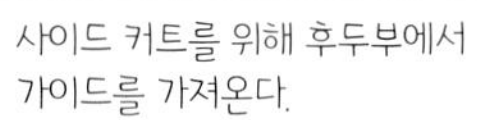
사이드 커트를 위해 후두부에서 가이드를 가져온다.

Checkpoint

- 귀 주변은 볼록 나온 귀로 인해 텐션을 주면 디자인 라인이 달라질 수 있으므로 주의한다.
- 커트의 라인은 얼굴 쪽이 길어지고 목 쪽이 짧아지게 한다.

③ 오른쪽 사이드 두 번째 단도 방향성 빗질 후 1.5cm 위치 지점에서 전대각 섹션하여 첫 번째 단과 합쳐서 수직방향으로 빗질하여 커트한다.

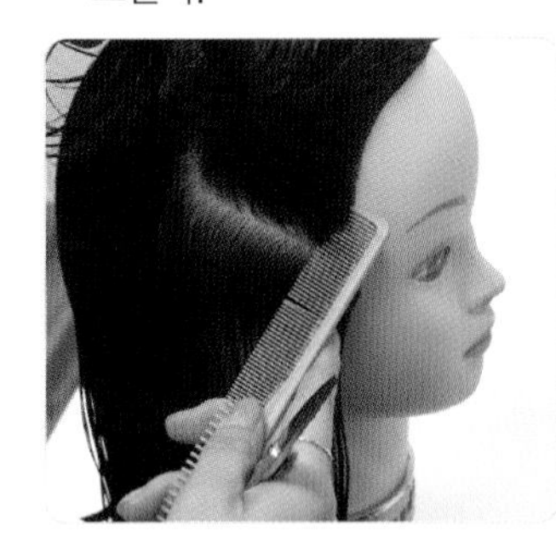

Checkpoint

전대각 슬라이스와 빗질을 평행하게 해야 스파니엘 디자인 라인을 정확하게 자를 수 있다.

④ FSP에서부터는 헤어라인 곡면을 따라서 고운살로 자연스럽게 빗질한다.

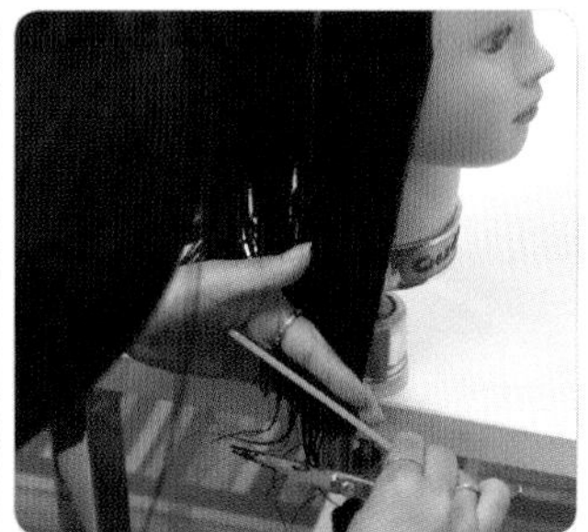

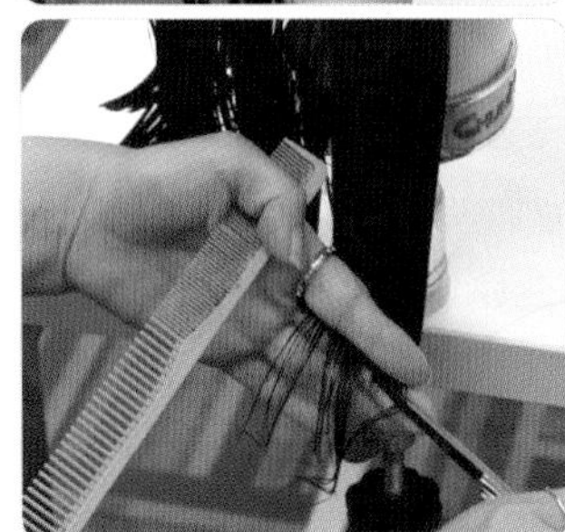

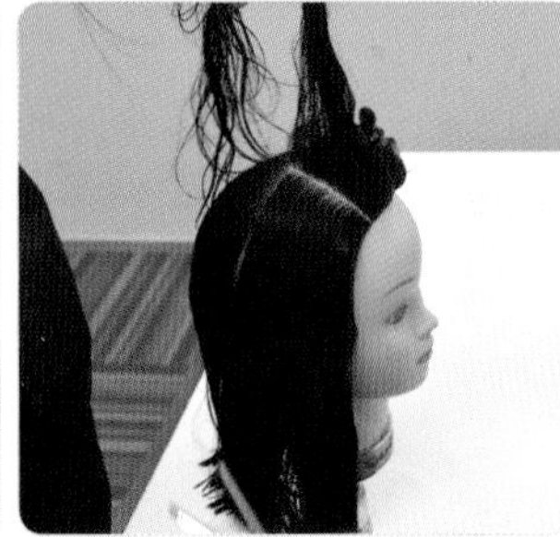

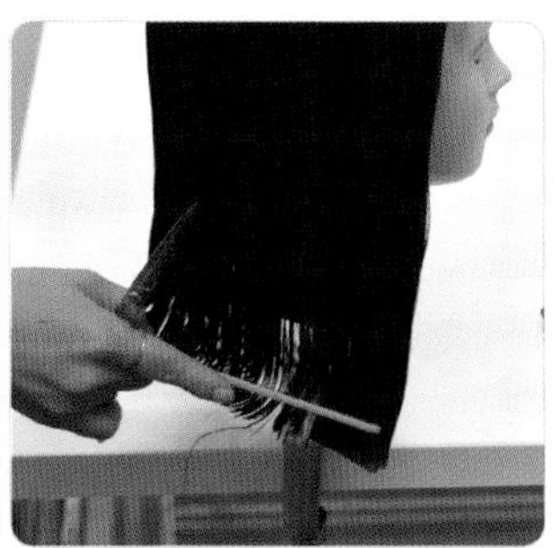

최소한의 텐션을 주면서 스파니엘 디자인 라인을 따라 손가락과 가위 위치가 평행하게 커트한다.

Checkpoint

- 오른쪽 사이드 커트가 끝났을 때 수평선상에서 단차가 4~5cm가 되는지 확인한다.
- 왼쪽 사이드로 넘어가기 전에 오른쪽 모발을 정리해주도록 한다.

⑤ 사이드 왼쪽을 전대각 방향으로 빗질해주고 첫 번째 단을 빗으로 SCP 1cm와 EP 위로 1.5cm를 연결하여 전대각 섹션 한다.
⑥ 후두부 라인과 연결하여 모발 끝이 정확히 전대각이 되도록 손가락으로 방향을 잡고 섹션과 평행을 유지하여 커트한다.

⑦ SCP의 오른쪽 길이와 대칭이 되는지 확인한다.
⑧ 오른쪽 사이드와 같은 방법으로 왼쪽 사이드 커트를 완성한다.

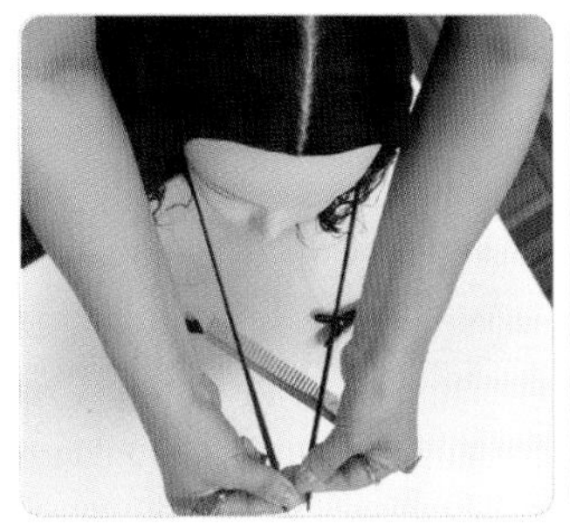

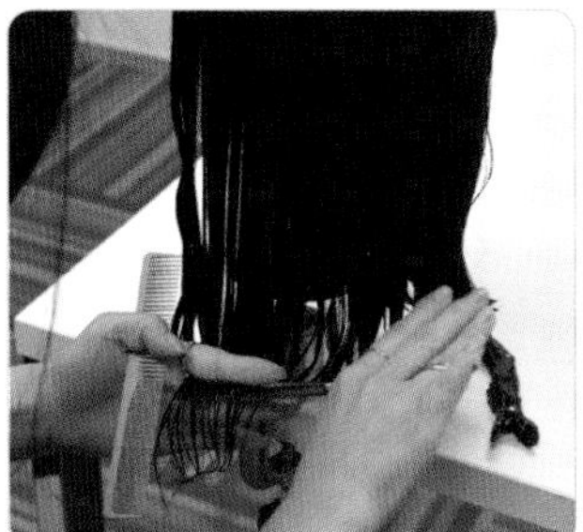

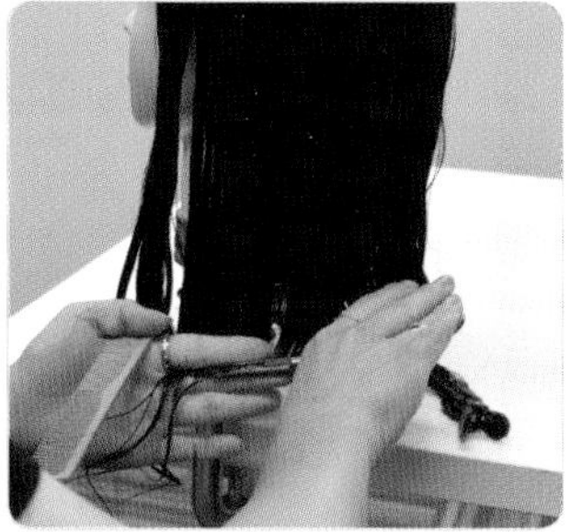

Checkpoint

- 왼쪽 사이드 커트가 끝났을 때 수평선상에서 단차가 4~5cm가 되는지 확인한다.
- 왼쪽 사이드로 넘어가기 전에 오른쪽 모발을 정리해주도록 한다.

감정요인 | 요구된 각도와 단차가 없거나 조화가 맞지 않아 재커트하는 경우

3 마무리

① 커트가 끝나면 가위를 내려놓고 젖은 상태에서 모발 끝이 잘 정돈될 수 있도록 차분하게 빗질해준다.
② 가운데 가르마를 중심으로 굵은 빗살을 이용하여 C컬의 모양(콤아웃)으로 정리한다.
③ 커트한 머리카락과 쓰레기 등은 위생봉투에 담고 작업대와 도구를 정리한다.

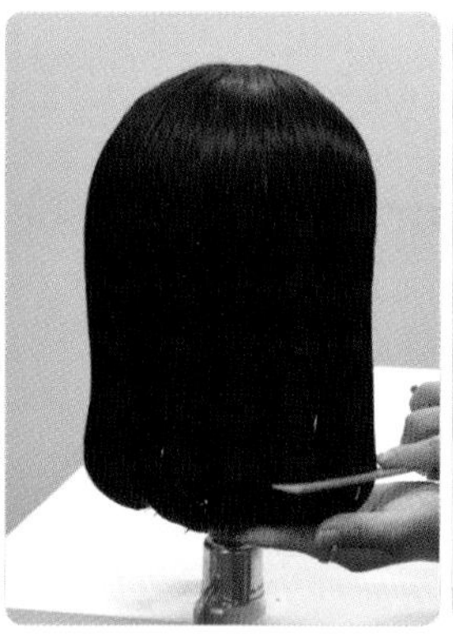

감정요인 | 시험시간 종료 후 가위질이나 빗질 등을 하면서 작품 및 도구를 만지는 경우 0점 처리

Spaniel cut - finish works

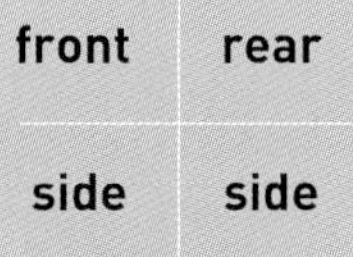

Isadora cut

02 이사도라 커트

1 과제개요

내용	가위와 커트 빗을 사용하여 시험규정에 맞게 이사도라 스타일을 작업하시오.		
블로킹	4등분	시간 및 배점	30분 20점
형태선	후대각 V라인	시술각	자연시술각 0°
파팅	1~1.5cm	손의 시술각도	섹션과 평행
단차	앞뒤의 수평상의 단차 4~5cm	가이드라인	네이프 포인트에서 10~11cm
완성상태	센터 파트 후 안마름 빗질		

2 채점기준

	준비상태	블로킹 및 섹션	빗질 및 시술각도	가위테크닉	커트의 완성도	정리 및 마무리
20점	2점	3점	3점	4점	5점	3점

※ 채점기준은 실제 채점방식과 다를 수 있으나 핵심 요구사항은 유사하므로 참고하시면 도움이 됩니다.

3 도면

4 작업대 세팅

① 커트빗 ② S브러쉬 ③ 커트가위 ④ 분무기 ⑤ 핀셋(6개 이상)
⑥ 타월 ⑦ 통가발 또는 덧가발(덧가발의 경우 민두 마네킹 지참)
⑧ 홀더 ⑨ 위생봉지(투명비닐)

step 01 4등분 블로킹

스파니엘 커트 참조

step 02 커팅

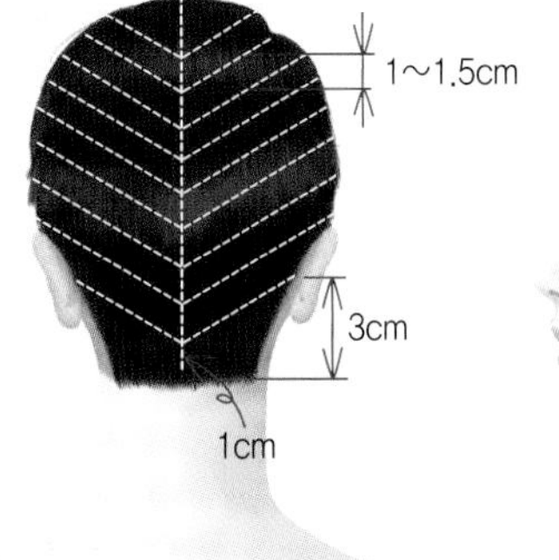

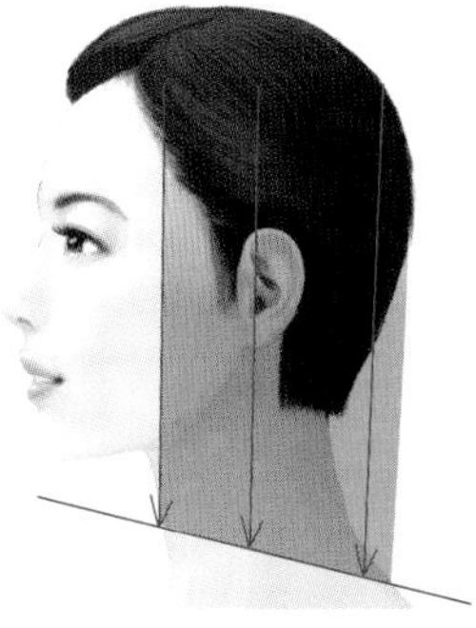

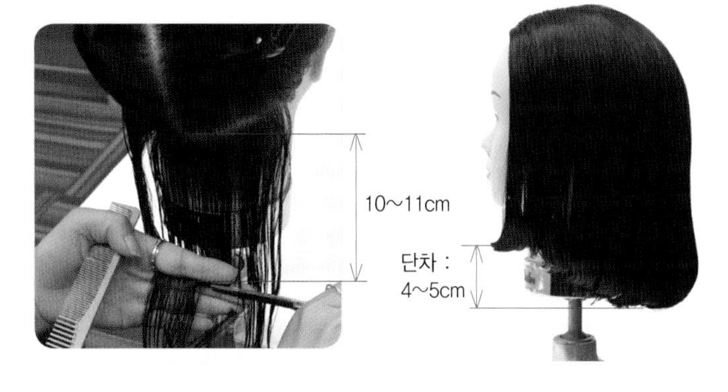

1 후두부 커트

① 슬라이스를 위해 먼저 후두부의 우측 핀셋을 제거한다.

② 네이프의 첫 번째 단을 NP에서 1cm, NSP는 약 3cm로 얼굴 쪽이 올라가도록 사선(후대각) 슬라이스 하여 빗질한다.

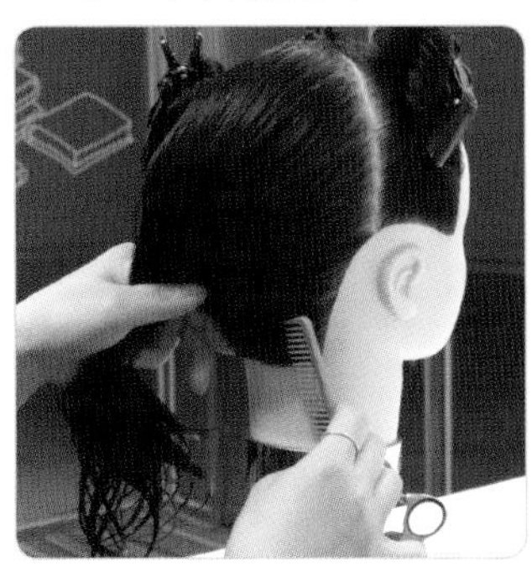

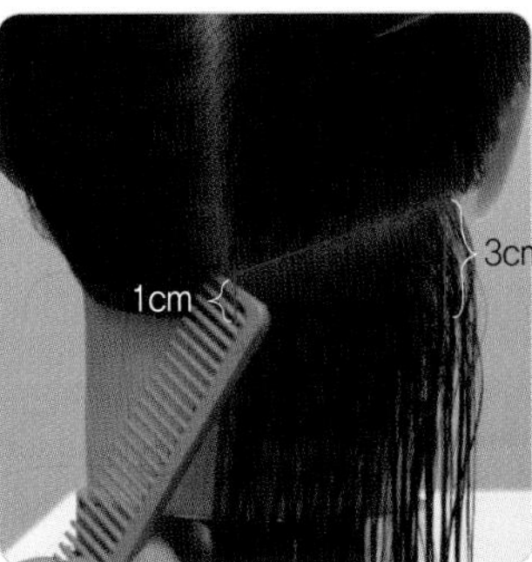

③ 가운데 블로킹 중심선을 기준으로 좌우 약 2cm로 가이드를 잡아주고, 네이프 라인에서 약 10~11cm 길이로 자연 시술각 0°로 수평 커트한다.

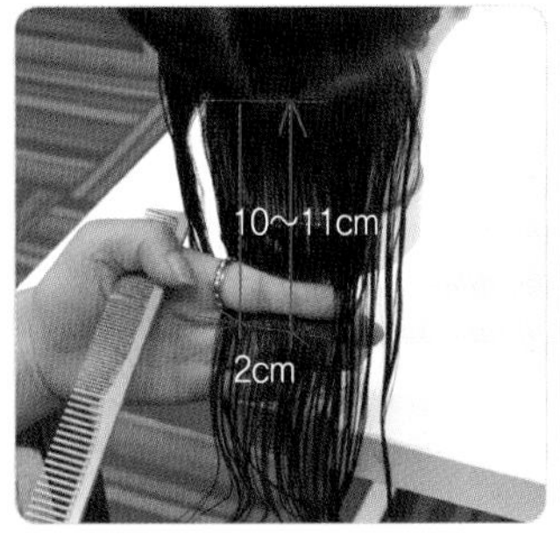

④ 오른쪽부터 슬라이스 선을 따라 빗어 내려와 가운데 가이드에 맞추어서 모발이 뒤쪽이 길어지도록 사선(후대각)모양으로 잡아서 커트한다.

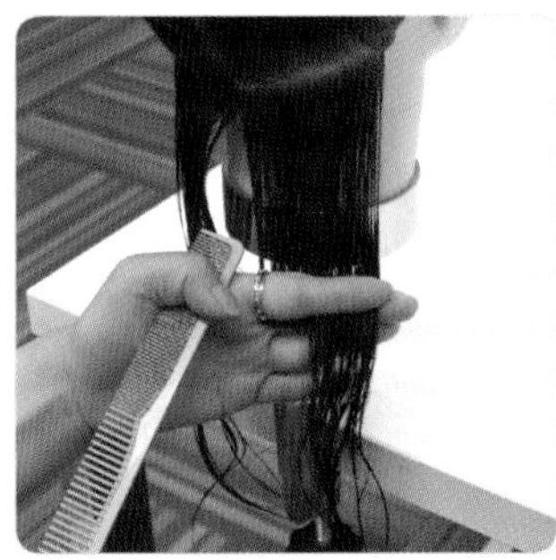

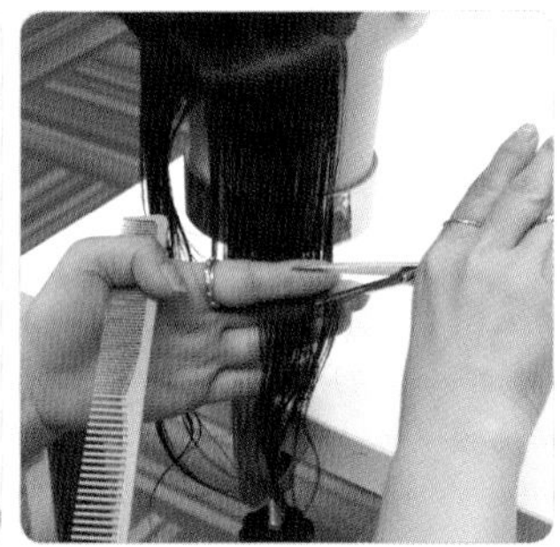

Checkpoint

- 슬라이스 선, 모발을 잡은 손가락, 빗이 평행이 되도록 한다.
- 한 슬라이스 선을 커팅할 때 모발을 2~3번 나누어 커팅한다.

⑤ 가운데 가이드를 기준으로 왼쪽도 동일하게 커트한다.

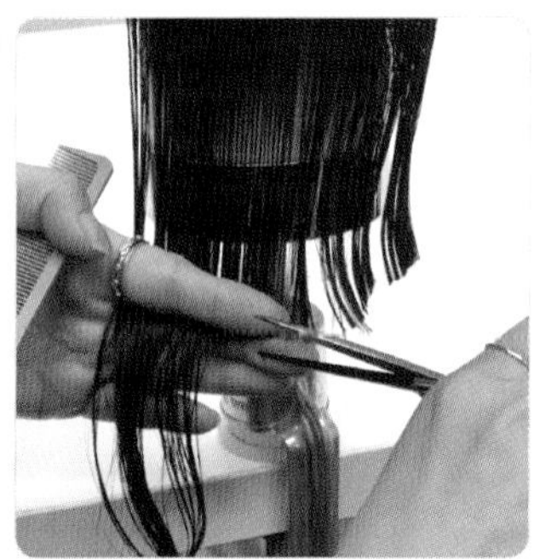

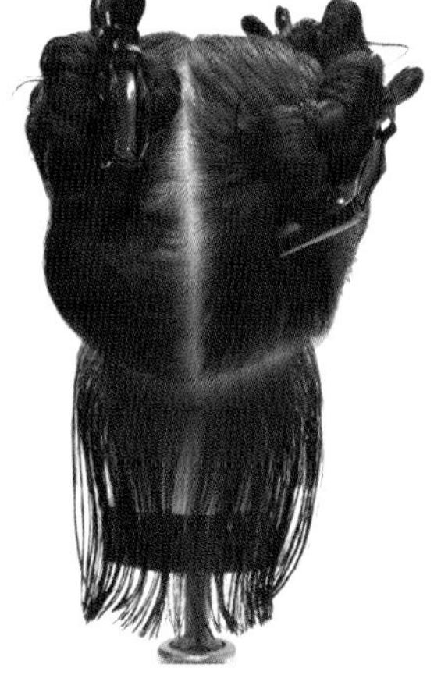

양 귀 밑의 머리카락을 약간 잡아 모발의 왼쪽과 오른쪽의 길이가 같은지 체크한다.

⑥ 첫 번째 단을 기준으로 두 번째 단을 약 1~1.5cm로 파팅한 후 모근쪽에서부터 0°로 빗질한다.

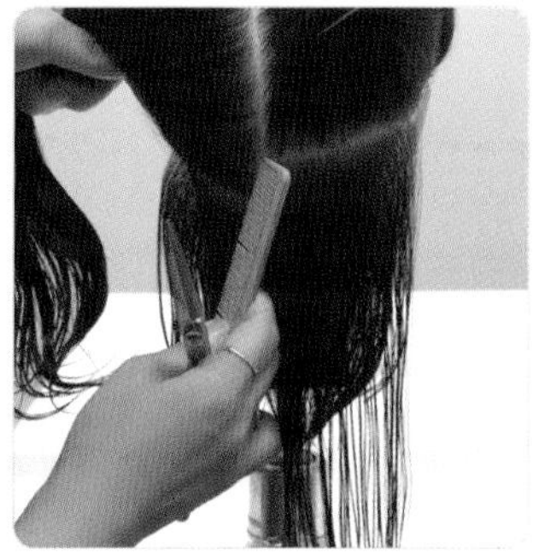

※ 커트하기 전에 충분히 분무하여 두발이 촉촉한 상태를 유지하도록 한다.

Checkpoint

두 번째 파팅은 반드시 굵은 빗살로 모근에서 빗질한다.

⑦ 오른쪽을 왼손 검지와 중지로 잡아준 중앙의 가이드와 첫째 단의 오른쪽 가이드에 맞춰 오른쪽을 0˚로 사선 커트한다. 왼쪽도 같은 방법으로 0˚로 사선 커트한다.

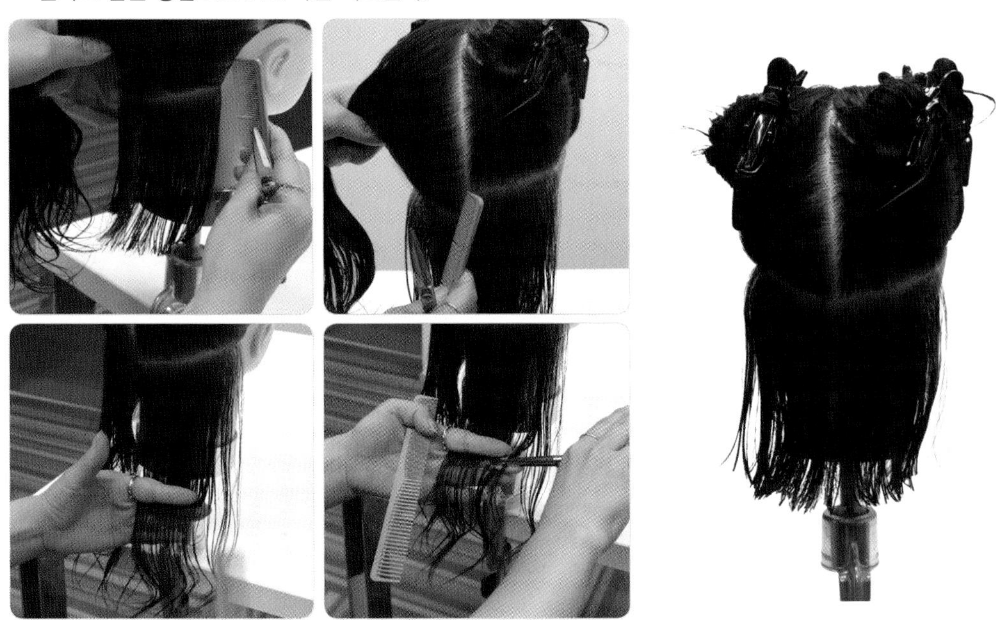

⑧ 같은 방법으로 나머지 두발도 1~1.5cm 간격으로 슬라이스하면서 0˚ 사선 커트를 완성한다.

Checkpoint

- BP 윗부분의 두발은 두상 곡면의 영향을 많이 받기 때문에 자연스럽게 빗질하면서 최소한의 텐션만 준다.
- 정수리 두발은 자연시술각 상태에서 텐션이 전혀 들어가지 않도록 얼레살로 방사선 방향으로 빗어준다.
- 빗질은 모근까지 깊게 빗질하여 두발이 엉키지 않도록 하며 0˚로 사선 커트한다.
- 이사도라 디자인 라인의 흐름을 보면서 양쪽 길이가 대칭이 되도록 한다.
- 후두부 커트가 끝나면 사이드로 넘어가기 전에 빗으로 두발을 정리해 준다.

2 사이드 커트

① 오른쪽 사이드 첫 번째 섹션은 SCP 위로 2cm, EP 위로 1~1.5cm 지점을 연결하여 후대각 슬라이스 한다.

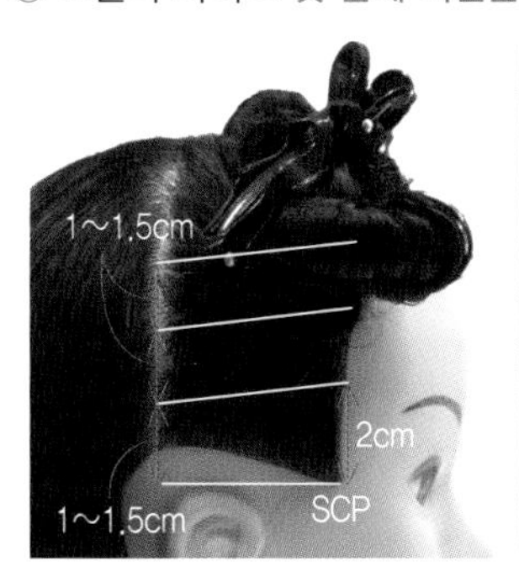

※ 커트하기 전에 충분히 분무하여 두발이 촉촉한 상태를 유지하도록 한다.

② 후두부 동일선상의 1cm 지점의 모발을 가이드로 하고 섹션과 평행으로 텐션을 무리하게 주지 않으면서 사선(후대각)으로 시술각도는 0°를 유지하며 커트한다.

후두부 1cm 지점의 모발을 가이드로 가져온다.

Checkpoint

- 뒷머리 쪽을 가이드로 커트하며 귀 부분에서 너무 많은 텐션을 주지 않도록 주의한다.
- 커트의 라인은 얼굴 쪽이 짧아지고 목 쪽이 길어지게 한다.

③ 오른쪽 사이드 두 번째 단은 후대각 슬라이스를 1~1.5cm 폭으로 하고 첫째 단 가이드에 맞추어 섹션과 평행으로 후대각 인커트 한다.

④ FSP에서부터는 헤어라인 곡면을 따라서 고운살로 자연스럽게 빗질한 후 커트한다.

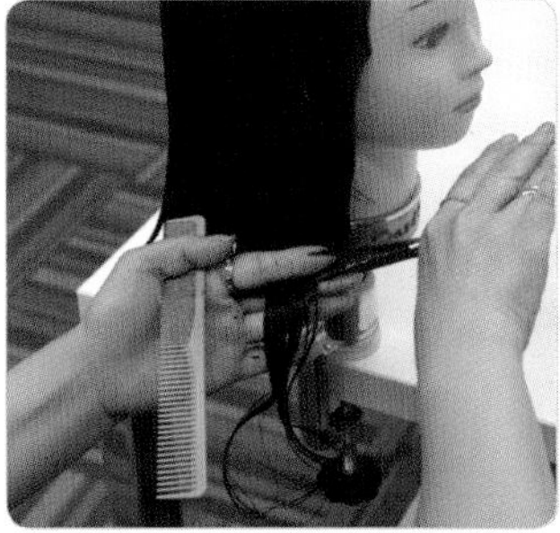

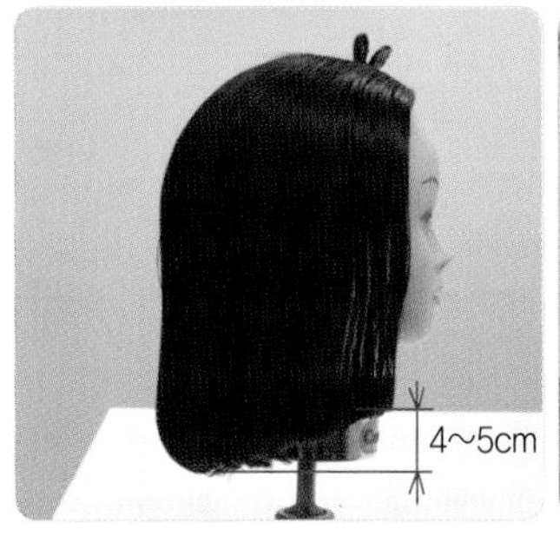

Checkpoint

- 후대각 슬라이스와 빗질을 평행하게 해야 이사도라 디자인 라인을 정확하게 자를 수 있다.
- 오른쪽 사이드 커트가 끝났을 때 수평선상에서 단차가 4~5cm가 되는지 확인한다.
- 왼쪽 사이드로 넘어가기 전에 오른쪽 모발을 정리해주도록 한다.

⑤ 왼쪽 사이드도 오른쪽 사이드와 동일한 방법으로 첫 번째 섹션은 SCP 위로 2cm, EP 위로 1~1.5cm 지점을 연결하여 후대각 슬라이스 한 후 사선(후대각)으로 시술각도 0°를 유지하며 커트한다.

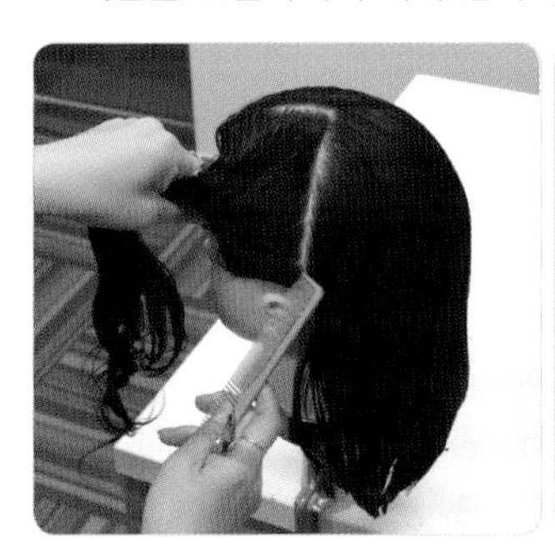

⑥ SCP의 오른쪽 길이와 대칭이 되는지 확인한다.

⑦ 오른쪽 사이드와 같은 방법으로 왼쪽 사이드 커트를 완성한다.

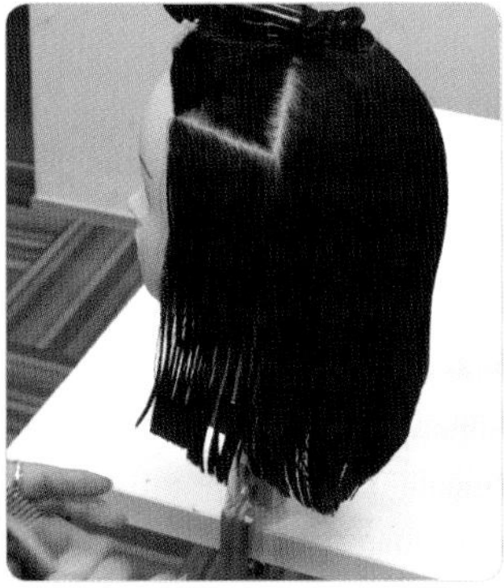

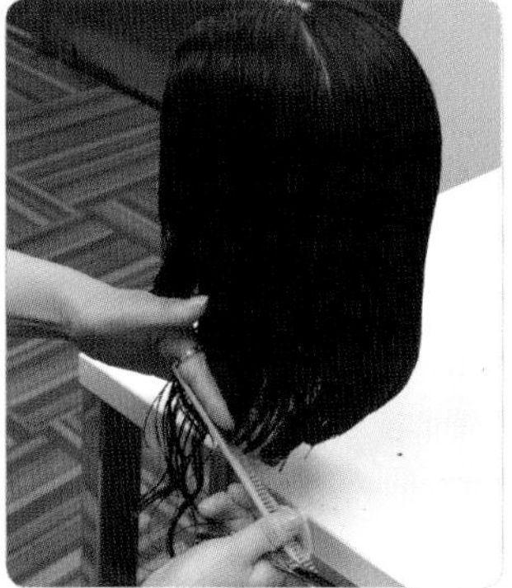

감정요인 | 앞뒤 수평상의 단차가 4~5cm가 아닌 경우

3 마무리

① 커트가 끝나면 가위를 내려놓고 젖은 상태에서 모발 끝이 잘 정돈될 수 있도록 차분하게 빗질해준다.
② 가운데 가르마를 중심으로 굵은 빗살을 이용하여 C컬의 모양으로 정리한다.
③ 커트한 머리카락과 쓰레기 등은 위생봉투에 담고 작업대와 도구를 정리한다.

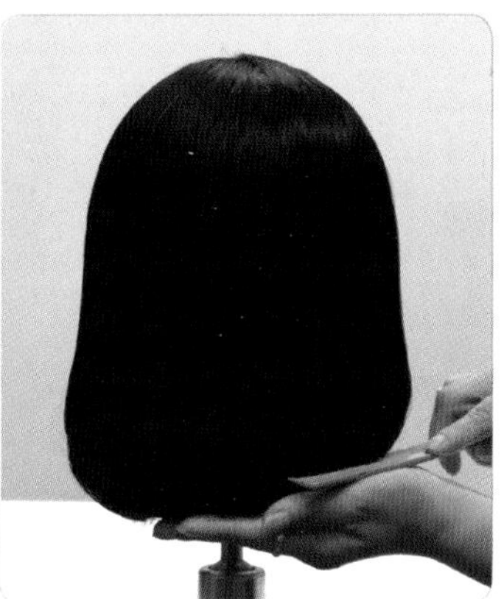

Isadora cut - finish works

03 그래듀에이션 커트
Graduation cut

1 과제개요

내용	가위와 커트 빗을 사용하여 시험규정에 맞게 그래듀에이션 스타일을 작업하시오.		
블로킹	5등분	시간 및 배점	30분 20점
형태선	사선 섹션으로 완만한 후대각(컨백스 형태) U라인	시술각	두상 시술각 · 자연 시술각 45°
파팅	1~1.5cm	손의 시술각도	섹션과 평행
단차	네이프 부분이 짧고 두상의 위쪽으로 갈수록 길어짐(5~6cm)	가이드라인	네이프 포인트에서 10~11cm
완성상태	센터 파트 후 안마름 빗질		

2 채점기준

	준비상태	블로킹 및 섹션	빗질 및 시술각도	가위테크닉	커트의 완성도	정리 및 마무리
20점	2점	3점	3점	4점	5점	3점

※ 채점기준은 실제 채점방식과 다를 수 있으나 핵심 요구사항은 유사하므로 참고하시면 도움이 됩니다.

3 도면

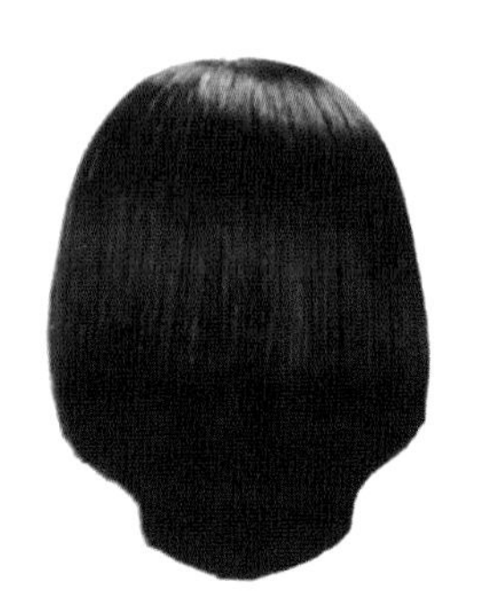

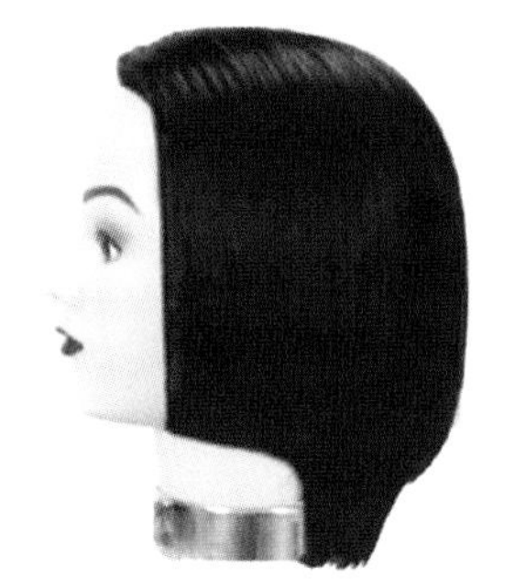

4 작업대 세팅

① 커트빗 ② S브러쉬 ③ 커트가위 ④ 분무기 ⑤ 핀셋(6개 이상)
⑥ 타월 ⑦ 통가발 또는 덧가발(덧가발의 경우 민두 마네킹 지참)
⑧ 홀더 ⑨ 위생봉지(투명비닐)

how to work

5등분 블로킹

■1 센터 파팅

① 분무기로 모발에 충분히 물을 뿌리고 커트빗을 이용해 빗질을 한다.

② 탑 부분의 CP를 중심으로 좌우 약 3.5cm, 뒤로 약 7cm의 블로킹을 한다.

③ 충분히 빗질을 한 후 머리카락을 꼬아서 돌돌 말아준 상태에서 핀셋으로 고정한다.

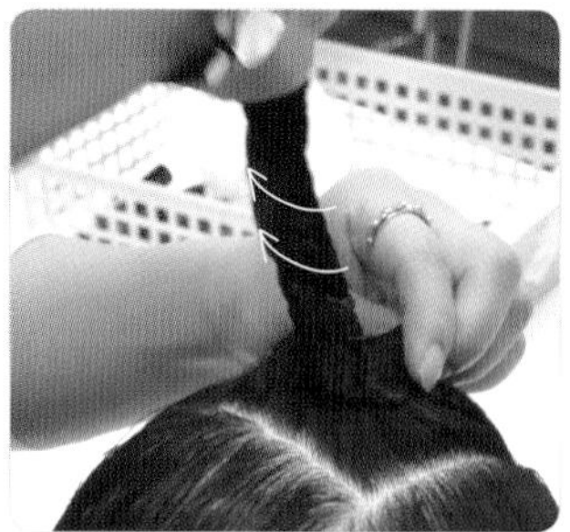

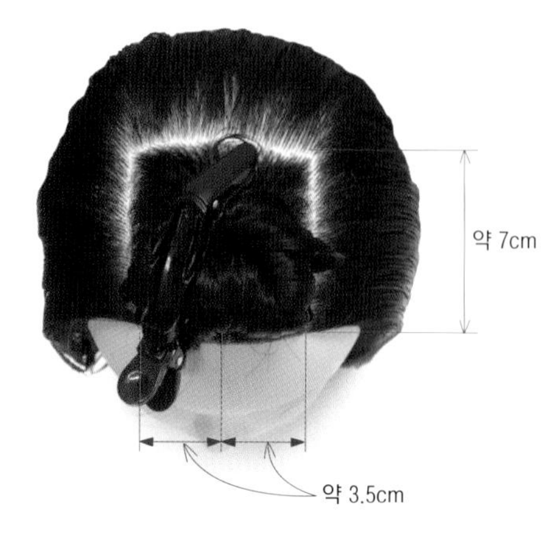

2 사이드 파팅

① TP에서 우측 EBP까지 나누고 충분히 빗질을 한 후 핀셋으로 고정한다.

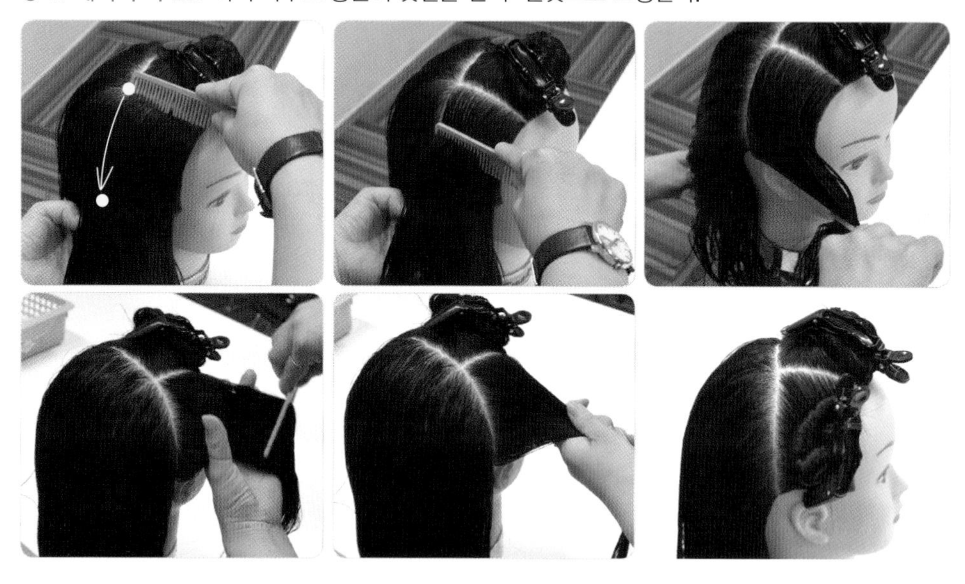

② TP에서 좌측 EBP까지 나누고 충분히 빗질을 한 후 핀셋으로 고정한다.

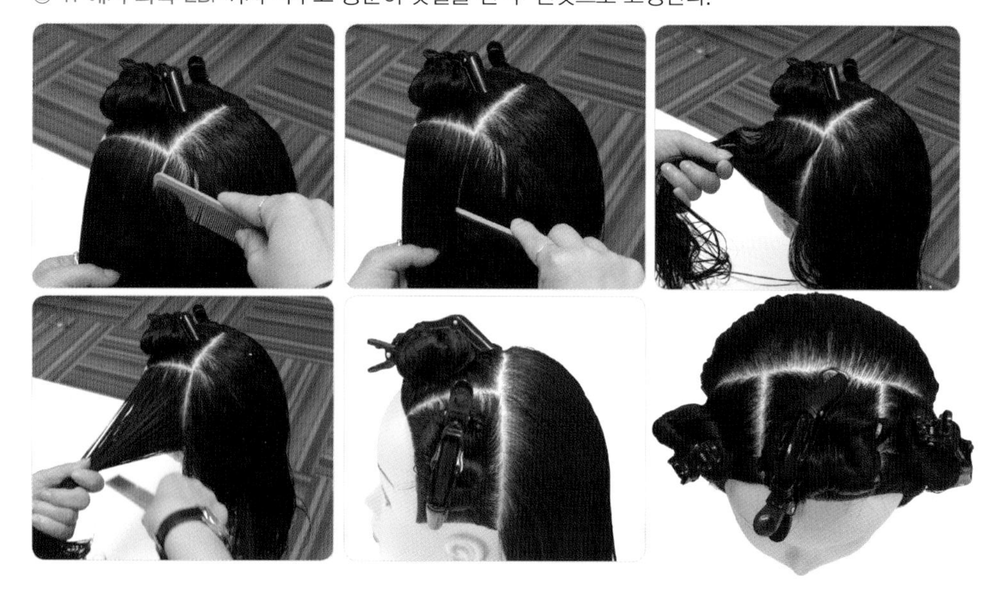

3 백 센터 파팅

후두면은 TP를 중심으로 NP까지 백 센터 파트 하여 오른쪽과 왼쪽으로 나누어서 블로킹한 후 두발을 깔끔하게 빗은 뒤 핀셋으로 고정한다.

커팅

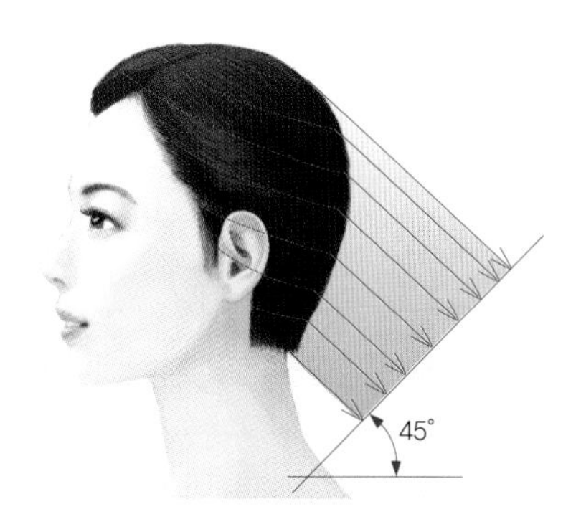

1 후두부 커트

① 커트를 위해 후두부의 우측 핀셋을 제거한다.

② 첫 번째 섹션은 NP 중심에서 약 1.5cm, NSCP 약 2cm 올라간 위치를 연결하여 사선 슬라이스 한다.

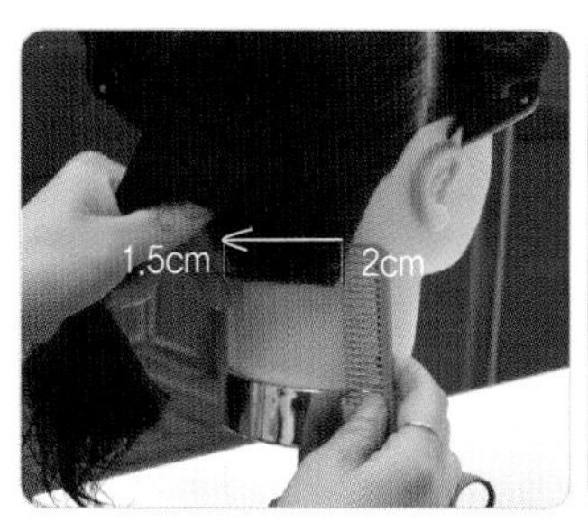

③ NP를 중심으로 좌우 1~1.5cm 폭을 잡아 수평으로 하고 길이 가이드를 10~11cm로 하고 자연 시술각 0°로 커트하여 중앙에 가이드를 잡는다.

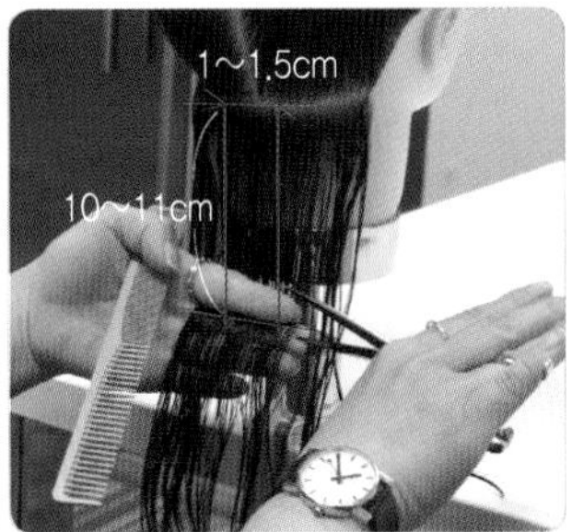

④ NP 길이를 중심으로 시술각 0°로 가운데 → 오른쪽 → 왼쪽 순으로 수평이 되도록 커트한다.

⑤ 양쪽 NSP 길이가 대칭이 되면서 곡선 디자인이 되는지 확인한다.

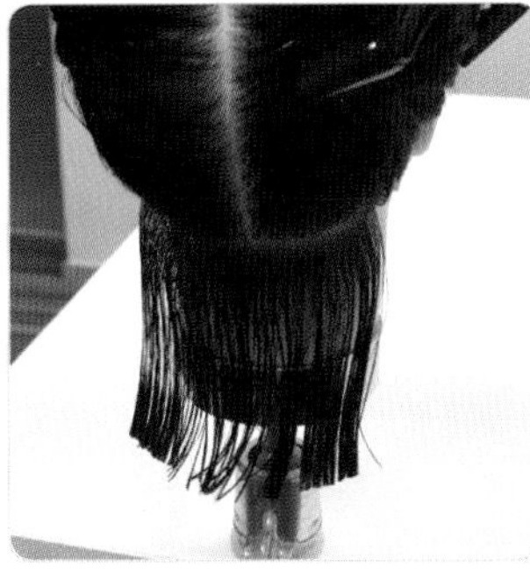
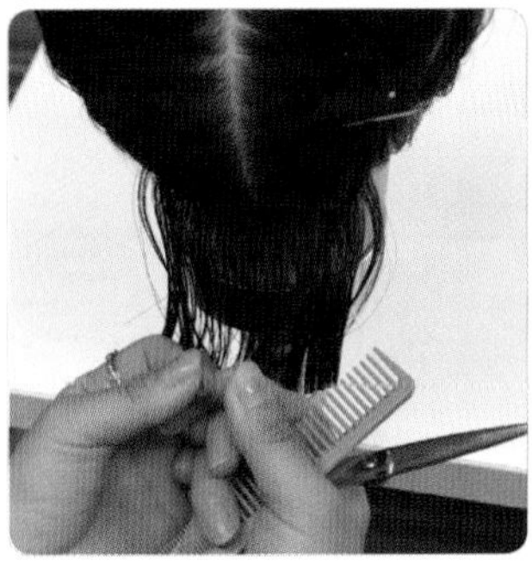

Checkpoint

- 슬라이스선과 모발을 잡은 손가락과 가위가 평행이 되도록 한다.
- 양쪽 길이가 대칭이 되면서 곡선 디자인이 되는지 확인한다.

⑥ 두 번째 섹션의 약 1.5~2cm 폭으로 오른쪽에서 센터 쪽으로 약간의 곡선으로 빗질하여 슬라이스 한다.

⑦ 자연스럽게 빗질하여 첫 번째 섹션의 중앙 가이드라인에 맞추어 2cm 넓이, 두상 시술각 45°로 자른다.

⑧ 오른쪽으로 이동하면서 직각분배하고 첫 번째 단 길이 가이드 기준으로 수평 섹션과 평행으로 커트한다.

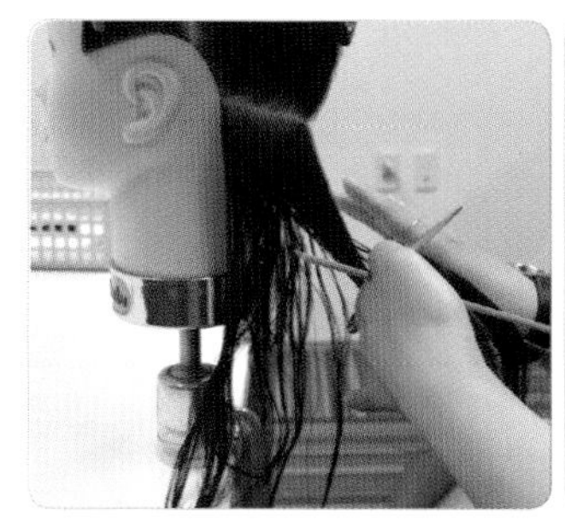
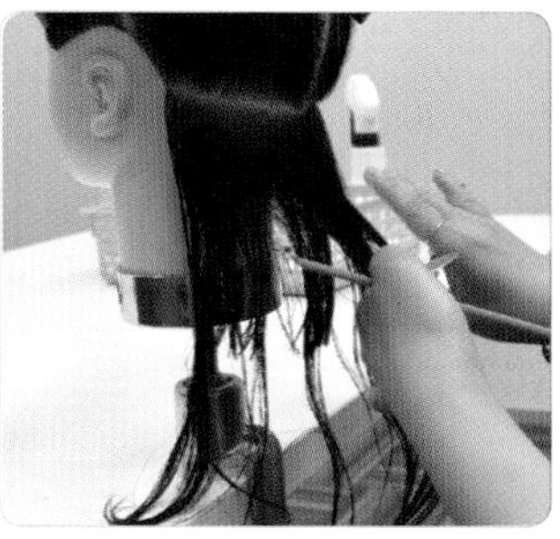
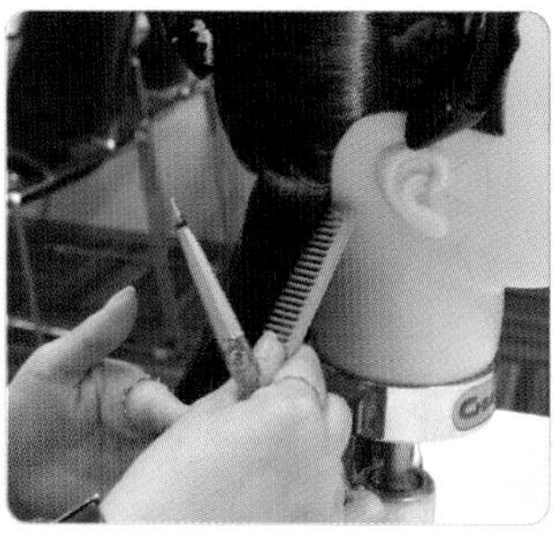
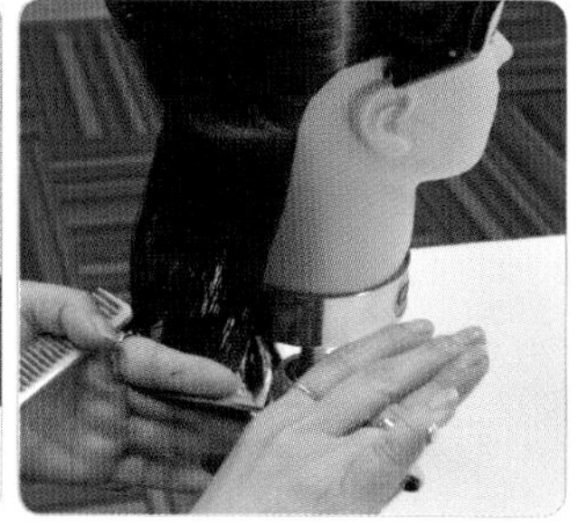

⑨ 왼쪽도 첫 번째 단 가이드에 맞추어 45° 두상 시술각을 적용하고 섹션에서부터 직각분배가 될 수 있도록 하여 커트한다.

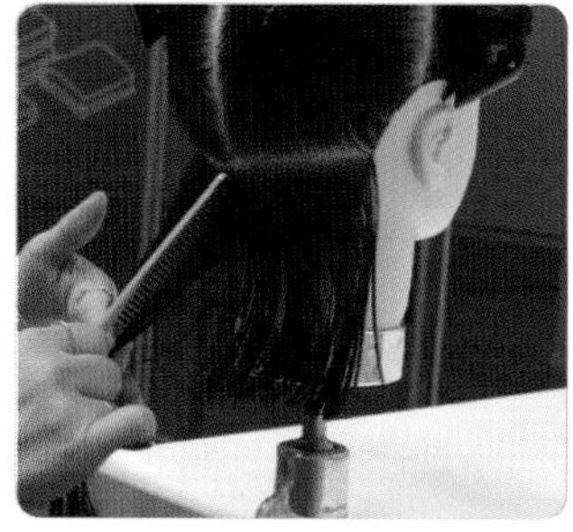
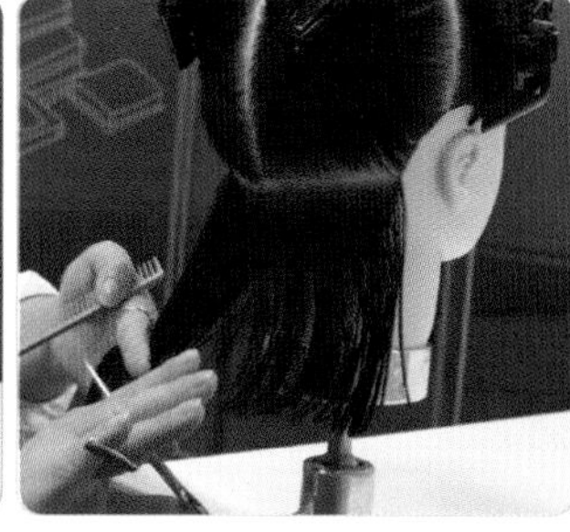
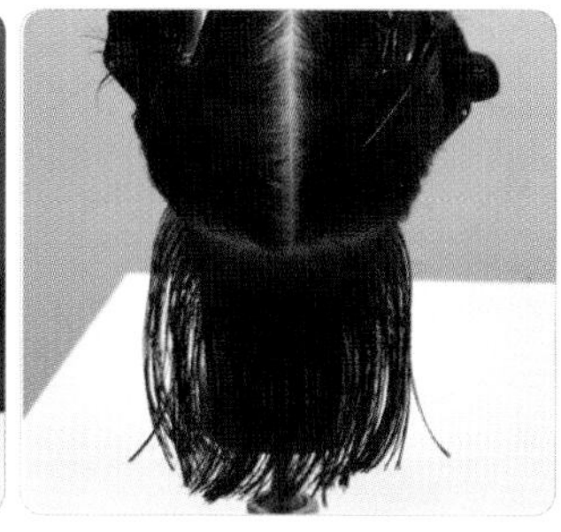

Checkpoint

센터 라인 중심에서 빗질을 곱게 하여 손가락 위치를 슬라이스와 평행하도록 한다.

⑩ 오른쪽 → 왼쪽 순으로 이동하면서 세 번째, 네 번째 단도 섹션과 평행하도록 직각분배로 BP 높이까지 커트한다.

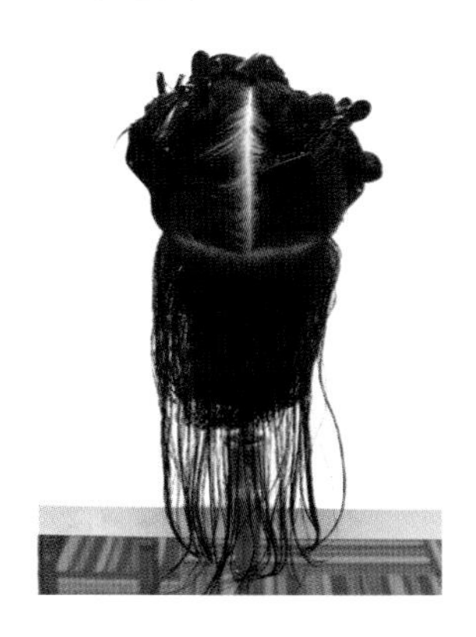
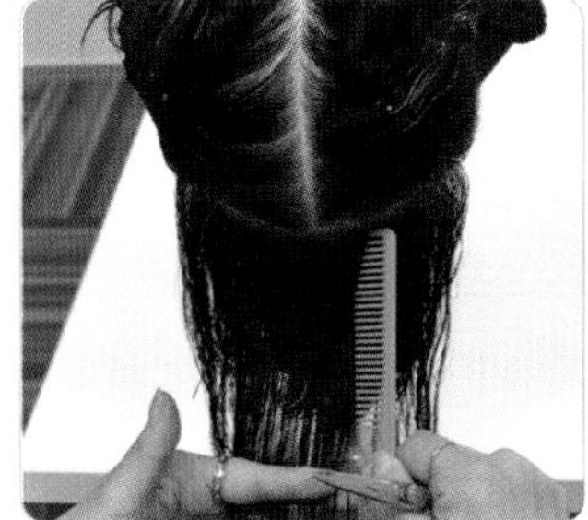
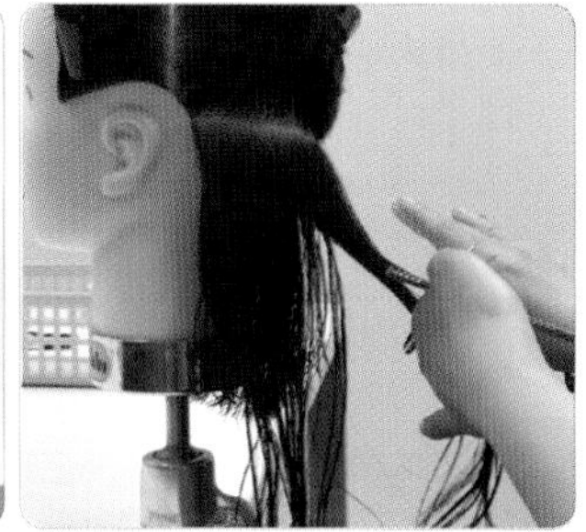

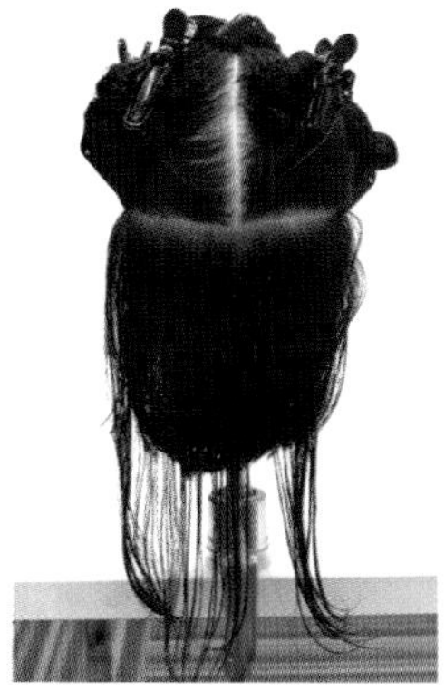
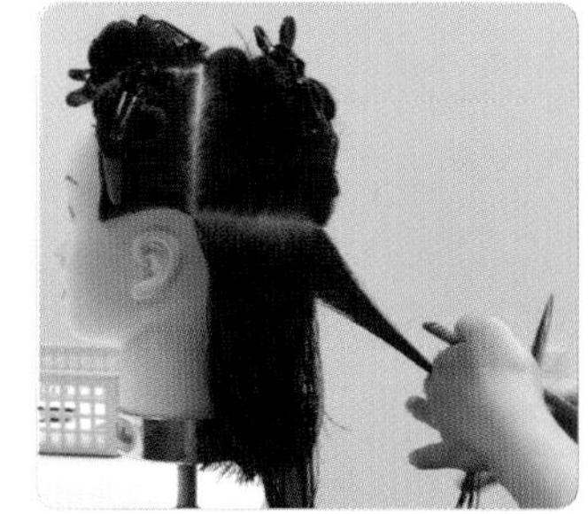

⑪ BP 이후부터는 네 번째 단에 의한 고정각도 45° 각도로 커트한다.

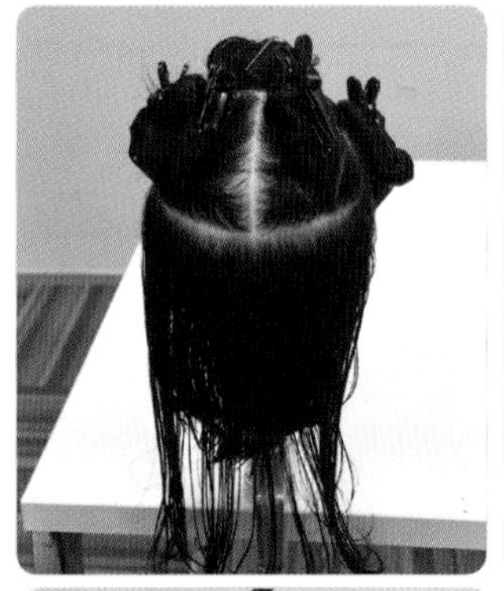
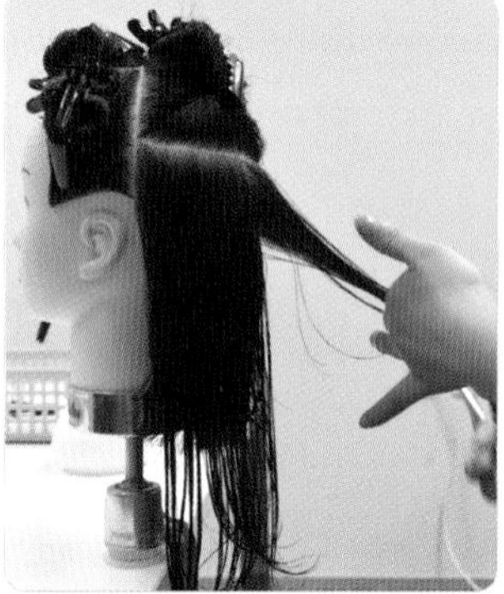

⑫ 마지막 단은 모발에 적당한 수분을 공급하고 모류에 따라 방사선 방향으로 빗질한 후 가운데 부분을 아래 단계의 길이 가이드와 시술각을 연결하여 두발에 장단이 생기지 않도록 커트한다.

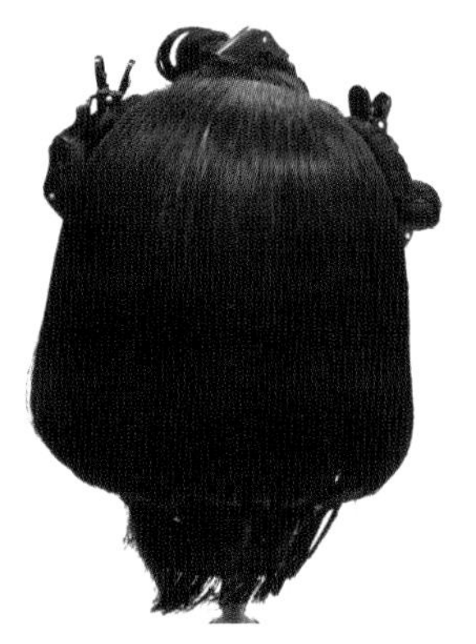

Checkpoint

- 양쪽 측중선 두발 길이가 대칭이 되는지 수시로 체크한다.
- 첫 번째 단은 가이드라인이 10~11cm 정도이고 두 번째 단은 무게 선은 첫 번째 단과 단차가 5~6cm 나오도록 무게 선에서도 1~1.5cm 정도 부피감이 형성되어야 하고 BP 부분부터 고정 모발에 무게감을 준다.
- 커트된 뒷모습의 무게선이 선명하지 않도록 한다.
- 후두부 커트가 끝나면 사이드로 넘어가기 전에 빗으로 모발을 정리해 준다.

Note 시술 시 파팅과 손가락 위치가 평행하지 않으면 후두부의 귀 주변으로 갈수록 길이가 길어지거나 짧아질 수 있으므로 주의해야 한다.

2 사이드 커트

① 오른쪽 사이드 첫 번째 섹션은 얼굴 쪽이 뒤쪽보다 살짝 올라가게 V라인이 되지 않고 일자에 가깝게 슬라이스를 해준다.

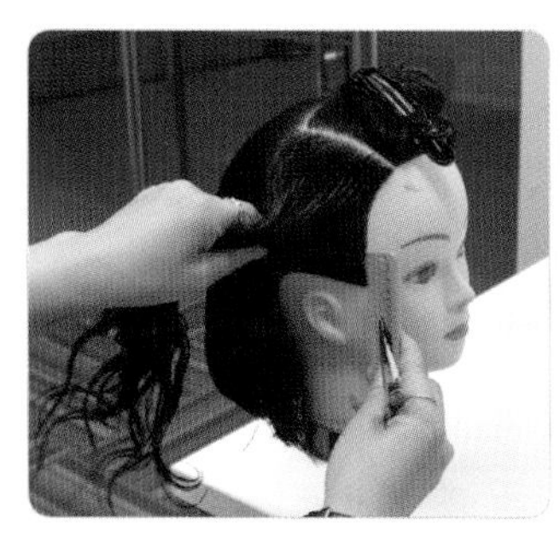

Checkpoint
얼굴 쪽이 약간 올라가며 완만한 경사가 되도록 한다.

② 0˚로 수직 빗질하고 동일선상의 뒤쪽 가이드 약 1cm를 같이 잡아준 후 자연 시술각 0˚로 커트한다.

뒤쪽에서 1cm 정도 가이드를 가져온다.

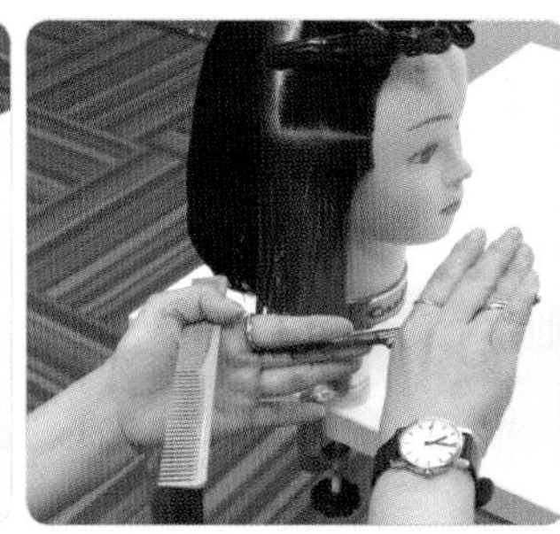
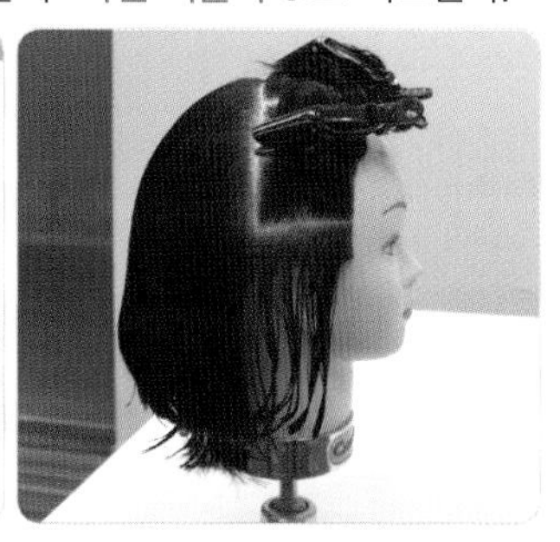

③ 첫 번째 선을 가이드로 하여 자연시술각 45˚로 들어서 두 번째 선과 세 번째 선을 커트한다.

Checkpoint
- 양쪽의 모발 길이가 동일한지 확인한다.
- 커트 중간에 한 번씩 콤아웃 하며 형태를 확인한다.

측두면의 파팅(1~1.5cm) 후 두발 빗질 시 반드시 굵은 빗살(얼레살)을 이용해야 노텐션에 따른 길이 조정이 자연스럽게 떨어진다.

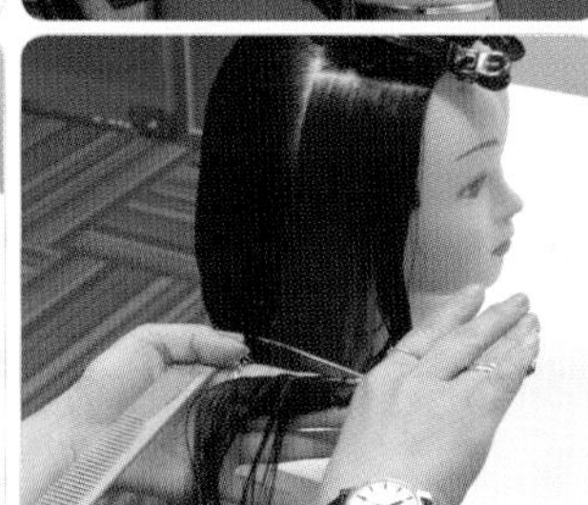
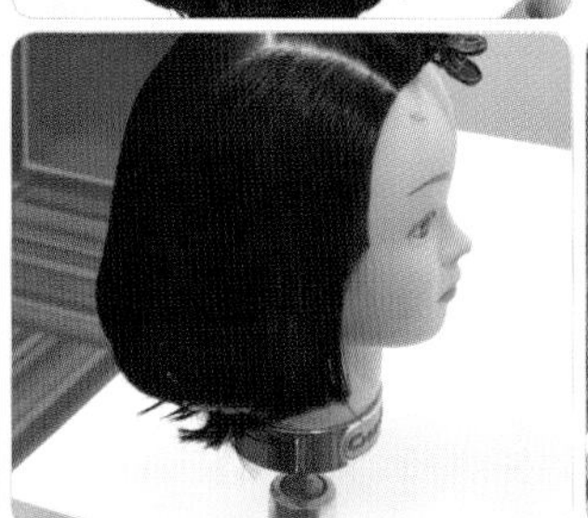

④ 왼쪽 사이드도 같은 방법으로 슬라이스 한 후 0°로 수직 빗질하고 동일선상의 뒤쪽 가이드 약 1cm를 같이 잡아준 후 자연 시술각 0° 커트한다.

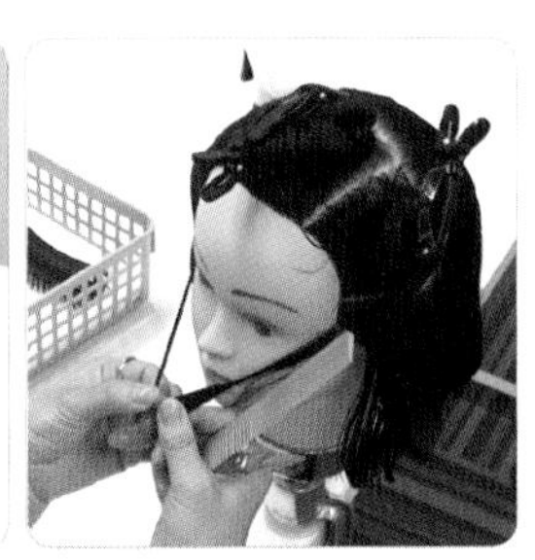

⑤ 첫 번째 가이드 선에 맞추어서 두 번째~세 번째 가이드 선도 0° 수직으로 내려 빗질하고 자연 시술각 45°로 들어서 커트한다.

⑥ 사이드를 수직으로 슬라이스하여 잘린 면을 확인하고 콤아웃으로 마무리한다.

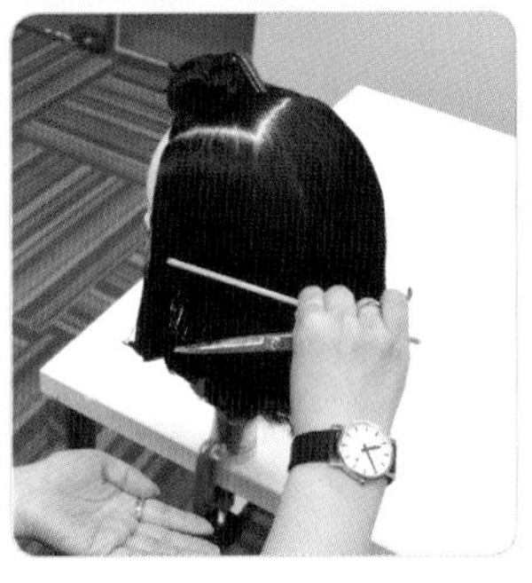

3 전두부 커트

① 전두부의 프론트 1선은 수평 섹션 하여 얼굴 쪽으로 내려 빗질한 후 좌우 양쪽에서 가이드를 가져와 0° 커트한다.

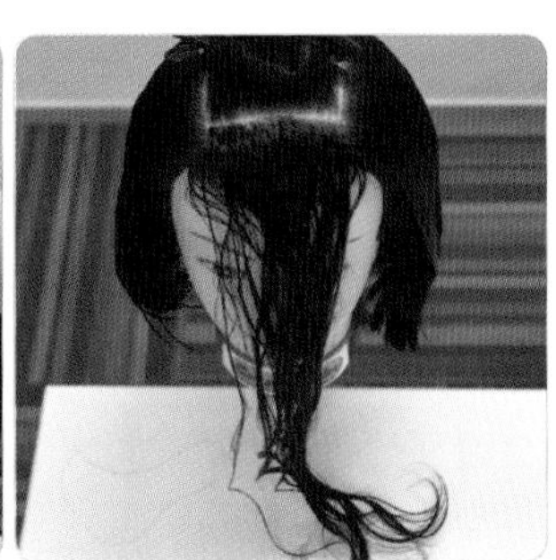
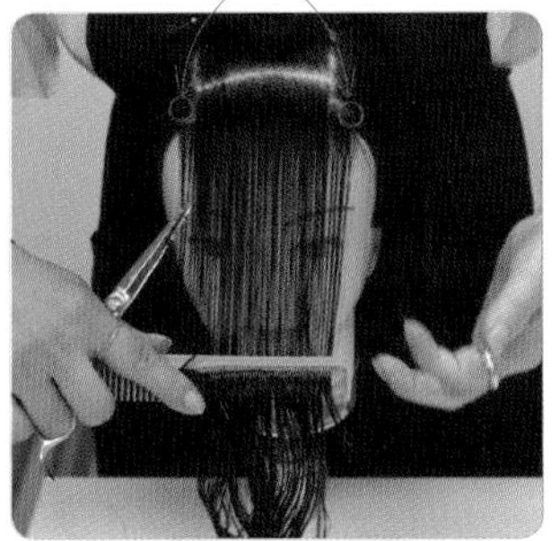
좌우 양쪽에서 가이드를 가져와 커트한다.

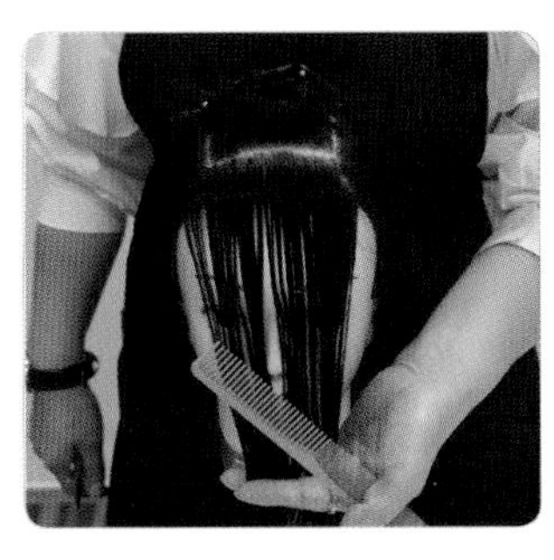

※얼굴 아래에서 커트하면 불편하므로 0°를 잡은 상태에서 머리 위로 가져와서 커트하도록 한다.

② 전두부의 프론트 2선도 수평 섹션 하여 45°로 빗질한 후 첫 번째 단을 가이드로 맞춰서 커트한다.

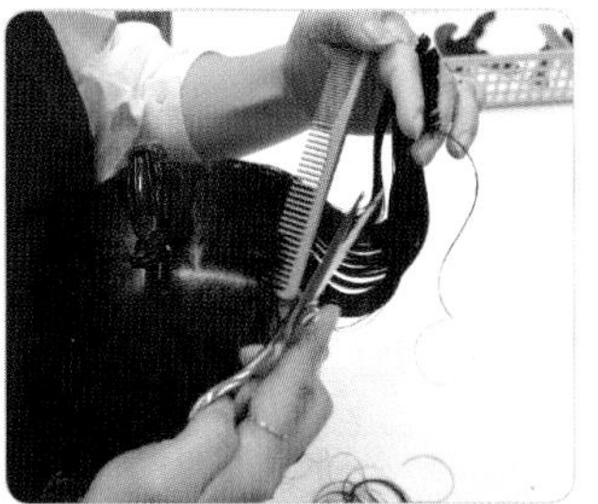

③ 셋째 단 커트를 위해서 센터를 중심으로 탑을 좌우로 나눈 후 빗질해 준다.

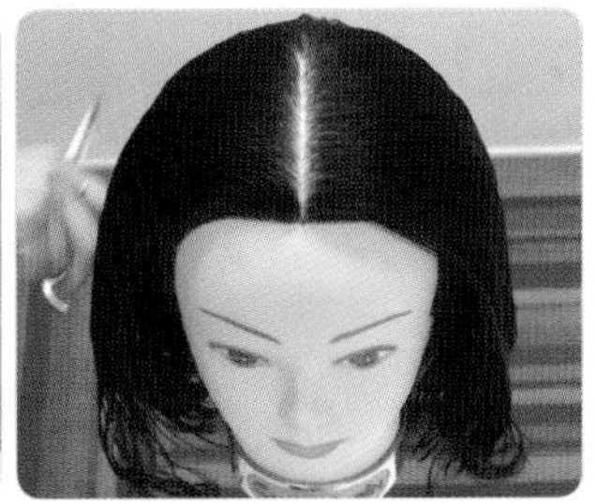

④ 탑의 오른쪽을 사이드 쪽에서 가이드를 맞춰 자연 시술각 45°로 커트하고 왼쪽도 같은 방법으로 커트한다.

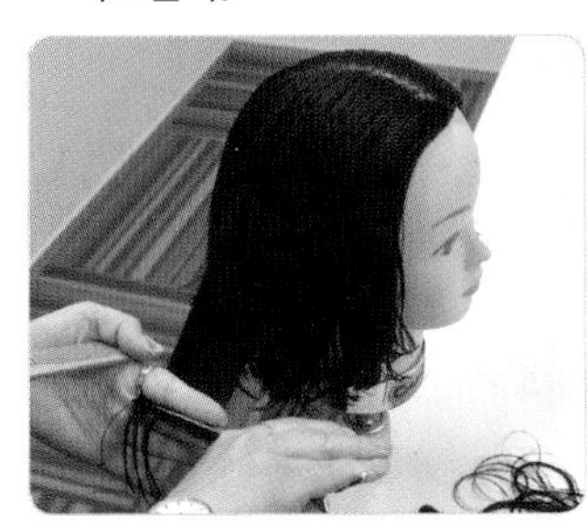
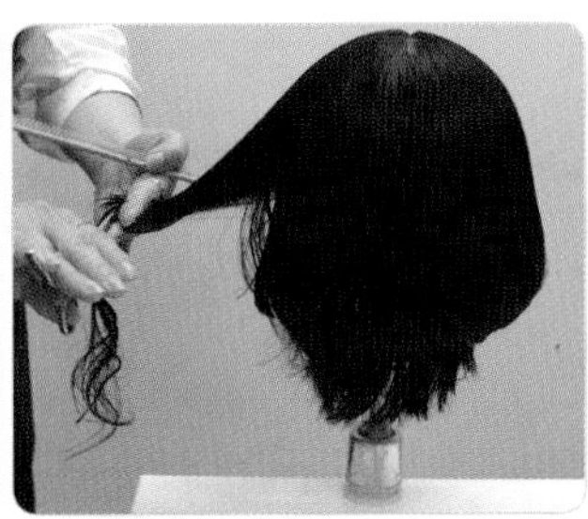
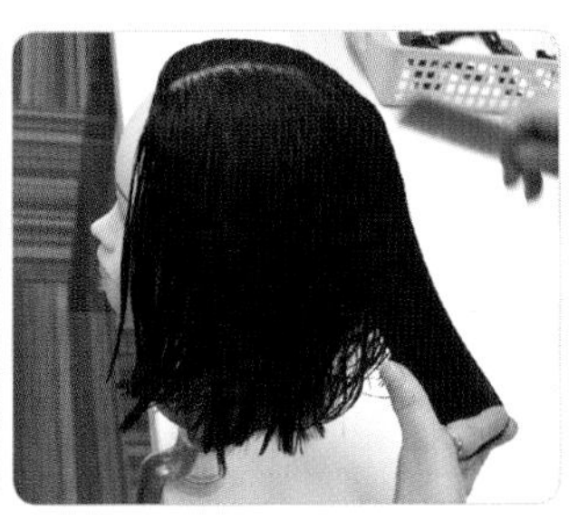

Checkpoint

두발을 정중선으로 나누어 여러 번 빗질하여 두발의 장단이 생기지 않도록 굵은 빗살로 방사선 빗질한다.

4 마무리

① 커트가 마무리되면 가운데 가르마를 중심으로 굵은 빗살을 이용하여 콤아웃으로 마무리한다.

② 커트한 머리카락과 쓰레기 등은 위생봉투에 담고 작업대와 도구를 정리한다.

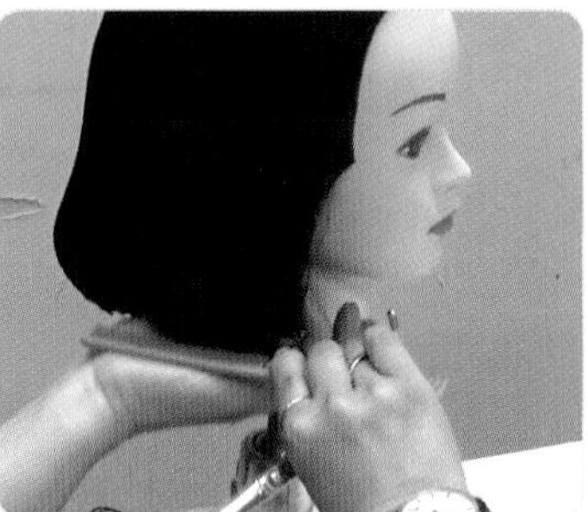

Graduation cut - finish works

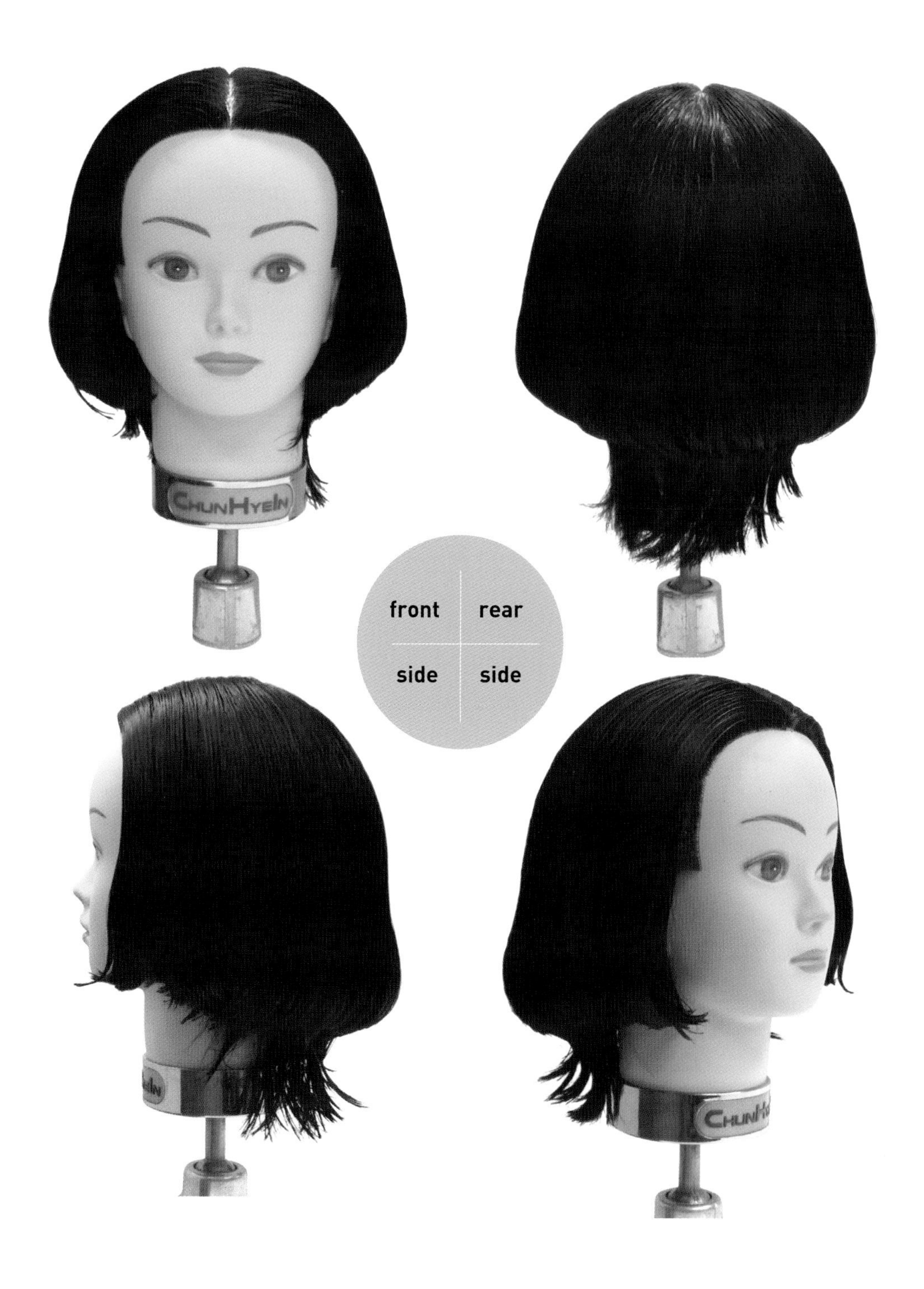

Layered Cut

04 레이어드 커트

1 과제개요

내용	가위와 커트 빗을 사용하여 시험규정에 맞게 레이어드 스타일을 작업하시오.		
블로킹	5등분	시간 및 배점	30분 20점
형태선	사선 섹션으로 완만한 후대각(컨벡스 형태) U라인	시술각	두상 시술각 90˚
파팅	1~1.5cm	손의 시술각도	섹션과 직각
단차	모발에 전체적인 단차를 주어 층을 내야하며 무게감 없이 가볍게 커트	가이드라인	가이드라인 12~14cm, TOP에서의 길이 12~14cm
완성상태	센터 파트 후 안말음 빗질		

2 채점기준

	준비상태	블로킹 및 섹션	빗질 및 시술각도	가위테크닉	커트의 완성도	정리 및 마무리
20점	2점	3점	3점	4점	5점	3점

※ 채점기준은 실제 채점방식과 다를 수 있으나 핵심 요구사항은 유사하므로 참고하시면 도움이 됩니다.

3 도면

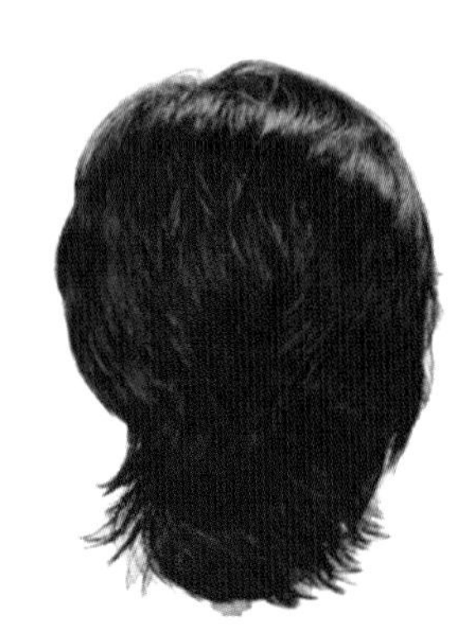

4 작업대 세팅

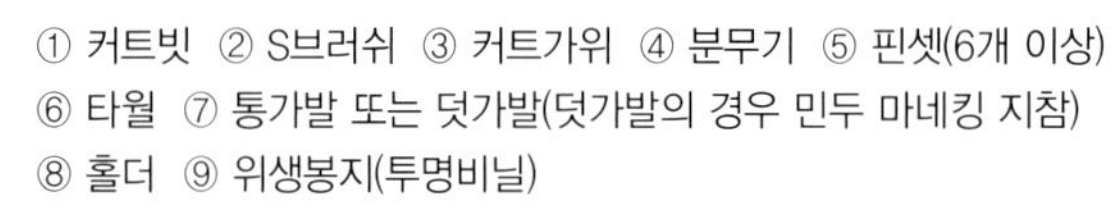

① 커트빗 ② S브러쉬 ③ 커트가위 ④ 분무기 ⑤ 핀셋(6개 이상)
⑥ 타월 ⑦ 통가발 또는 덧가발(덧가발의 경우 민두 마네킹 지참)
⑧ 홀더 ⑨ 위생봉지(투명비닐)

how to work

step 01 5등분 블로킹

※ 그래듀에이션 커트 참조

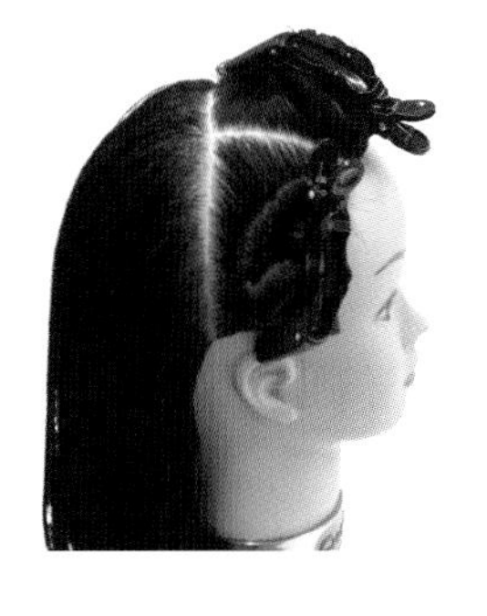

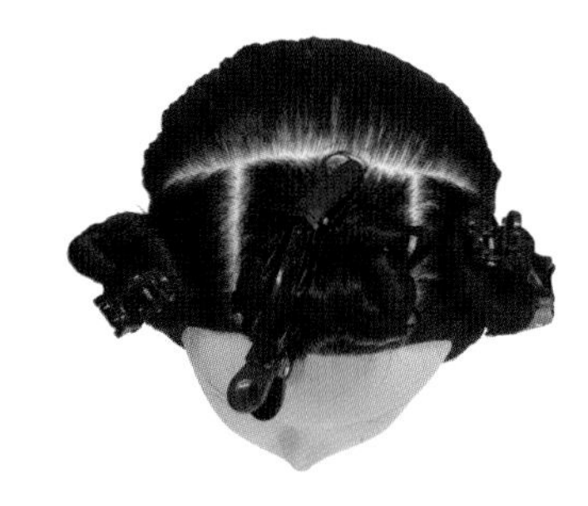

step 02 레이어드 커트

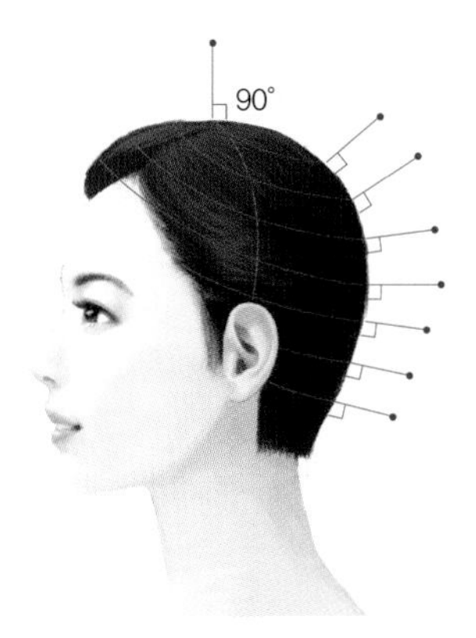

Checkpoint
레이어드 커트는 첫 번째 단은 자연 시술각 0도로 커트하고,
두 번째 단부터는 두상 시술각 90도로 커트한다.

1 후두부 커트

① 네이프 첫 번째 단은 NP에서 약 1.5cm, NSP에서 약 2.5~3cm로 완만한 사선(후대각) 슬라이스 하여 내려준다.

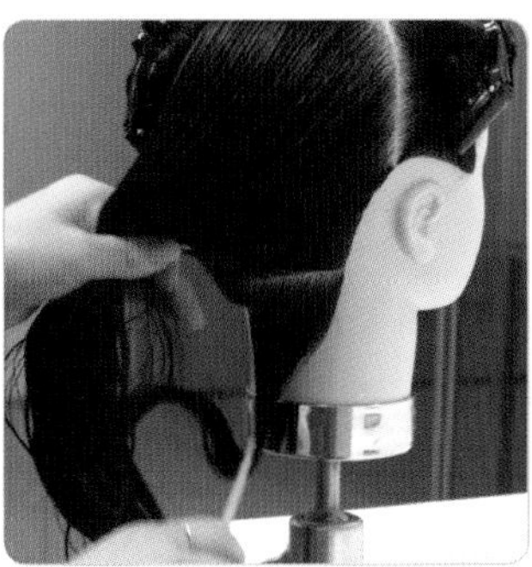

Checkpoint
두발에 충분히 분무하여 건조한 상태에서 작업하지 않도록 주의한다.

② NP에서 길이 가이드를 12~14cm, 가운데 블로킹 중심선을 기준으로 좌우 약 1~1.5cm 폭으로 자연 시술각 0°로 하여 커트한다.

③ 중앙 가이드라인에 맞추어 우측으로 두상 곡면을 따라 시술각 0°를 유지하며 커트한다.

④ NP에서 좌측으로 이동하면서 두상 곡면을 따라 시술각 0°를 유지하며 자연스러운 곡선이 되도록 커트한다.

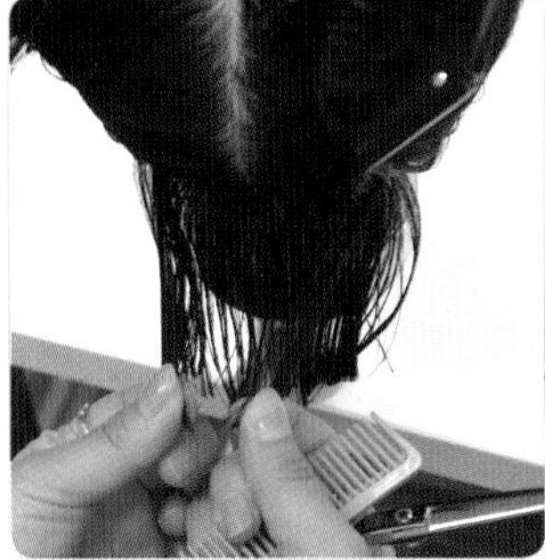

Checkpoint

- NSP의 양쪽 길이 가이드가 대칭이 되는지 확인한다.
- 중앙 → 오른쪽 → 왼쪽 순으로 커트한다.

⑤ 두 번째 단은 곡선 슬라이스에서 직각으로 빗질을 하여 첫 번째 단을 기준으로 두상 곡면에서 시술각 90°로 들어 빗질한다.

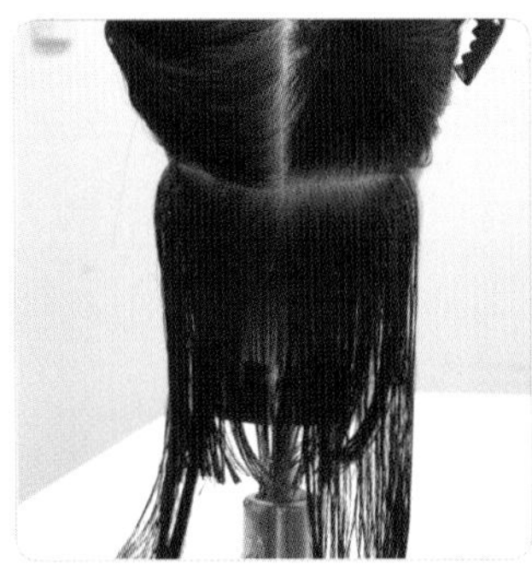
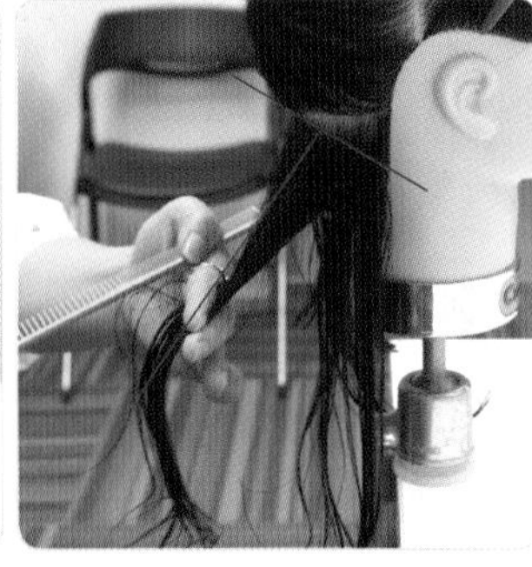

Checkpoint

네이프 중심에서 수평으로 커트하고 양쪽으로 곡선 슬라이스와 손가락 위치는 평행으로 한다.

⑥ 중앙의 가이드에 맞춰 오른쪽으로 판넬을 만들어 섹션과 직각 분배하고 두상 시술각 90°로 커트한다.

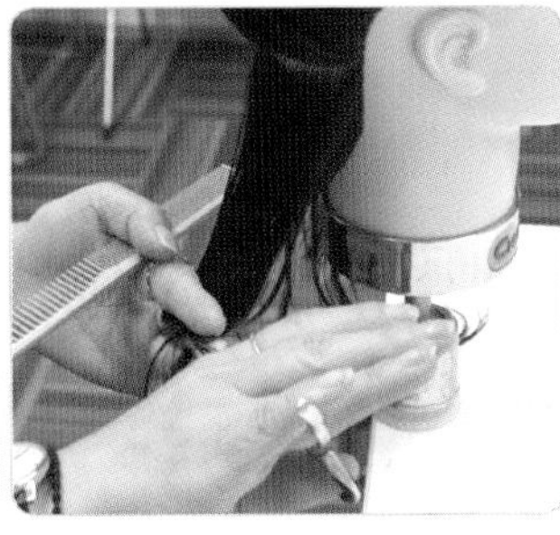

⑦ 중앙의 가이드에 맞춰 왼쪽으로 판넬을 만들어 섹션과 직각 분배하고 두상 시술각 90°로 커트한다.

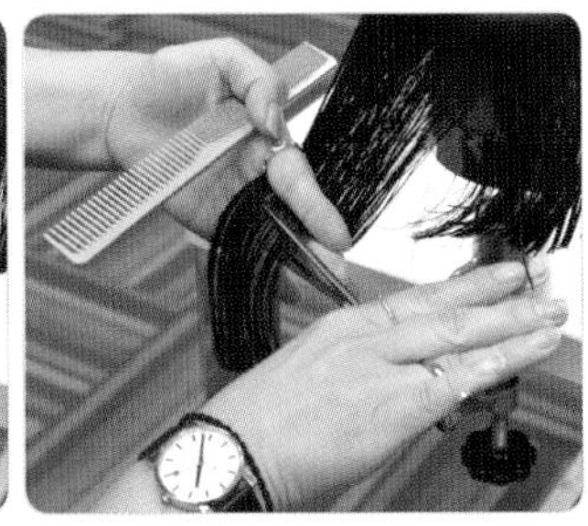

⑧ 세 번째 단의 중앙 가이드에 맞춰 두상 시술각 90°로 커트하고 두상을 따라 오른쪽으로 조금씩 이동하여 슬라이스 선과 맞춰 직각 분배 90°로 커트한다.

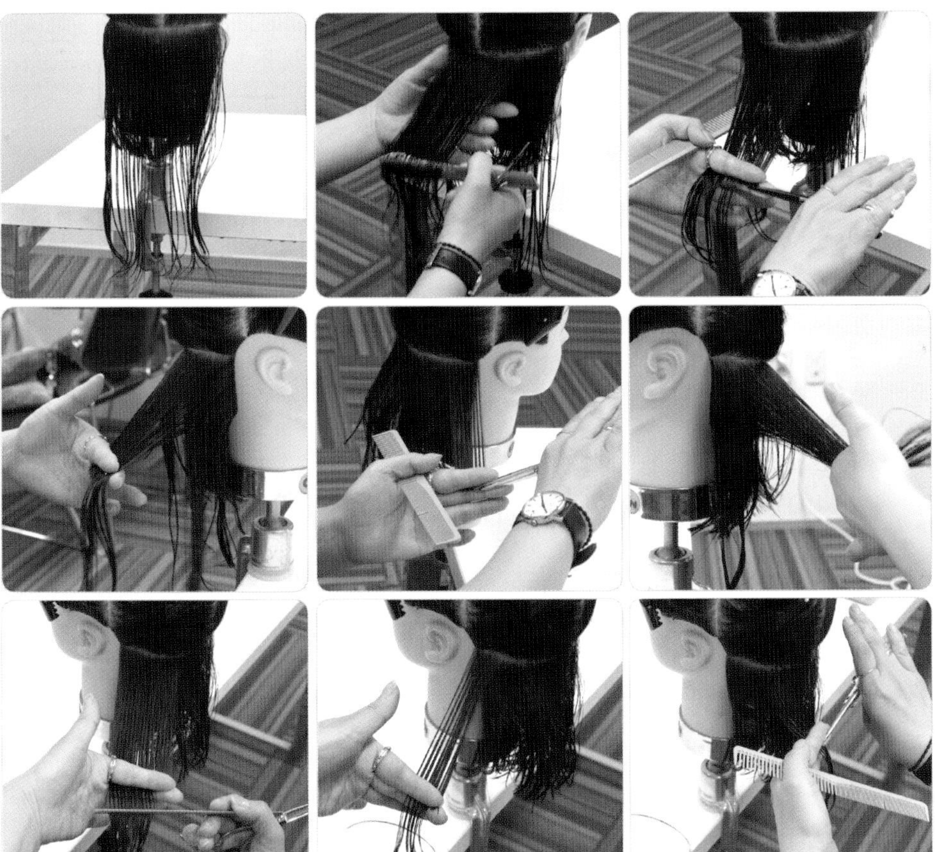

⑨ 모발을 두피에서 90˚로 빗질하여 잡고 두상곡면을 따라 왼쪽으로 이동하여 가운데 가이드 길이와 세 번째 단의 가이드에 맞춰 두상 시술각 90˚로 커트한다.

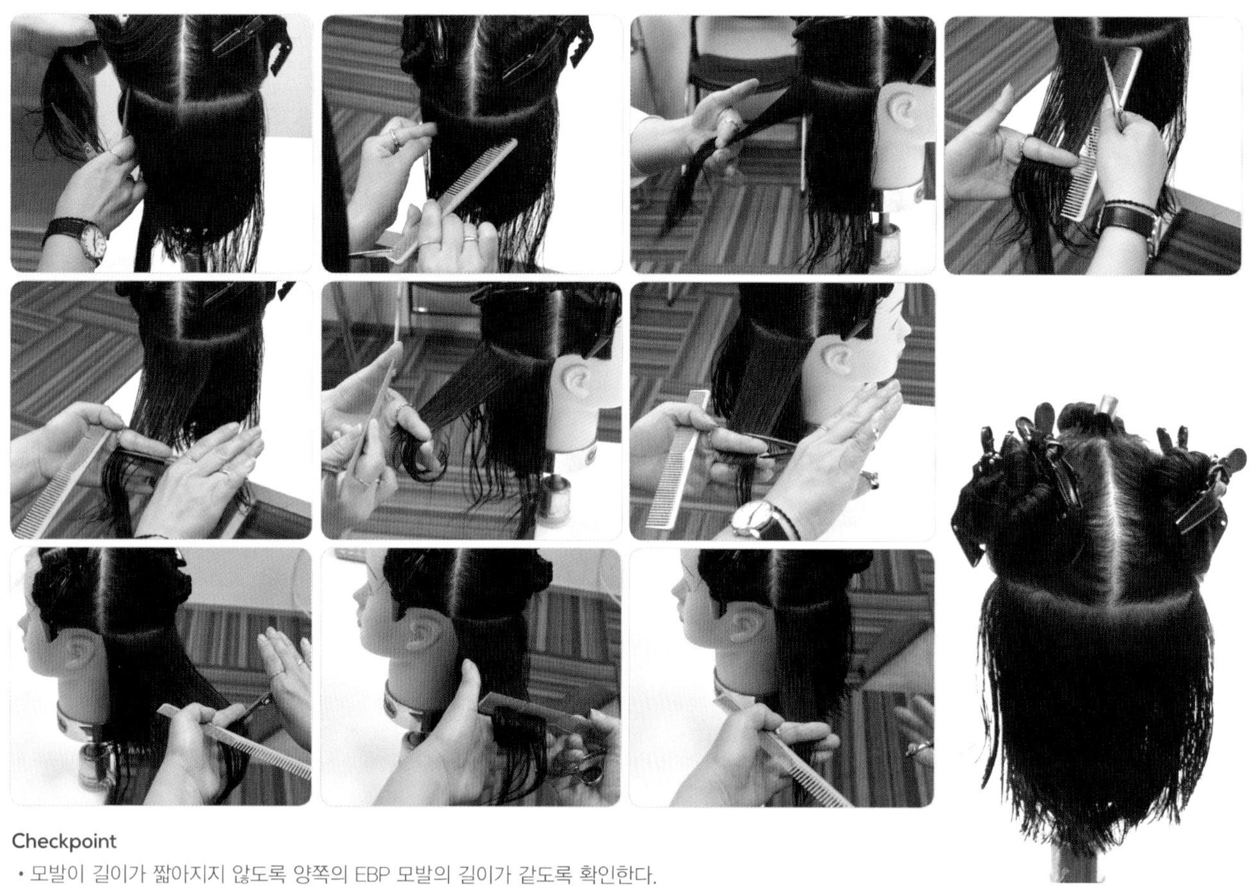

Checkpoint

- 모발이 길이가 짧아지지 않도록 양쪽의 EBP 모발의 길이가 같도록 확인한다.
- 커트 중간에 한 번씩 콤아웃을 하면서 형태를 확인한다.
- 네이프에서 백 포인트까지 커트한 두발을 수직으로 90˚ 들어서 연결선을 확인한다.

⑩ 아래 길이 가이드와 양 옆 길이 가이드를 가운데 판넬부터 오른쪽 → 왼쪽 순으로 두상 시술각 90˚로 정확하게 단차가 형성되도록 확인하면서 커트한다.

Note

두상의 곡면으로 인해 두발 길이 차이가 많이 생길 수 있으므로 주의하며 커트한다.

⑪ GP까지 같은 방법으로 가운데 판넬부터 시작해서 오른쪽 → 왼쪽 순으로 두상각 90°로 단차가 형성되는지 확인하면서 커트한다.

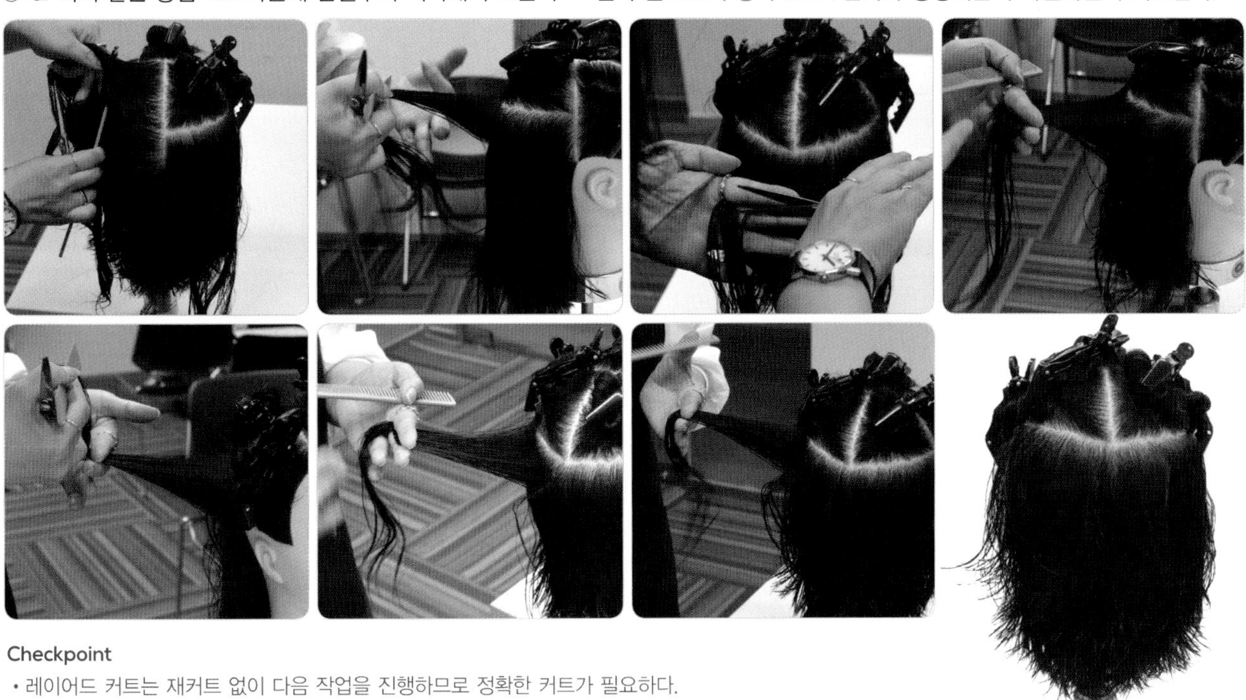

Checkpoint

- 레이어드 커트는 재커트 없이 다음 작업을 진행하므로 정확한 커트가 필요하다.
- 커트하는 동안에도 머리카락이 적당한 수분을 유지하도록 분무를 계속한다.

chapter 02

⑫ 톱 부분은 방사상 섹션으로 나누고 GP~TP를 두상의 곡면 형태에 맞춰서 두상 각도 90˚, 두발 길이 12~14cm로 손바닥이 아래로 향하게 아랫단과 연결하여 커트한다.

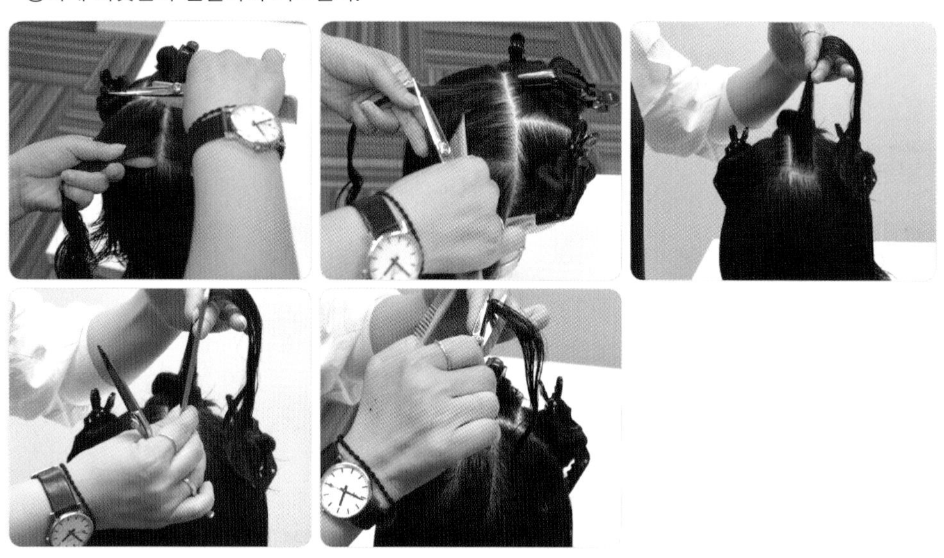

⑬ 방사상 섹션으로 커트한 첫 번째 단을 가이드로 오른쪽, 왼쪽 순으로 두상의 곡면 형태에 맞춰서 두상 각도 90˚, 두발 길이 12~14cm로 손바닥이 아래로 향하게 아랫단과 연결하여 커트한다.

Note

골덴 포인트는 짧아질 수 있으므로 주의한다.

Checkpoint

- 크레스트 지역은 두상에서 제일 넓은 부분이다. 두상 곡면에서 시술각 90˚를 유지하기 위해서는 위 · 아래 빗질의 정확성이 중요하다.
- 오른쪽과 왼쪽의 길이가 같고, 단차가 생기지 않도록 커트한다.
- 두상의 섹션과 손가락은 평행이 되도록 직각으로 빗어 올려서 커트한다.
- 슬라이스 폭을 넓게 뜨면 두발 길이에 장단이 생길 수 있다.

2 사이드 커트

① 오른쪽 사이드 수평 섹션을 위한 빗질을 한 후 첫 번째 단을 완만한 후대각 섹션으로 내린 후 슬라이스 선에 맞춰 빗질한다.
② 뒷머리에서 약 1cm를 가이드 선을 맞춰 자연 시술각 0˚로 커트한다.

③ 0˚로 커트한 첫 번째 단을 다시 90˚로 들어서 커트한다.
④ 두 번째 단은 완만한 수평 섹션으로 슬라이스 한 후 두상각도 90˚로 들어주고 뒷머리의 길이와 동일한 12~14cm 길이와 동일하게 커트한다.

⑤ 같은 방법으로 오른쪽 사이드 나머지 부분을 커트한다.

Checkpoint
텐션을 너무 많이 주지 않도록 주의하여 얼굴 쪽이 약간 올라간 모습으로 뒷머리와 연결이 되도록 한다.

⑥ 왼쪽 사이드는 오른쪽 사이드와 같은 방법으로 커트한다.

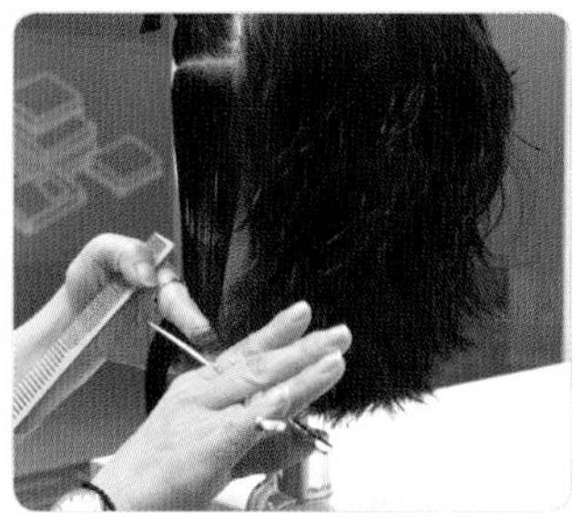
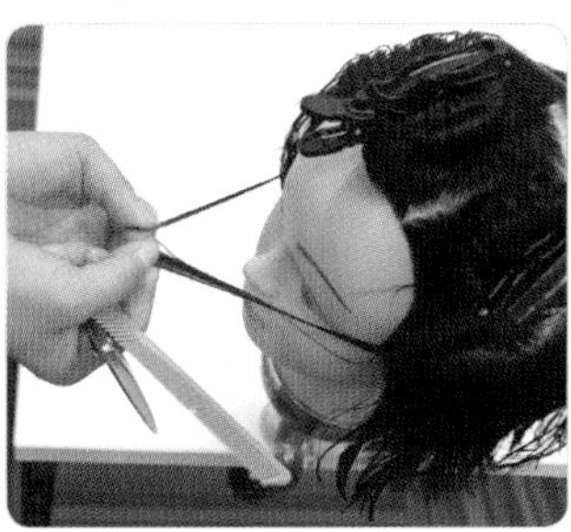

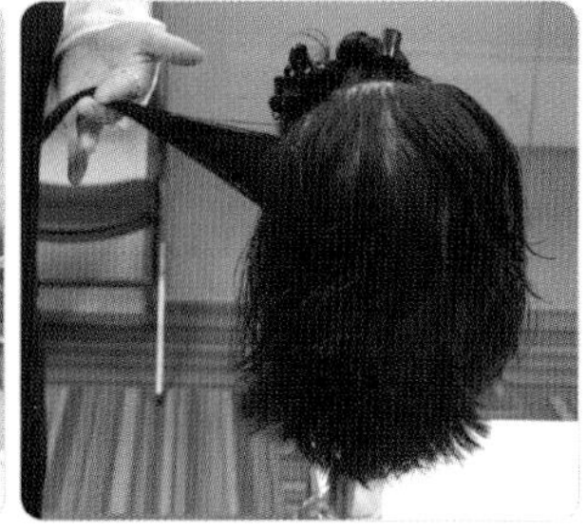

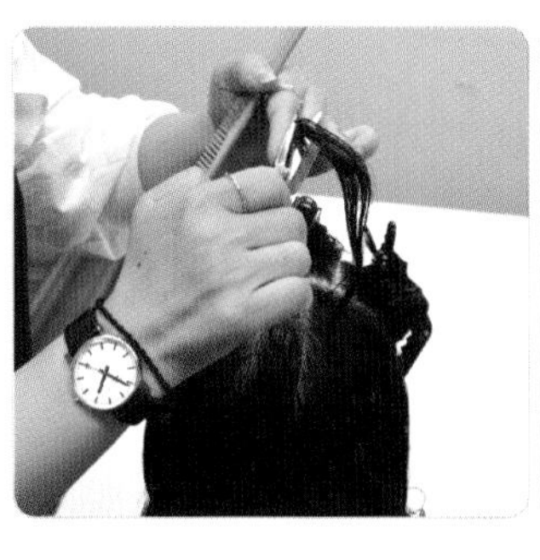

 사이드를 수평으로 커트한 후 수직으로 슬라이스하여 커트된 시술각을 체크하며, 두발의 길이는 12~14cm이며, 두상과 평행한 라운드로 형태선이 표현되어야 한다.

3 탑 부분 커트

① 탑의 블로킹 된 부분의 앞쪽을 약 1cm 슬라이스 하여 얼굴 쪽으로 내려주고 좌우 사이드 쪽에서 가져온 가이드와 합쳐 약 12~14cm 정도로 자연 시술각 0°로 커트한다.

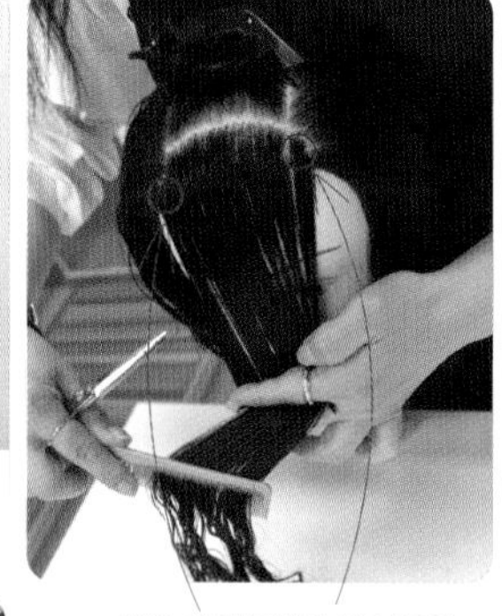

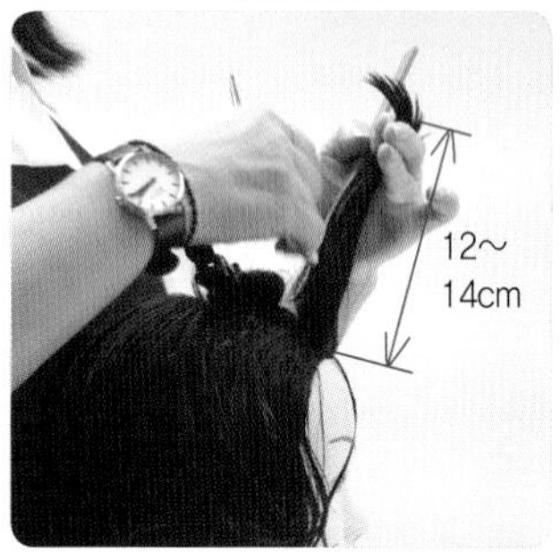

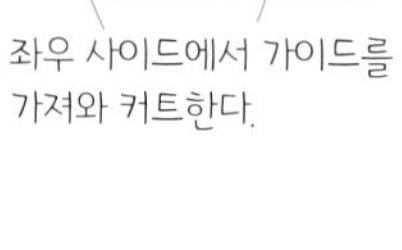
좌우 사이드에서 가이드를 가져와 커트한다.

Note 오른쪽과 왼쪽 사이드 길이가 같도록 커트한다.

② 탑 부분의 두 번째 단을 수평 슬라이스로 앞쪽의 가이드와 같이 빗질하고 두상 시술각 90°로 들어 올려 커트한다.

③ 프론트 커트를 위해 정중선을 나눈다.

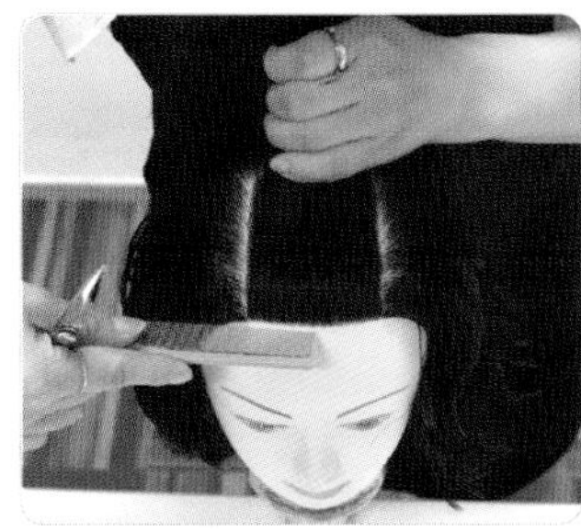
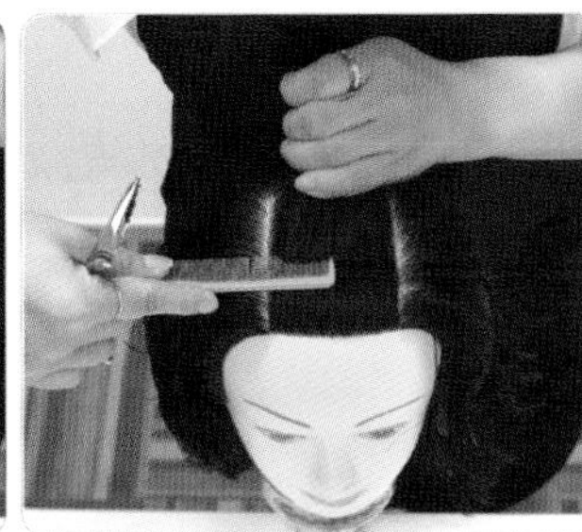

④ 오른쪽 뒤쪽에서 앞쪽으로, 왼쪽도 뒤쪽에서 앞쪽으로 직사각형 베이스로 손등 위에서 연결하여 커트한다.

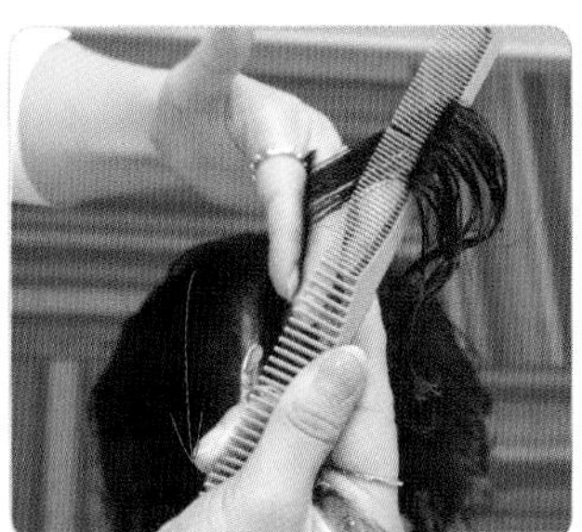

⑤ 전체적으로 모발의 길이가 일정한지 체크하고 튀어나온 모발은 커트해 준다.

4 마무리

① 커트가 마무리 되면 올백으로 빗질하여 콤아웃으로 마무리함으로써 단차가 보이는 레이어드 커트를 완성한다.

② 커트한 머리카락과 쓰레기 등은 위생봉투에 담고 작업대와 도구를 정리한다.

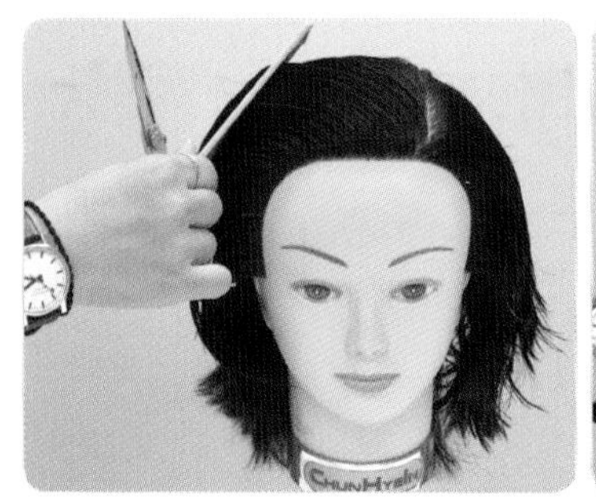

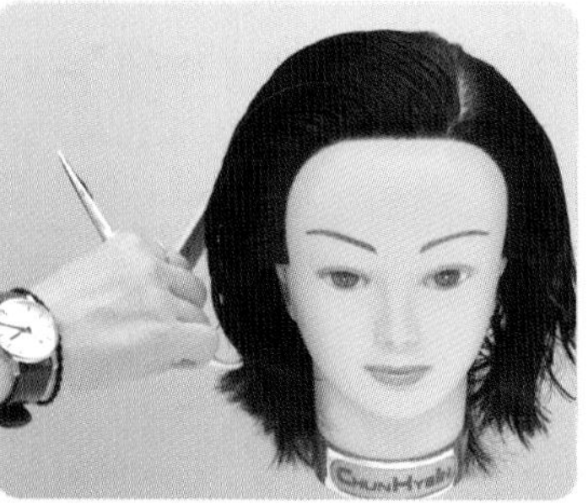

Layered Cut - finish works

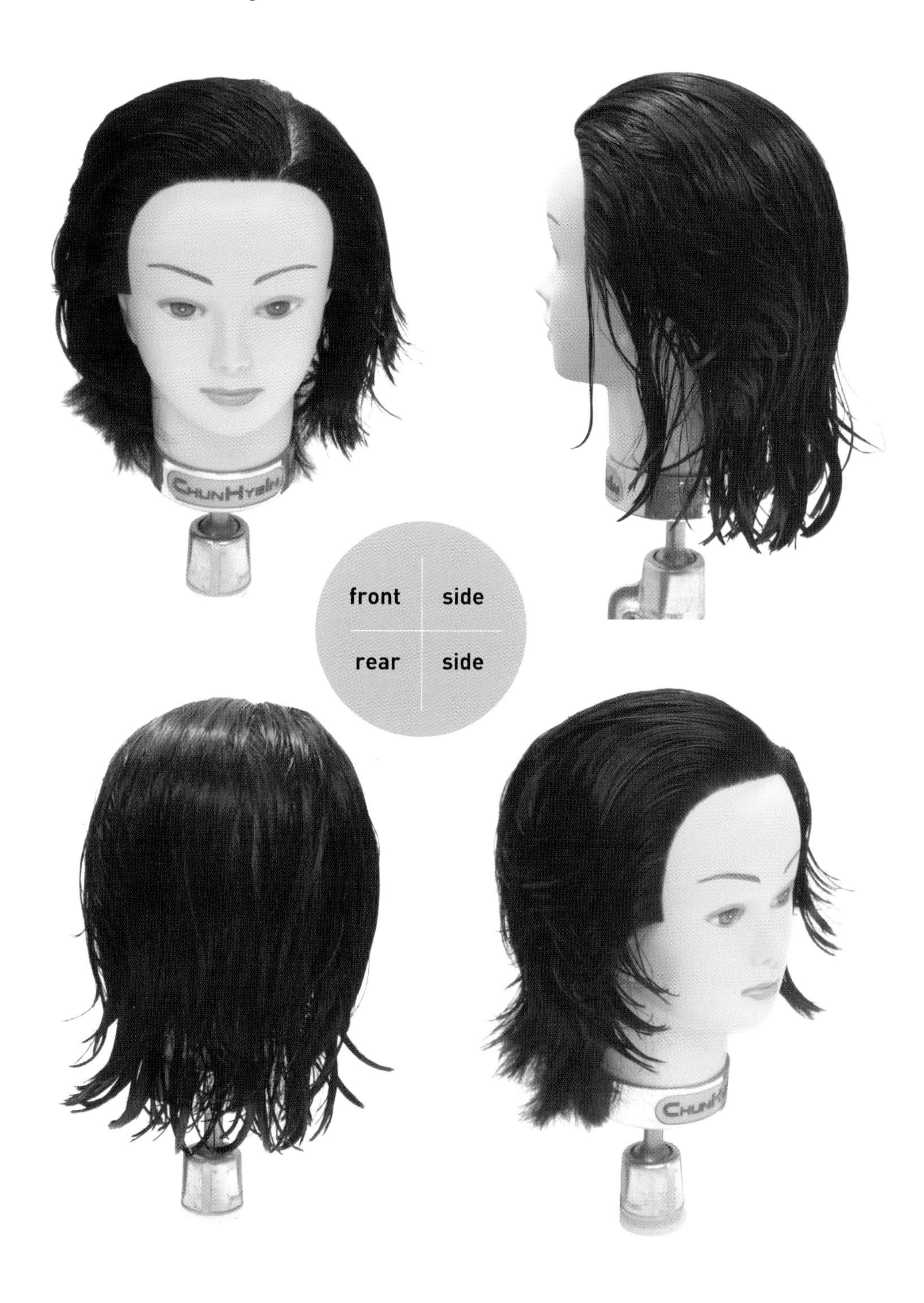

Course Preview

과제 03 블로 드라이 및 롤 세팅

블로 드라이 및 롤 세팅은 커트 과제에 따라 인컬, 아웃컬 또는 롤 세팅이 결정됩니다.
아래 표에서 제3과제 블로 드라이 및 롤 세팅의 주요 과정을 정리하였으니 충분히 숙지하시기 바랍니다.

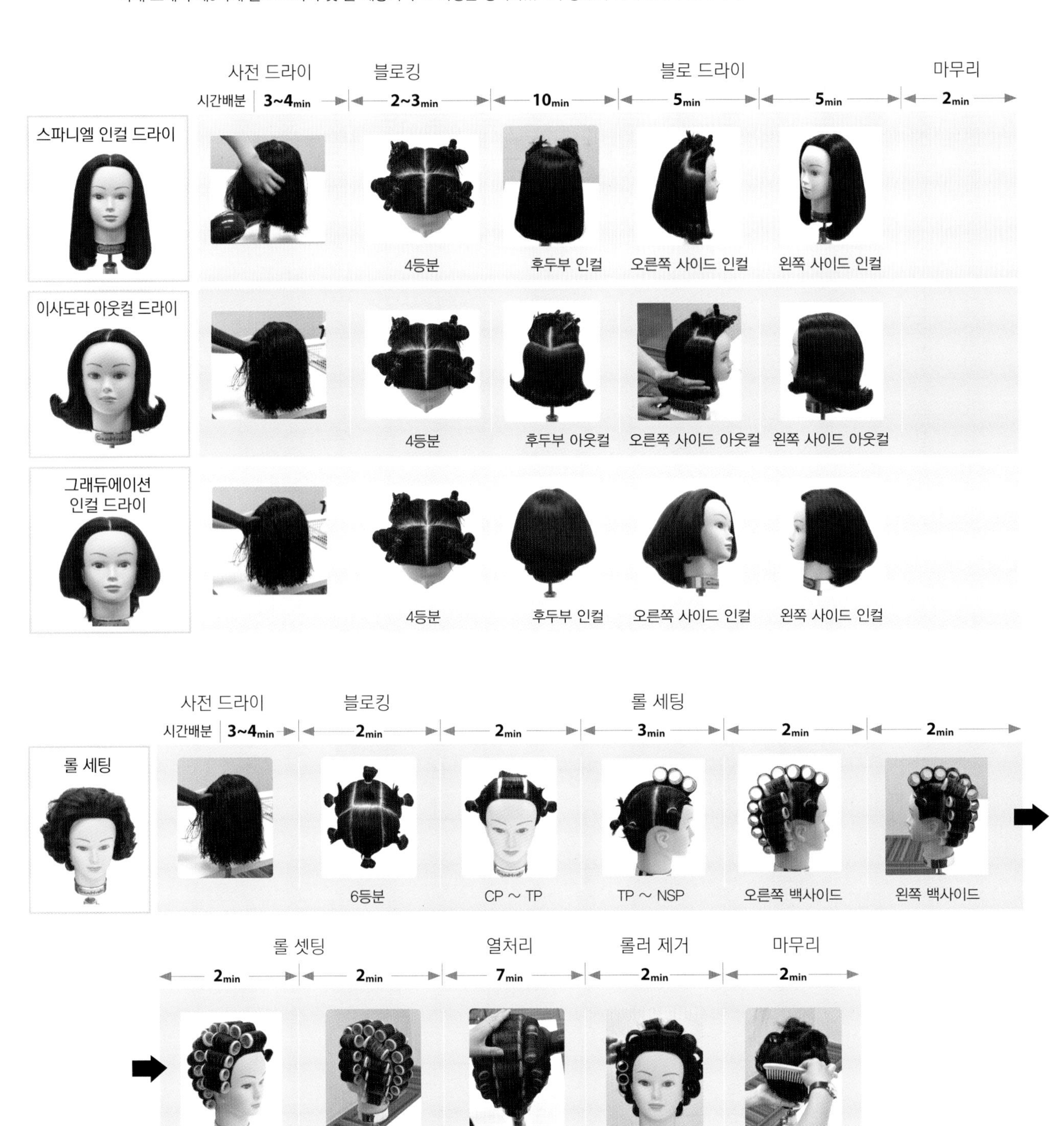

Chapter
03

블로 드라이 및 롤 세팅

Blow Dry & Roll Setting

1. 스파니엘 인컬 드라이
2. 이사도라 아웃컬 드라이
3. 그래듀에이션 인컬 드라이
4. 롤 세팅

Subject's Outline

블로 드라이 및 롤세팅 개요

1 요구사항

※ 마네킹의 모발에 시술하기에 적합하도록 적당량의 수분을 도포한 후 주어진 도면을 보고 블로 드라이 헤어스타일 및 롤 세팅을 완성하시오.

1) 블로 드라이 및 롤컬은 다음 형별 중 시험위원이 지정하는 형을 시술하시오.

스타일	세부 요구사항	비고
1. 인컬	스파니엘 스타일로 마네킹에 안말음(C컬) 형이 되도록 블로 드라이하시오.	
2. 아웃컬	이사도라 스타일로 커트한 마네킹에 바깥말음(CC컬) 형이 되도록 블로 드라이하시오.	
3. 인컬	그래듀에이션 스타일로 커트한 마네킹에 안말음(C컬)형이 되도록 블로 드라이하시오.	
4. 롤컬	레이어드 스타일로 커트한 마네킹에 롤러를 사용하여 세팅하시오.	

2) 블로 드라이

① 수분이 도포된 모발에 프리 드라이된 상태에서 4~6등분으로 블로킹 후 블로 드라이어와 롤 브러시를 이용하여 다음과 같이 시험에 요구되는 스타일을 시술하시오.(사이드 센터 파트, 이어 투 이어 파트 등)

- 섹션 시 베이스 크기는 사용되는 롤 브러시의 폭(지름)을 넘지 않게 하시오.
- 모발의 길이에 따라 롤 브러시를 선택하여 사용합니다.
- 모다발(판넬)은 모류 방향에 따라 시술해야하며, 적합한 블로 드라이어와 롤 브러시 운행 각도에 따른 열처리가 적절하게 이루어져야 합니다,
- 모근에 볼륨감이 형성되어야 합니다.
- 모발은 윤기 있게 질감처리가 되어야 합니다.

② 마무리(리세트)는 빗이나 손을 이용하여 블로 드라이 헤어 스타일링 합니다.

3) 롤 세팅

① 적셔진 마네킹의 모발에 롤러를 이용하여 모다발이 빠져나오지 않도록 와인딩을 균형 있게 세트하시오.

- 충분하게 적셔진 모발에 6등분 블로킹을 한 후 전두부 상단부터 와인딩 하시오.
- 파팅(베이스 크기)은 롤러의 폭(직경)을 넘지 않아야 합니다.
- 모발의 길이에 따라 롤러 크기는 선택하여 사용합니다.
- 모다발(판넬)은 모류 처리에 적합한 각도에 맞추어 롤러를 정확히 세트하여야 합니다.

② 모발을 롤러에 와인딩 한 상태에서 헤어망을 씌워 적절하게 열처리 하시오.

③ 롤러를 제거 후 마무리(리세트) 하시오.

2 수험자 유의사항

1) 블로 드라이 작업 시 시술하기에 알맞게 적셔진 모발에 과정의 절차에 맞게 작업(모발에 모근까지 골고루 수분 도포 - 타월 건조 - 프레 드라이 스타일 - 본 드라이 스타일 - 마무리) 하시오.
2) 롤 세팅 작업 시 롤러의 사용개수는 반드시 31개 이상으로 하되 크기(대, 중, 소)는 두상 부위에 따라 빈 공간 없이 고루 배열되게 하시오
3) 롤 세팅 작업 시 와인딩은 블로킹 상단에서부터 하단으로 향하게 시술하시오.
4) 블로킹 및 파팅에 맞게 각각의 절차에 따라 정확히 시술하시오.
5) 블로 드라이 및 롤러 이외에 요구사항에서 제시하지 않은 헤어스타일링 제품 및 기기를 사용 할 수 없습니다.
6) 시험 시간 종료 후에는 빗질 등을 하면서 작품 및 도구를 만져서는 안 됩니다.
7) 채점이 종료된 후 시험위원의 지시에 따라 다음 시술준비를 해야 합니다.

NCS 학습모듈

1 학습 개요

블로(Blow)란 '(바람, 입김)이 불다, 날리다' 라는 뜻과 드라이(Dry) 란 '마른 건조한'이라는 뜻으로, 블로 드라이어의 열과 바람(열풍, 온풍, 냉풍)을 이용하여 젖은 모발을 빠르게 건조 시킬 수 있으며, 형태를 보완하여 자연스러운 스타일링을 연출할 수 있다. 그러므로 블로 드라이는 일정한 텐션을 주어 모발의 뿌리 볼륨감 연출과 모발에 윤기를 부여하고 헤어 커트와 헤어 펌, 퍼머넌트 웨이브의 스타일링을 보완하는 수단으로 사용한다.

롤 세팅은 원통형, 원추형의 형태가 있는 롤러에 모발을 와인딩하여 모발에 볼륨, 방향, 컬을 부여하며 스타일링을 연출하는 것으로서 미용사(일반) 자격 실기시험에서는 벨크로(찍찍이)를 사용한다.

2 학습 목표

① 블로 드라이 시술 전후에 따라 제품을 사용하여 모발의 수분함량을 조절하여 블로 드라이를 시술할 수 있다.
② 헤어스타일 디자인에 따라 블로 드라이 기기를 사용하며 빗과 브러시의 종류를 선정하여 사용할 수 있다.
③ 블로 드라이 시술 후 헤어스타일을 마무리하여 완성할 수 있다.
④ 모발의 수분 함량을 고려하여 헤어 세트 롤러로 와인딩할 수 있다.
⑤ 헤어스타일 디자인을 고려하여 와인딩 방향과 각도를 조절할 수 있다.
⑥ 헤어 세트 롤러를 제거한 후 스타일을 완성할 수 있다.

3 기초 학습

1. 블로 드라이의 요소

(1) 열

블로 드라이는 열을 두발에 직접적으로 전달하기 때문에 한 곳을 집중적으로 열풍을 오래 쐬어주면 두피에 화상을 입거나 수분의 양이 과도하게 소비되고 모발이 건조해져 손상되거나 거칠어지고 윤기를 잃을 수 있으므로 주의해야 한다.

(2) 수분

블로 드라이 시술 전 샴푸 후에는 30~40%의 수분을 함유하고 있기 때문에 블로 드라이 시술 전 프리 드라이를 통해 모발의 수분을 20~25% 정도만 남겨놓은 상태에서 시술하여야 한다. 모발에 수분이 많은 상태에서 블로 드라이를 시술하게 되면 시술시간이 오래 걸리

고 정확한 시술이 어려우며 수분이 적은 상태로 시술하면 원하는 컬의 형성이 어렵고 오버드라이가 되어 모발이 푸석해지므로 분무기를 사용하여 모발에 직접 분무하거나 롤 브러시에 분무하여 시술한다.

(3) 텐션(Tension)

블로 드라이에 있어서 텐션은 모발을 잡아당기는 힘에 의해 늘어나는 팽창력을 의미하며 가장 중요한 부분이다. 헤어스타일링에 적당한 텐션은 축모를 펴고 모발에 윤기를 주며 탄력 있는 웨이브 스타일을 연출할 수 있다. 너무 강한 텐션은 고객이 통증을 느낄 수 있으며 브러시에 모발이 엉키는 현상을 초래하므로 적당한 텐션을 주어야 한다. 모발을 윤기있게 드라이하기 위해서는 롤 브러시를 회전해야 하며 적당한 텐션이 들어가야 좋은 헤어스타일을 연출할 수 있다.

(4) 속도(Speed)

모발의 흐름을 정리하기 위해 행하는 드라이는 빠르게 진행하는 반면 고객의 모발 상태나 연출하려는 스타일에 따라 적당한 시간을 들여서 한다. 웨이브나 곱슬 모발은 모발을 펴주고자 할 때는 속도를 빨리하면 웨이브가 잘 펴지지 않아서 여러 번 시술하게 되는데 그로 인해 모발이 푸석거리게 되고 윤기가 없으므로 속도를 천천히 하여 시술하여야 한다.

(5) 회전(Rotation)

브러시의 회전은 각도와 방향과 연관되며 텐션과 많은 관계를 가지고 있다. 첫째 회전은 모류에 방향과 볼륨을 표현하고, 둘째 회전은 컬의 각을 만들며, 셋째 회전은 모선의 흐름을 이어주는 역할을 한다. 이러한 동작을 반복적으로 연출할 데 웨이브 또는 곱슬 모발은 펴주는 역할을 한다.

(6) 각도(Angle)

각도는 블로 드라이 시술 시 드라이와 롤 브러시의 각도로 모근 부분의 볼륨과 방향성, 모선 중간 부분의 흐름, 모발 끝의 방향을 통해 스타일을 결정한다. 120˚ 각도로 시술하면 큰 볼륨을 주고자 할 때 오버 베이스가 되어 자연스러우며, 90˚ 각도로 사술하면 모류 교정이 용이하며 적당한 볼륨이 형성된다. 45˚ 각도로 시술하는 경우는 작은 볼륨을 주고자 할 때 적합하다.

[각도와 볼륨의 형태]

각도	패널의 각도	브러시 고정형태	볼륨 형태
120˚			
90˚			
45˚			

2. 블로 드라이에 필요한 도구

(1) 롤 브러시 잡는 방법

블로 드라이를 시술할 때 롤 브러시를 회전하기에 용이하도록 엄지와 검지를 원을 만들 듯이 브러시의 손잡이 부분을 살짝 쥐고 360° 회전시킬 수 있도록 나머지 중지, 약지, 소지는 인지와 나란히 마주 쥔다. 또한 롤 브러시를 사용할 때는 어느 특정 손가락에만 힘을 집중적으로 주지 않고 손가락의 힘을 균등하게 분배하고 롤을 돌려준다.

(2) 블로 드라이어 사용법

모델과의 거리는 25~30cm이며, 곧은 자세로 팔을 상·하 또는 좌·우로 움직여서 작업한다.

① 핸드 드라이어의 손잡이를 쥐는 방법
- 건조시킬 때
- 스트레이트 스타일을 완성할 때
- 모발 전체의 흐름(모류)을 바꾸거나 새로운 흐름을 만들고 싶을 때

② 출구를 쥐는 방법
- 컬의 방향을 변화시키거나 컬의 형태를 명확하게 표현하고 싶을 때
- 모발의 일정 부분에만 스타일링 하고자 할 때
- 섬세하고 또렷한 웨이브를 표현할 때
- 일정한 컬이나 인위적이고 고정된 형태의 스타일을 완성할 때

블로 드라이어 사용 시 주의점
- 블로 드라이어의 운행 시 전기선이 고객의 어깨나 얼굴 등에 닿지 않도록 한다.
- 드라이어를 사용 중이거나 보관 중에 떨어뜨리지 않도록 주의한다.
- 드라이어에서 방사되는 열이 두피 가까이에 바짝 대면 화상을 입힐 수 있으므로 주의한다.
- 드라이어를 모발에 지나치게 가까이 대면 모발이 공기 흡입구에 빨려 들어가거나 모발이 탈 수 있으므로 주의한다.
- 드라이어 필터 흡입구는 항상 청결하게 한다.

(3) 블로 드라이와 롤의 기본자세

① 수평의 기본자세 : 가장 기본적인 자세로 스트레이트의 디자인에 가장 알맞으며, 층이 없는 롱 헤어의 컬을 구사할 때 선택한다.

② 수직의 기본자세 : 모발 길이가 길면서 층이 있는 모델의 컬의 형성과 함께 볼륨감과 생동감을 표현하고자할 때 선택한다.

③ 몸체를 수직으로 잡는 자세 : 모발의 부분을 강하게 드라이할 때나 상하로 움직임을 줄 때 편리하다.

(4) 블로 드라이 시 자세

① 양발은 어깨너비만큼 벌리고 한쪽 발은 앞으로 약간 내밀어 균형있는 편안한 자세를 취한다.
② 팔 동작은 어깨보다 높이 올라가지 않도록 한다.
③ 허리를 굽히지 않고 팔 동작만으로 작업한다.
④ 모델과는 너무 가깝거나 떨어져 있으면 좋은 스타일을 만들 수 없기 때문에 적당한 간격을 유지한다.

Spaniel Incurl Dry

01 스파니엘 인컬 드라이

1 과제개요

내용	헤어 드라이어를 이용하여 스파니엘 인컬 스타일을 작업한다.		
블로킹	4등분	시간 및 배점	30분 20점
형태선	전대각, 얼굴 쪽이 목 쪽보다 길어지는 모양	손의 시술각도	섹션과 평행
단차	인컬/안말음(C컬)	슬라이스 간격	롤 브러시 폭(지름)만큼
시술각	0~90°	완성상태	센터 파트 후 안말음 빗질

2 채점기준

	준비상태	블로킹 및 섹션	롤 브러시 선정	시술 각도 및 분배	드라이어 및 브러시 방법	윤기 및 컬의 조화미	마무리 및 정리
20점	2점	3점	2점	3점	4점	4점	2점

※ 채점기준은 실제 채점방식과 다를 수 있으나 핵심 요구사항은 유사하므로 참고하시면 도움이 됩니다.

3 도면

4 작업대 세팅

① 분무기
② 롤브러시 – 필요량, 대 · 중 · 소
③ S브러시
④ 핀셋
⑤ 헤어드라이어 – 1.2KW 이상
⑥ 타월(2개) – 바구니 세팅용 1개, 타월 드라이용 1개
⑦ 꼬리빗

step 01 사전 드라이

① 1과제 커트가 끝난 후 모발이 젖어 있는 상태이므로 인컬 작업 들어가기 전에 20~30%의 수분이 남게 3~4분 정도 드라이를 해준다.
② S 브러시로 모발을 깔끔하게 빗어준다.

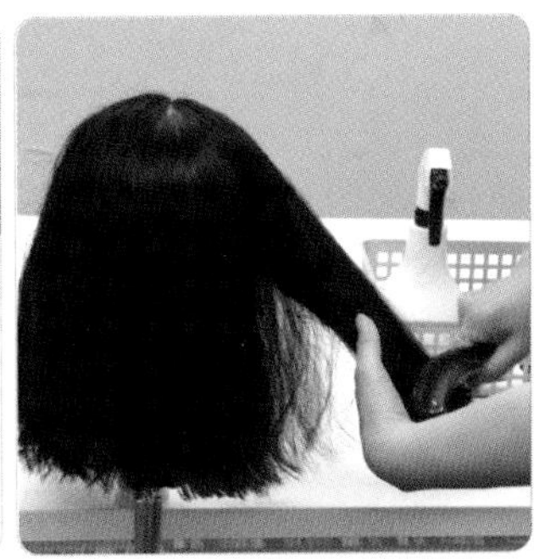

- 시간 단축을 위해 쉬는 시간에 타월 드라이를 해주도록 한다.
- 가발이 일자로 꽂혀 있으면 드라이할 때 빠질 수가 있으므로 앞으로 살짝 숙여주는 것이 좋다.

step 02 4등분 블로킹

스파니엘 커트 참조

step 03 스파니엘 인컬

1 후두부 인컬

① 수분이 도포된 두발에 프리 드라이 상태에서 네이프의 첫 번째 단을 롤 브러시의 지름의 폭(두께)으로 전대각 A라인이 되도록 슬라이스를 나눈다.

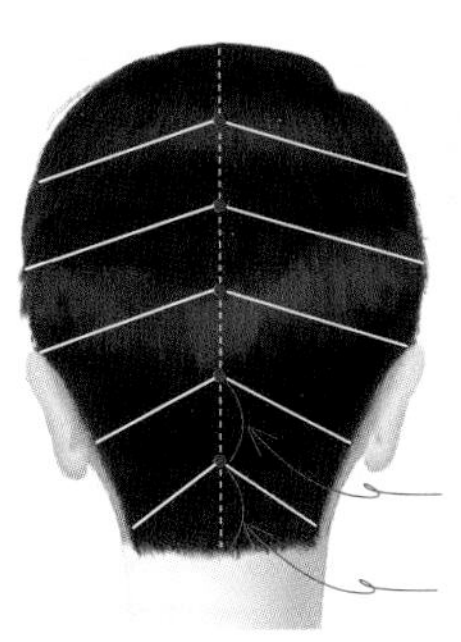

조금 넓게
섹션을 나눈다

롤 브러시의
폭(지름)만큼

3cm

② 먼저 섹션의 가운데 부분을 두상각 45°로 판넬을 낮추고 모근 쪽에서 롤 브러시를 안으로 감아 가볍게 훑듯이 스트레이트로 3~4회 펴준다.

③ 모발 끝에서 롤 브러시에 텐션을 주면서 한 바퀴 반 정도 감아준 후 열풍으로 롤 브러시를 회전시켜주면서 빼준다.

④ 다시 한 번 모발 끝을 롤 브러시로 감아서 텐션을 준 후 모발의 결을 정리하면서 안말음을 만들어준다.

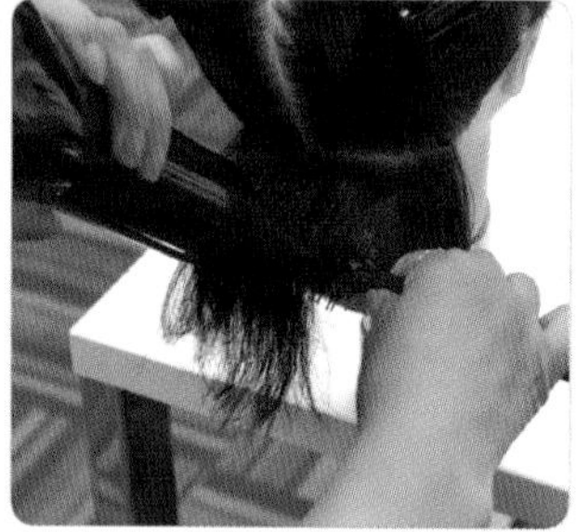

※ NP부터 BP까지는 1호 브러시를 사용한다.

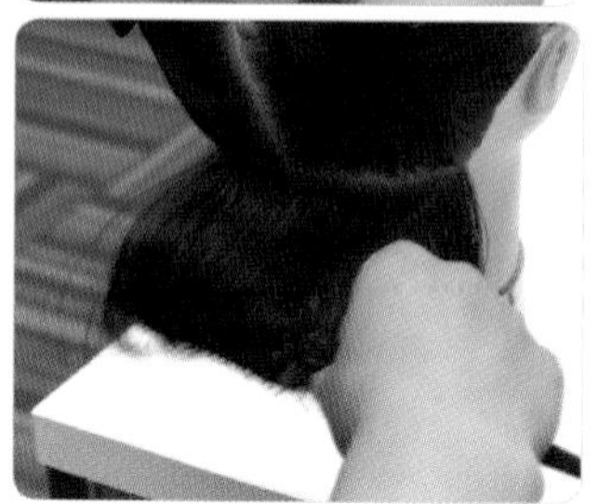

Checkpoint

- NP에서 BP까지는 두상각 45°로 판넬을 낮춰서 모근에서 모선(모발끝)까지 일정한 속도와 텐션으로 블로 드라이 한다.
- 뜨거운 바람의 방향이 두피 쪽을 향하지 않도록 주의한다.

⑤ 오른쪽과 왼쪽도 같은 방법으로 스트레이트로 펴준 후 모발 끝에서 롤 브러시를 한 바퀴 반 정도 감아준 후 열풍으로 회전시켜주면서 빼준다.

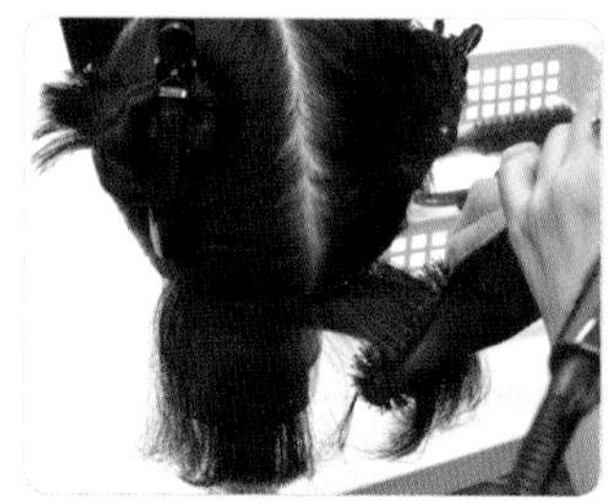

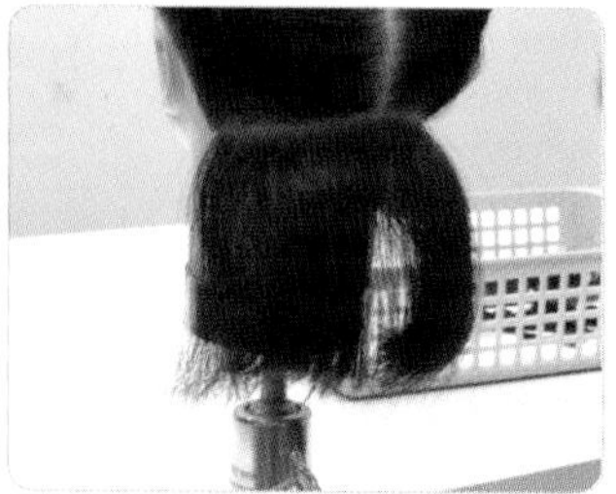

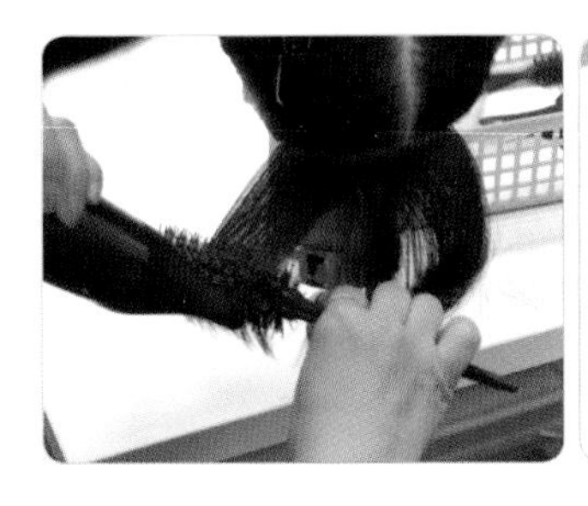

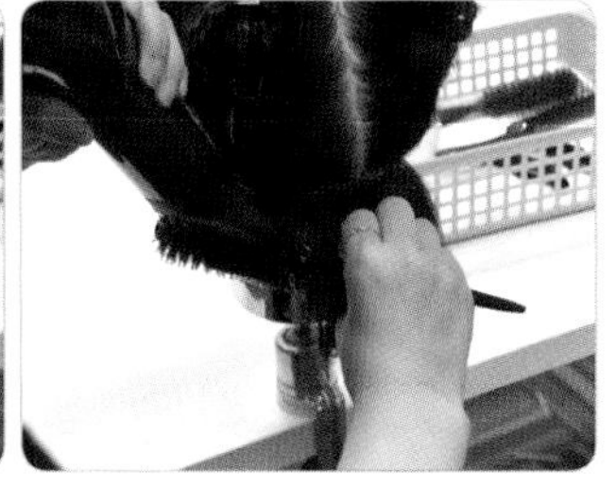

⑥ 2단도 같은 방법으로 중앙 → 오른쪽 → 왼쪽 순서로 인컬을 만들어준다.

⑦ BP부터 GP까지는 판넬을 두상각 90°로 들어서 볼륨을 잡아주고 같은 방법으로 인컬을 만들어준다.
⑧ BP부터는 3호 롤 브러시를 사용한다.

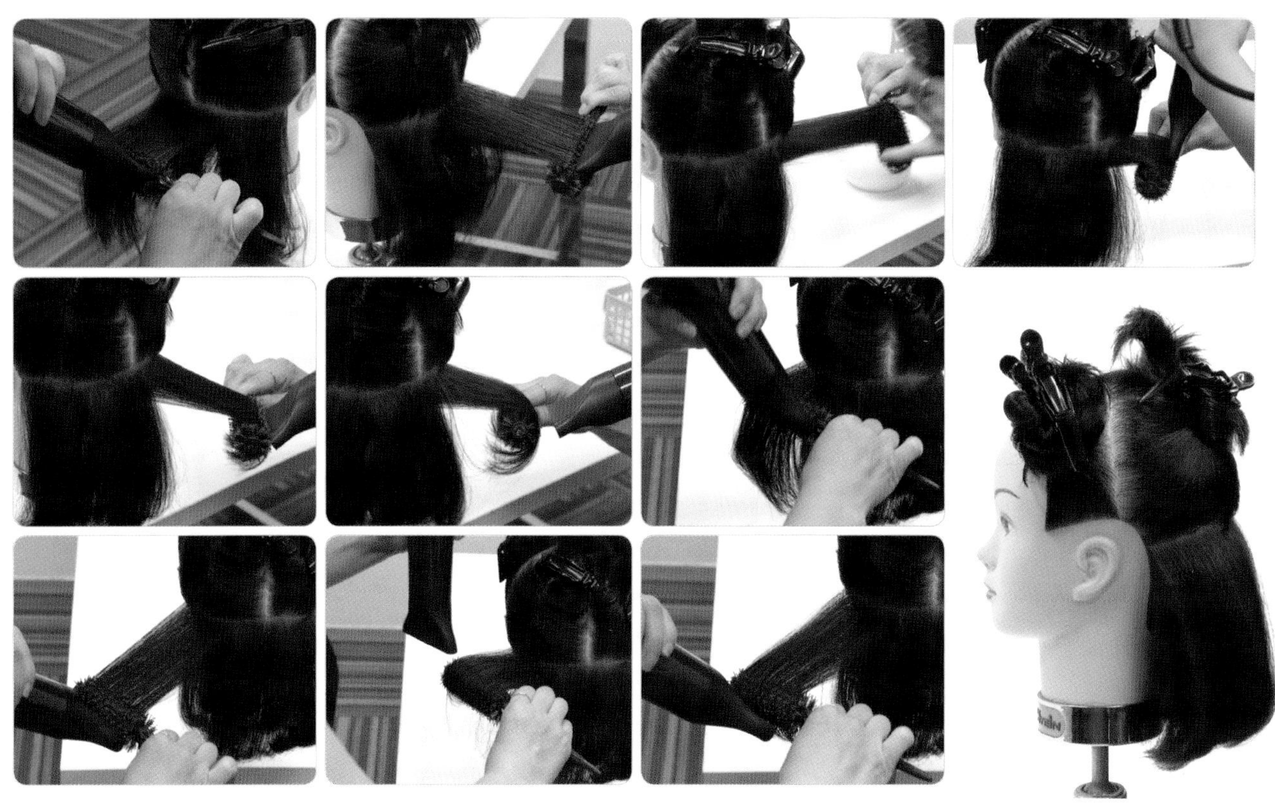

Checkpoint

모다발의 각도를 90°→45°로 다림질 시 롤 브러시를 팽팽하게 당겨서 열을 가하고 모선(모발 끝)에서는 0°로 인컬로 블로 드라이한다.

⑨ GP부터 TP까지는 판넬을 두상각 120˚로 들어서 볼륨을 잡아주고 같은 방법으로 인컬을 만들어준다.

Checkpoint

- 일정한 텐션과 속도를 유지하면서 반복적으로 블로 드라이한다.
- 모발의 길이에 따라 롤 브러시를 선택하여 사용한다.

Checkpoint

- 모근에 볼륨감이 형성되어야 하며 모발에 윤기 있는 질감 처리가 되어야 한다.
- 사이드로 넘어가기 전에 후두부를 정리해 준다.

2 사이드 인컬

① 오른쪽 사이드 전대각 사선 슬라이스 섹션 하여 모근부터 두피에 롤 브러시를 가까이 온 베이스로 넣고 모선까지 섹션과 롤 브러시가 평행을 유지하며 텐션을 주면서 블로 드라이 한다.

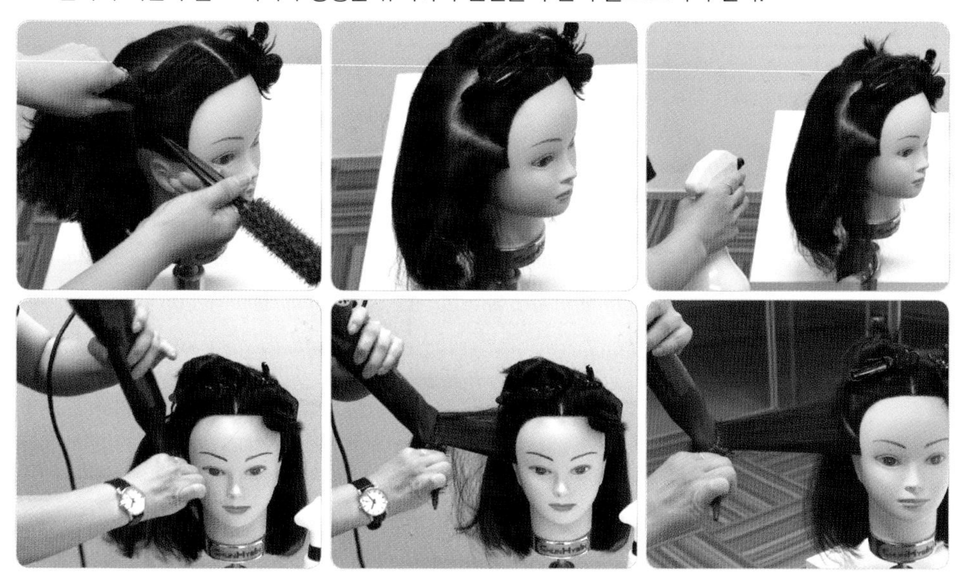

Checkpoint

- 모근부터 모선까지 일정한 열처리를 한다.
- 열처리 시 바람의 방향에 주의하며, 열이 식은 후 롤 브러시를 빼준다.

② FSP까지는 두상각 90˚로 하여 롤 브러시를 모근 가까이에 두어 볼륨을 주고 모발 끝에서 롤 브러시를 한 바퀴 반 정도 감아 인컬로 블로 드라이 한다.

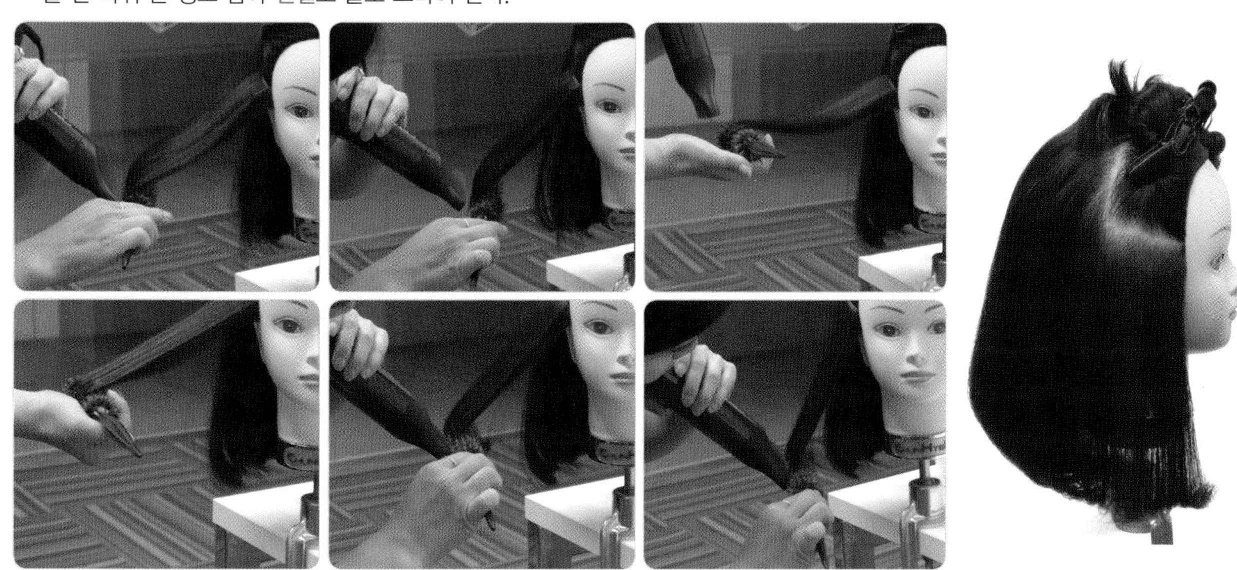

③ FSP에서 TP까지는 두상각 120°로 하여 롤 브러시를 모근 가까이에 두어 볼륨을 주기 위해서 열을 준 후 결을 정리하면서 인컬을 만들어준다.

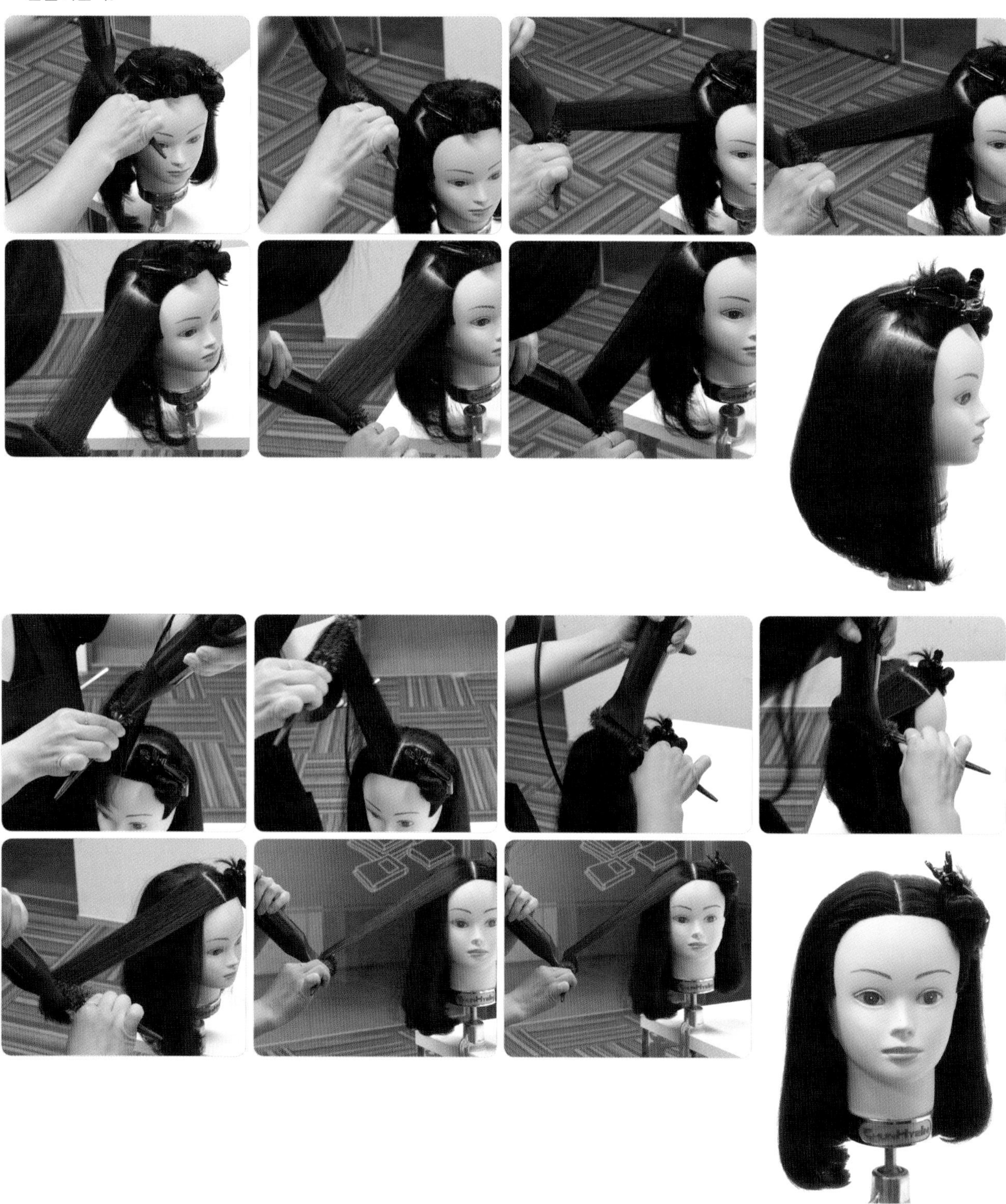

④ 왼쪽 사이드도 오른쪽 사이드와 같은 방법으로 작업하여 스파니엘 인컬을 완성한다.

step 04 마무리

인컬을 완성한 후 헤어드라이어, 브러시, 핀셋 등을 제자리에 두고 작업대를 정리한다.

Spanel Incurl Dry - finish works

Isadora Outcurl Dry

02 이사도라 아웃컬 드라이

1 과제개요

내용	헤어 드라이어를 이용하여 이사도라 아웃컬 스타일을 작업한다.		
블로킹	4등분	시간 및 배점	30분 20점
섹션	후대각 사선	손의 시술각도	섹션과 평행
단차	아웃컬/겉말음(CC컬)	슬라이스 간격	롤 브러시 폭(지름)만큼
시술각	0°~120°	완성상태	센터 파트 후 겉말음 빗질

2 채점기준

	준비상태	블로킹 및 섹션	롤 브러시 선정	시술 각도 및 분배	드라이어 및 브러시 방법	윤기 및 컬의 조화미	마무리 및 정리
20점	2점	3점	2점	3점	4점	4점	2점

※ 채점기준은 실제 채점방식과 다를 수 있으나 핵심 요구사항은 유사하므로 참고하시면 도움이 됩니다.

3 도면

4 작업대 세팅

① 분무기
② 롤브러시(필요량, 대 · 중 · 소)
③ S브러시
④ 핀셋
⑤ 헤어드라이어(1.2KW 이상)
⑥ 타월
⑦ 꼬리빗

step 01 사전 드라이

① 1과제 커트가 끝난 후 모발이 젖어 있는 상태이므로 인컬 작업 들어가기 전에 20~30%의 수분이 남게 3~4분 정도 드라이를 해준다.
② S 브러시로 모발을 깔끔하게 빗어준다.

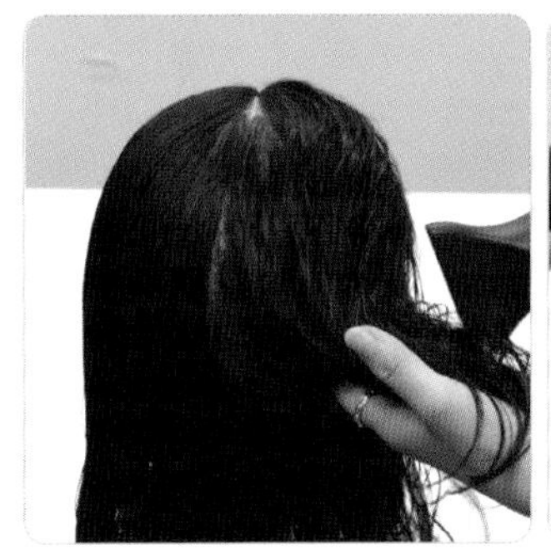

step 02 4등분 블로킹

스파니엘 커트 참조

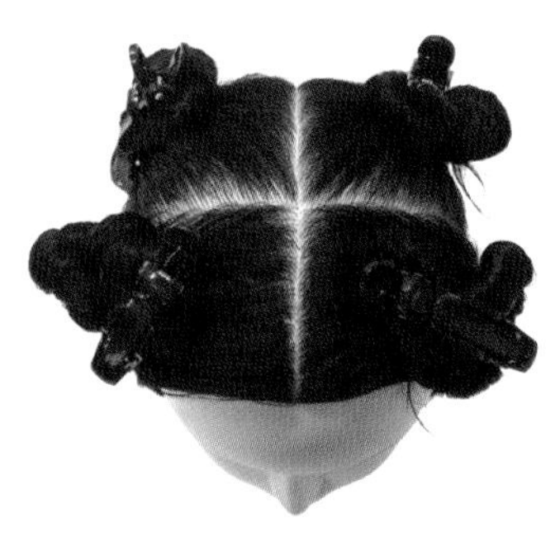

step 03 이사도라 아웃컬

1 후두부 아웃컬

① 네이프의 첫 번째 단을 사선(후대각) V라인(이사도라 커트 섹션)이 되도록 하면서 롤 브러시의 지름 정도의 폭(두께)으로 섹션한다.

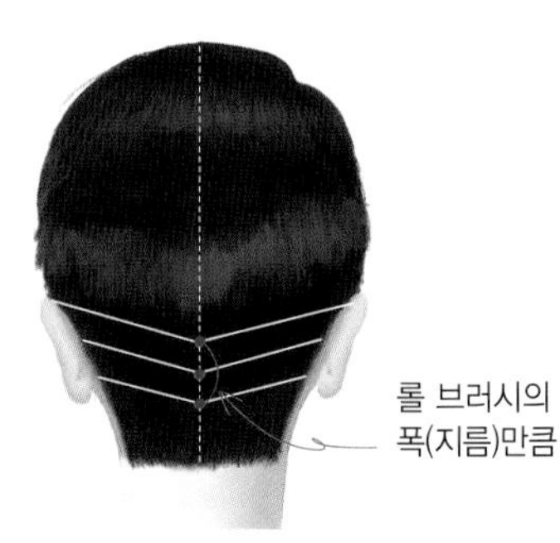

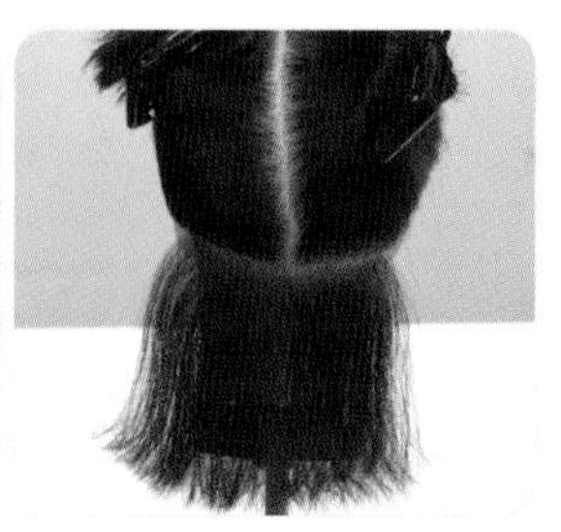

※ BP까지는 1호 브러시를 사용한다.

② 먼저 섹션의 가운데 부분을 두상각 45°로 판넬을 낮추고 모근 쪽에서 롤 브러시를 안으로 감아 가볍게 훑듯이 스트레이트로 3~4회 펴주면서 결을 잡아준다. 이때 인컬로 말아주어도 된다.

 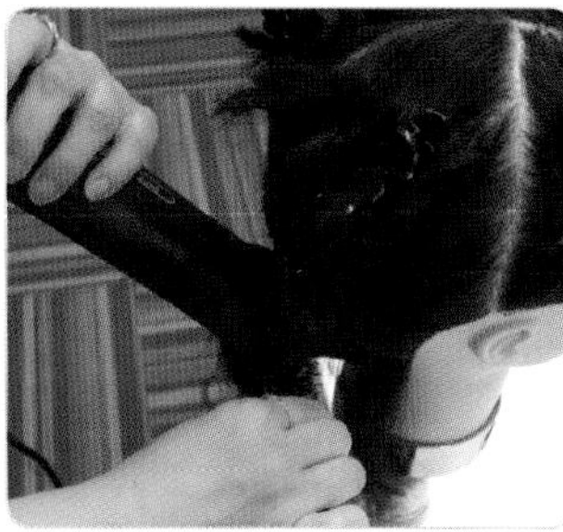 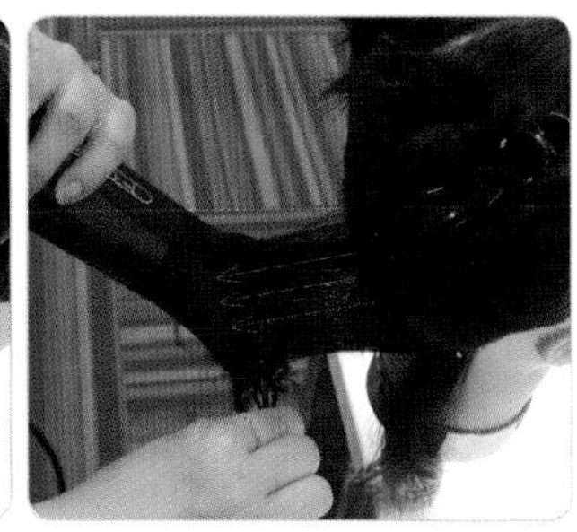

Checkpoint

- 섹션과 롤 브러시, 드라이어가 평행을 유지하여 모근부터 모선(모발 끝)까지 일정한 텐션으로 윤기 있게 블로 드라이한다.
- 뜨거운 바람의 방향이 두피 쪽을 향하지 않도록 주의한다.

③ 모발 끝에서 롤 브러시를 바깥쪽으로 반 바퀴 정도 감아올리다가 빼주면서 열풍을 쏘여 주는 동작을 5~6회 반복하면서 결을 잡아준다.

④ 롤 브러시를 당기듯 텐션을 주면서 한 바퀴 정도 감아 C 모양으로 구부러지는 지점에 열풍을 쏘여준다.

⑤ 3~4초 정도 열을 식혀준 후 롤 브러시를 자연스럽게 빼주면서 모발을 풀어준다.

 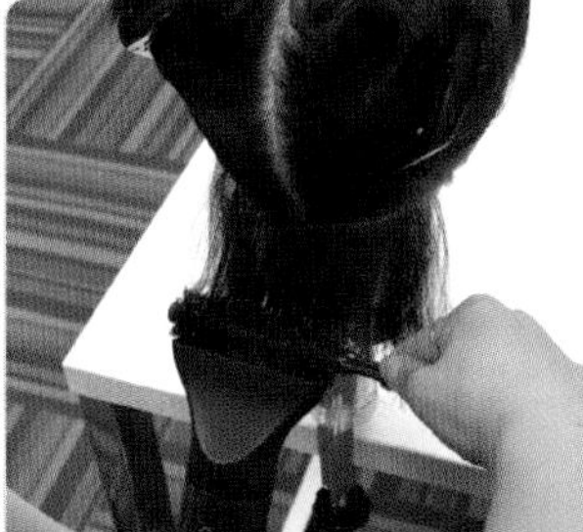 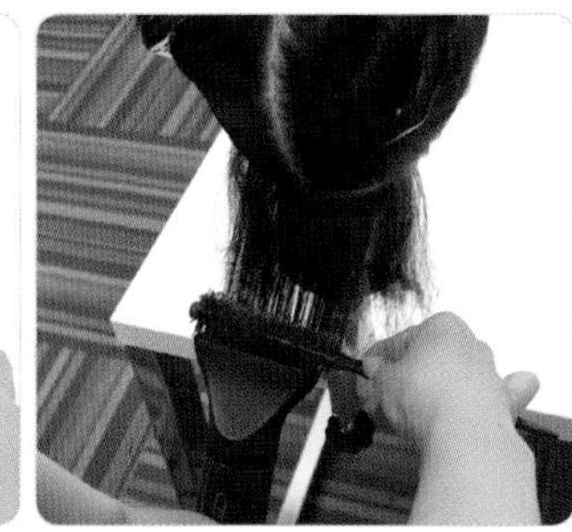 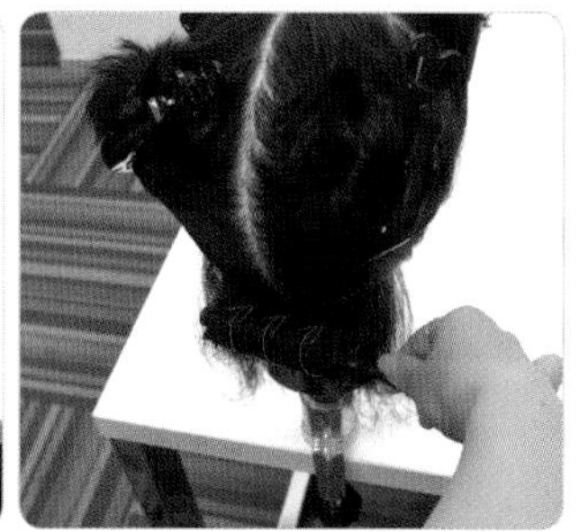

롤 브러시를 한 바퀴 정도 감은 상태에서 열풍을 쏘아 주고 열을 식혀준 후 브러시를 풀어준다.

⑥ 오른쪽과 왼쪽도 같은 방법으로 블로 드라이하여 아웃컬을 완성한다.

  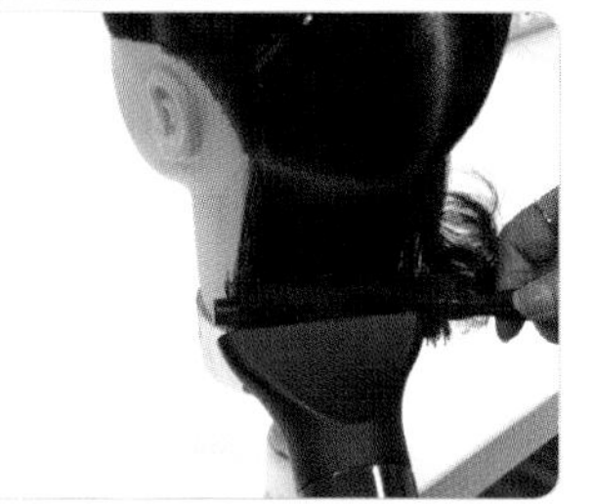

chapter 03

⑦ 2단도 같은 방법으로 중앙 → 오른쪽 → 왼쪽 순서로 아웃컬을 만들어준다.

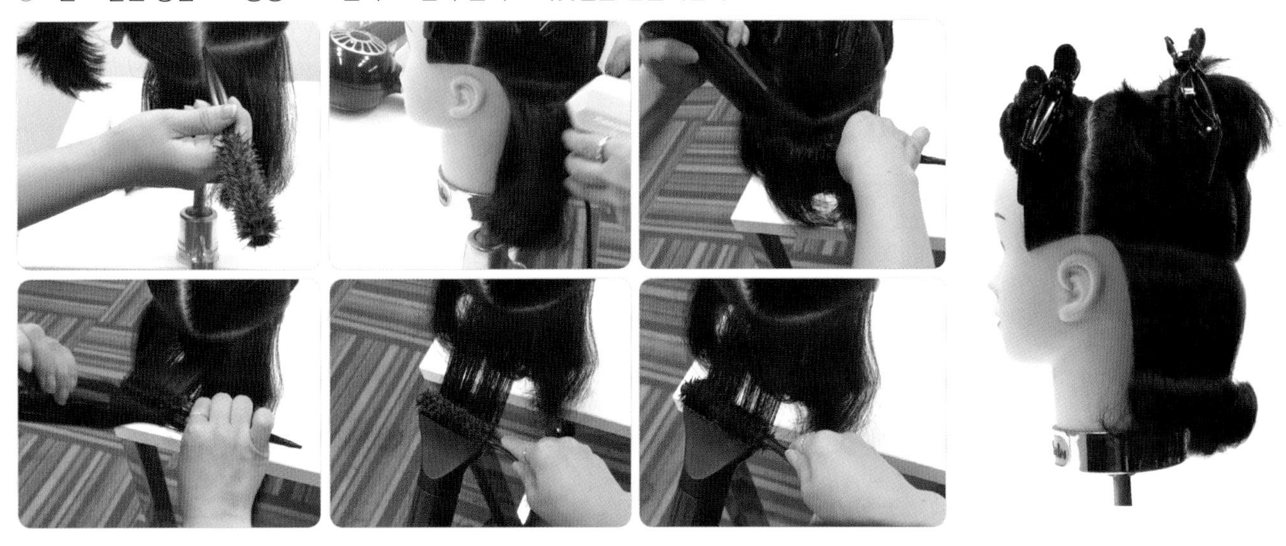

⑧ BP부터 GP까지는 판넬을 두상각 90˚로 들어서 볼륨을 잡아주고 같은 방법으로 아웃컬을 만들어준다.

⑨ BP부터는 3호 롤 브러시를 사용한다.

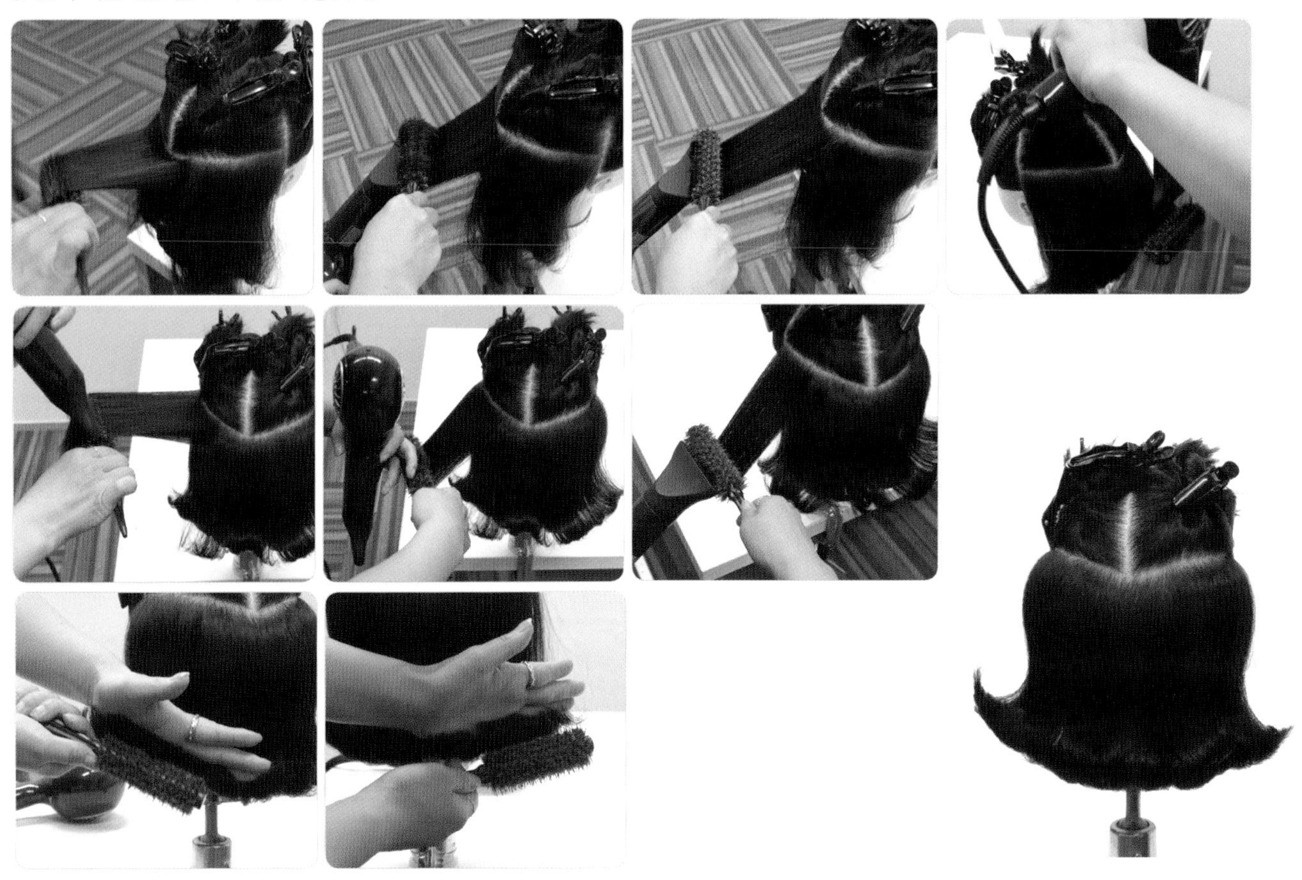

⑩ GP부터 TP까지는 판넬을 두상각 120°로 들어서 볼륨을 잡아주고 같은 방법으로 아웃컬을 만들어준다.
(BP~GP는 90° 이상, GP~TP는 120°)

Checkpoint

- 사이드로 넘어가기 전에 후두부를 정리해 준다.
- 모근에 볼륨감이 형성되어야 하며 모발에 윤기있는 질감 처리가 되어야 한다.
- 모발의 길이에 따라 롤 브러시를 선택하여 사용한다.
- 롤 브러시에 감긴 모발이 흩어지지 않도록 주의한다.
- 바람의 방향과 머릿결 정리에 주의하며, 모선 끝까지 블로 드라이한다.

2 사이드 아웃컬

① 오른쪽 사이드 후대각 사선 슬라이스 섹션 하여 모근부터 두피에 롤 브러시를 가까이 온 베이스로 넣고 모선까지 섹션과 롤 브러시가 평행을 유지하며 텐션을 주면서 블로 드라이 한다.

② FSP까지는 두상각 90°로 해서 같은 방법으로 아웃컬을 만들어준다.

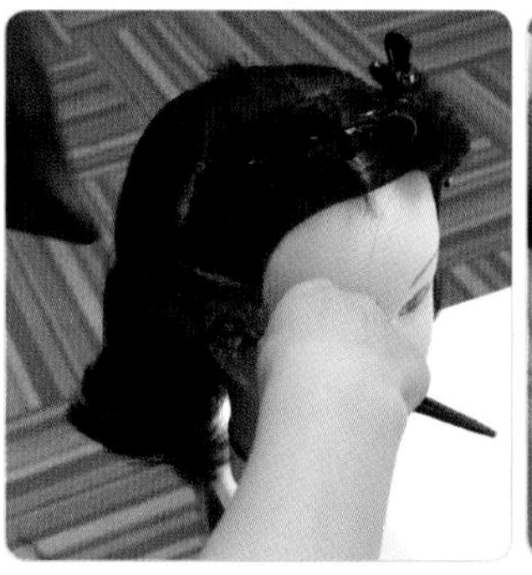

③ FSP부터 TP까지 두상각 120°로 해서 볼륨을 살려주면서 아웃컬을 만들어준다.

④ 왼쪽 사이드도 오른쪽 사이드와 같은 방법으로 이사도라 아웃컬을 완성한다.

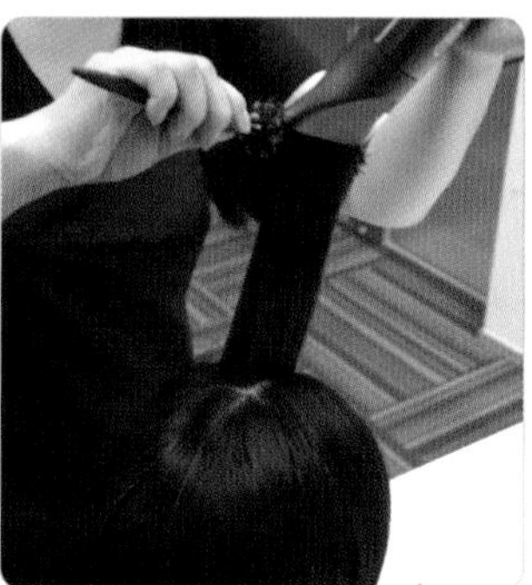

step 03 마무리

아웃컬을 완성한 후 헤어드라이어, 브러시, 핀셋 등을 제자리에 두고 작업대를 정리한다.

Isadora Outcurl Dry - finish works

Graduation Incurl Dry

03 그래듀에이션 인컬 드라이

1 과제개요

내용	헤어 드라이어를 이용하여 그래듀에이션 인컬 스타일을 한다.		
블로킹	4등분	시간 및 배점	30분 20점
형태선	후대각, 얼굴 쪽이 목 쪽보다 짧아지는 모양	손의 시술각도	섹션과 평행
단차	인컬/안말음(C컬)	슬라이스 간격	롤 브러시 폭(지름)만큼
시술각	0~120°	완성상태	센터 파트 후 안말음 빗질

2 채점기준

	준비상태	블로킹 및 섹션	롤 브러시 선정	시술 각도 및 분배	드라이어 및 브러시 방법	윤기 및 컬의 조화미	마무리 및 정리
20점	2점	3점	2점	3점	4점	4점	2점

※ 채점기준은 실제 채점방식과 다를 수 있으나 핵심 요구사항은 유사하므로 참고하시면 도움이 됩니다.

3 도면

4 작업대 세팅

① 분무기
② 롤브러시(필요량, 대 · 중 · 소)
③ S브러시
④ 핀셋
⑤ 헤어드라이어(1.2KW 이상)
⑥ 타월
⑦ 꼬리빗

how to work

step 01 사전 드라이

① 1과제 커트가 끝난 후 모발이 젖어 있는 상태이므로 인컬 작업 들어가기 전에 20~30%의 수분이 남게 3~4분 정도 드라이를 해준다.
② S 브러시로 모발을 깔끔하게 빗어준다.

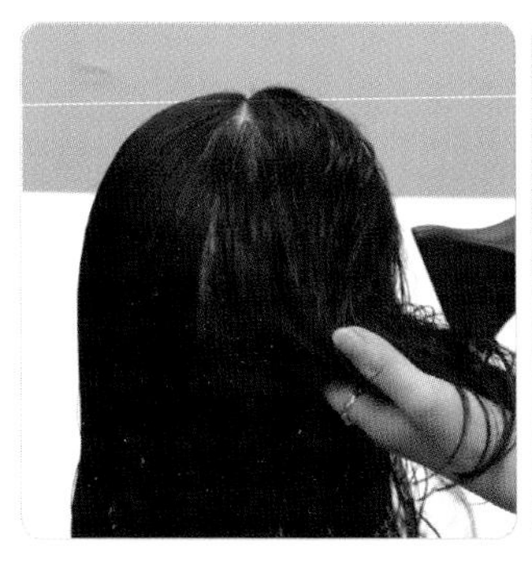

step 02 4등분 블로킹

스파니엘 커트 참조

step 03 그래듀에이션 인컬

1 후두부 인컬

① 네이프의 첫번째 단을 완만한 후대각 라인(그래듀에이션 커트 섹션)이 되도록 하면서 롤 브러시의 지름 정도의 폭으로 슬라이스 섹션 한다.

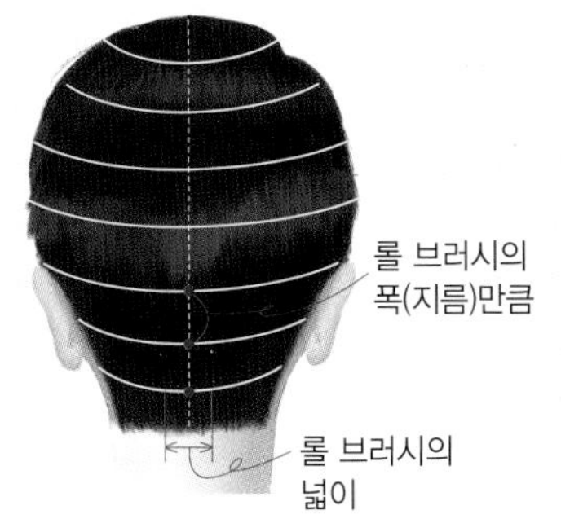

chapter 03

② 먼저 섹션의 가운데 부분을 두상각 45°로 판넬을 낮추고 모근 쪽에서 롤 브러시를 안으로 감아 가볍게 훑듯이 스트레이트로 3~4회 펴준다.

③ 모발 끝에서 롤 브러시에 텐션을 주면서 한 바퀴 반 정도 감아준 후 열풍으로 롤 브러시를 회전시켜주면서 빼준다.

④ 다시 한 번 모발 끝을 롤 브러시로 감아서 텐션을 준 후 모발의 결을 정리하면서 안말음을 만들어준다.

⑤ 같은 방법으로 오른쪽 → 왼쪽 순서로 인컬을 만들어준다.

Checkpoint

- 섹션과 롤 브러시, 드라이어를 평행으로 유지한다.
- 뜨거운 바람의 방향이 두피 쪽을 향하지 않도록 주의한다.
- 모근에서 모선(모발 끝)까지 일정한 텐션과 속도를 유지한다.

⑥ 2단도 같은 방법으로 중앙 → 오른쪽 → 왼쪽 순서로 인컬을 만들어준다.

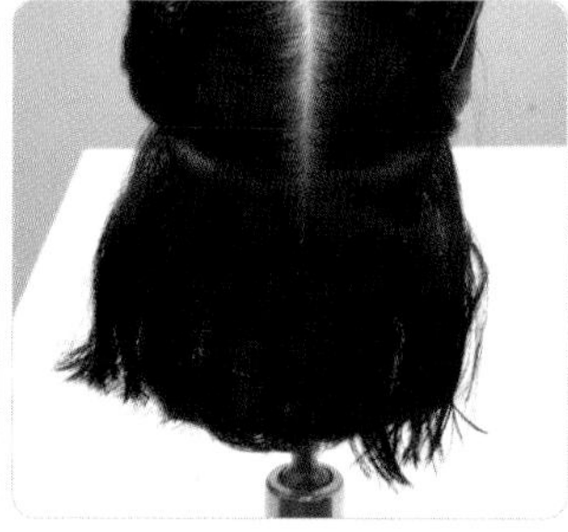

Checkpoint

- 모근에 볼륨감에 주의하며 블로 드라이 한다.

⑦ BP부터 GP까지는 판넬을 두상각 90°로 들어서 볼륨을 잡아주고 같은 방법으로 인컬을 만들어준다.
⑧ BP부터는 3호 롤 브러시를 사용한다.

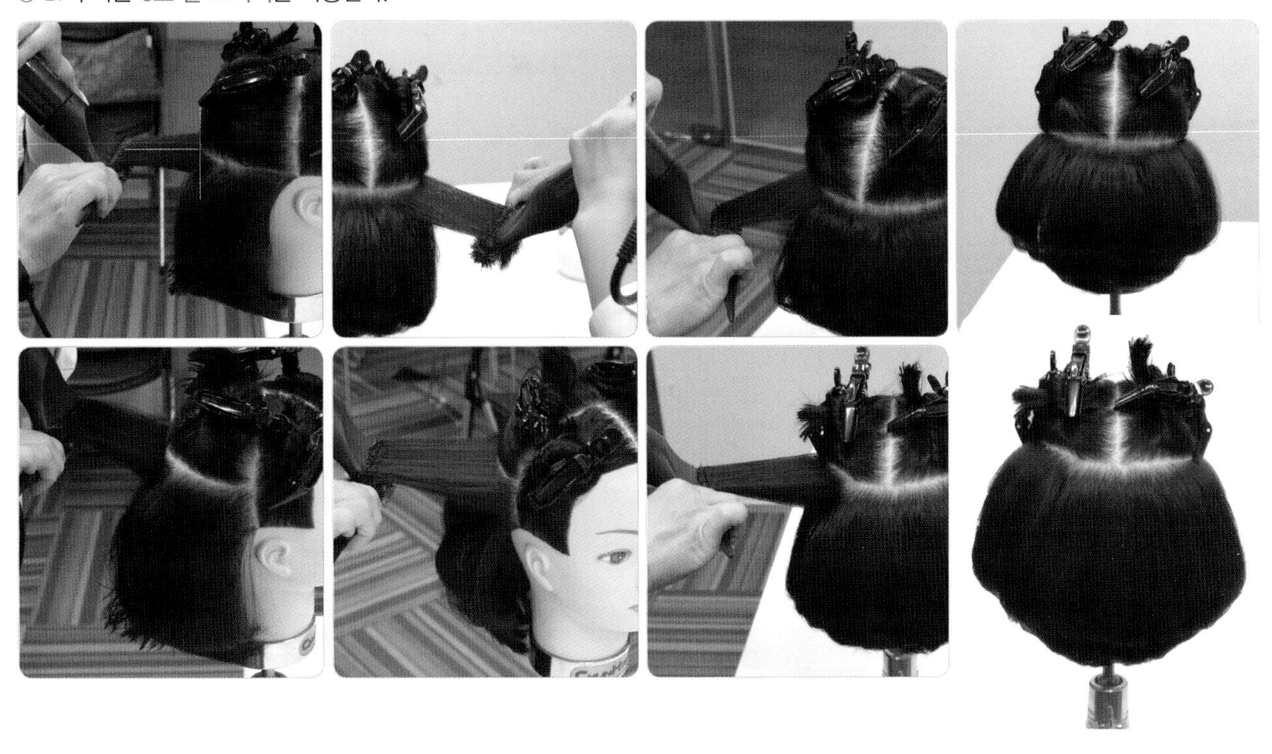

⑨ GP부터 TP까지는 판넬을 두상각 120°로 들어서 볼륨을 잡아주고 같은 방법으로 인컬을 만들어준다.

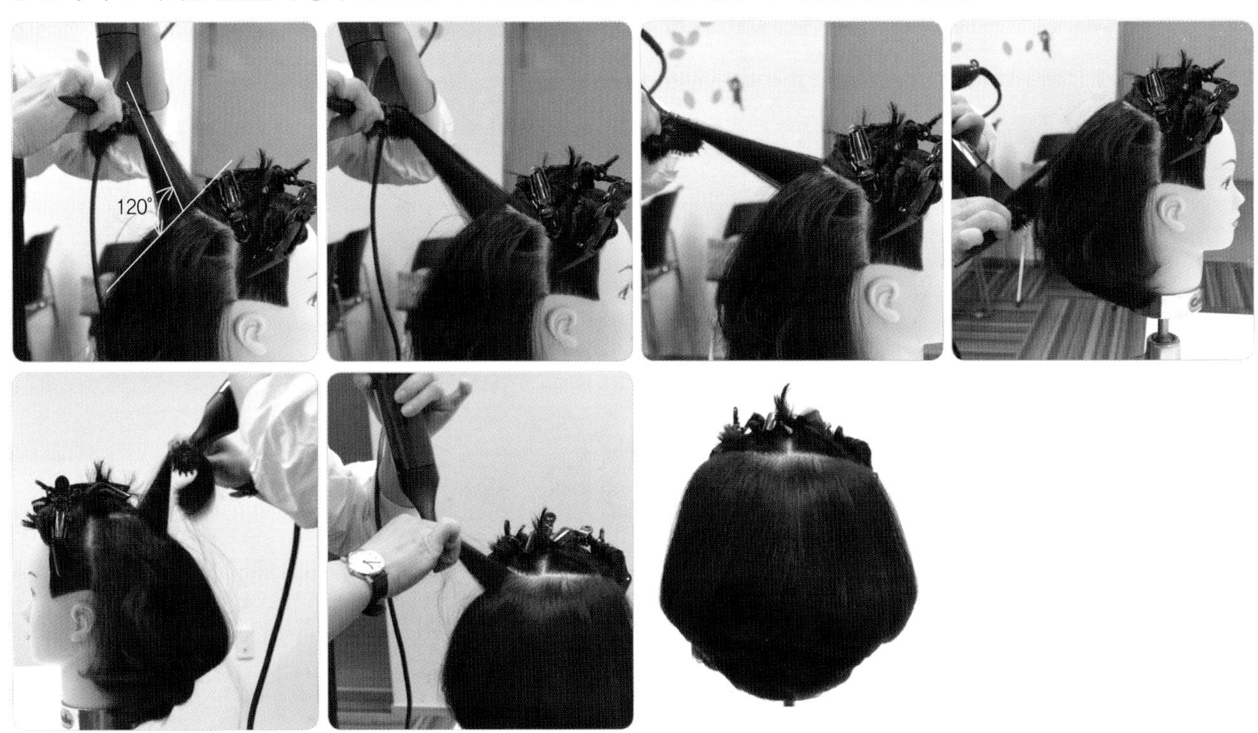

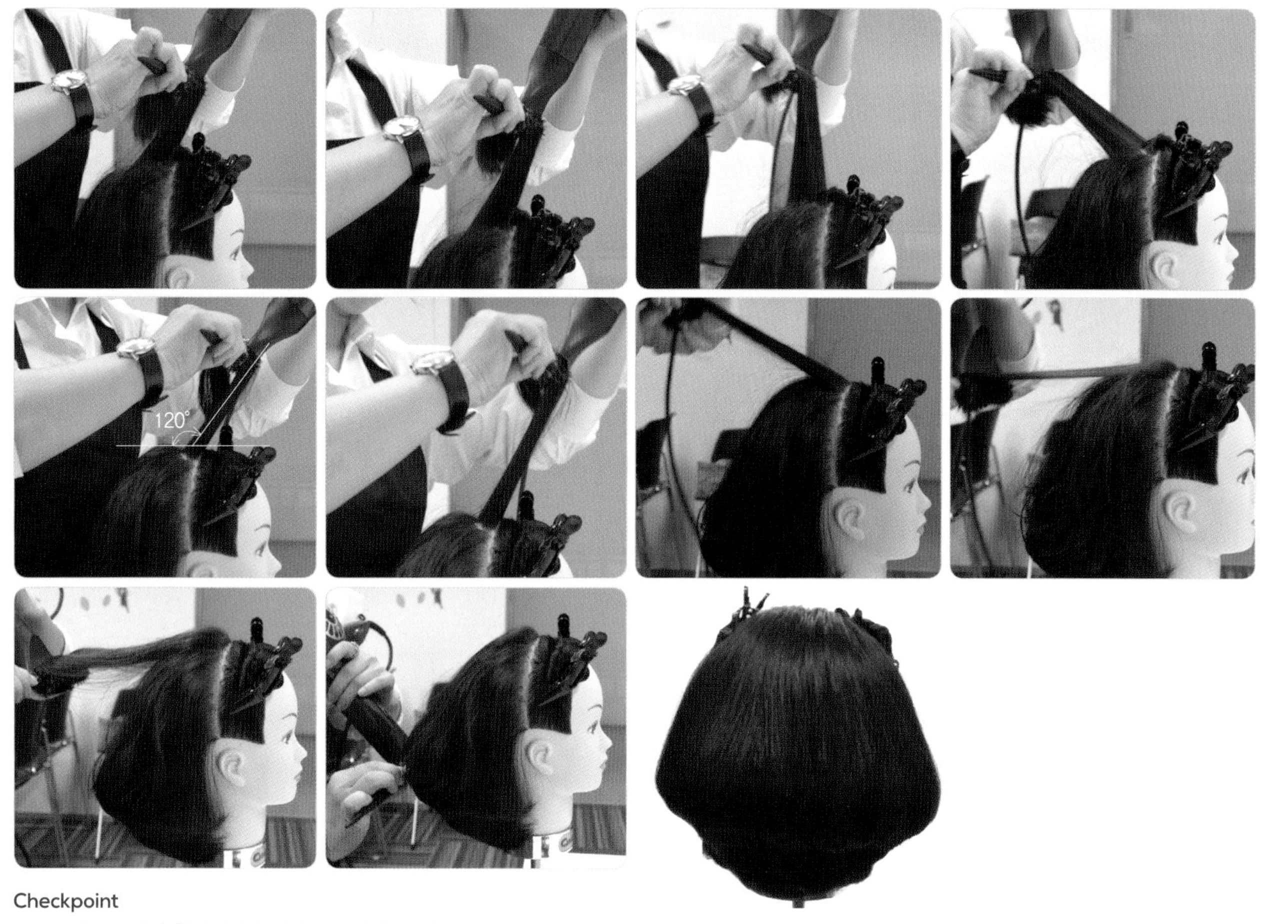

Checkpoint
- 모근에 볼륨감이 형성되어야 하며 모발에 윤기 있는 질감 처리가 되어야 한다.
- 모발의 길이에 따라 롤 브러시를 선택하여 사용한다.

2 사이드 인컬

① 오른쪽 사이드를 완만한 후대각 라인으로 슬라이스 섹션 하여 모근부터 두피에 롤 브러시를 가까이 온 베이스로 넣고 모선까지 섹션과 롤 브러시가 평행을 유지하며 텐션을 주면서 블로 드라이 한다.

② FSP까지는 두상각 90°로 해서 같은 방법으로 인컬을 만들어준다.

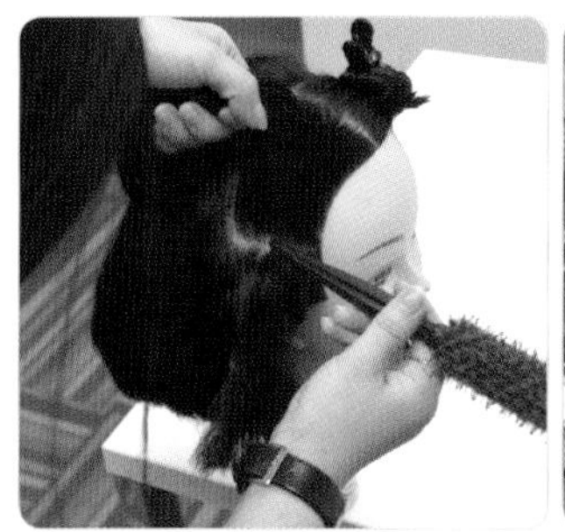

③ FSP부터 TP까지는 두상각 120°로 하여 모근에 볼륨을 주며 모류 방향을 자연스럽게 떨어지는 상태로 블로 드라이 한다.

④ 왼쪽 사이드도 오른쪽 사이드와 같은 방법으로 그래듀에이션 인컬을 완성한다.

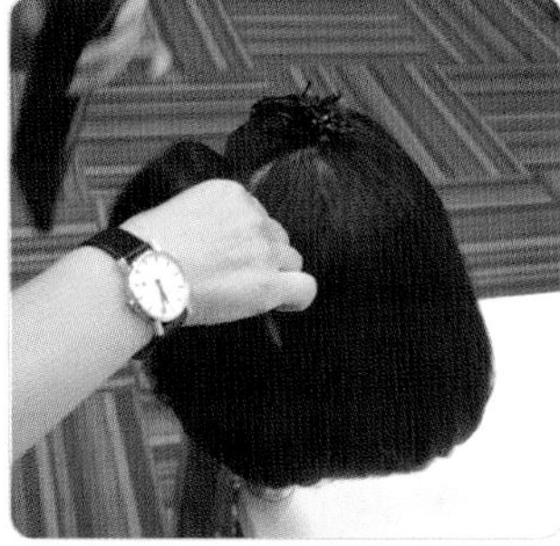
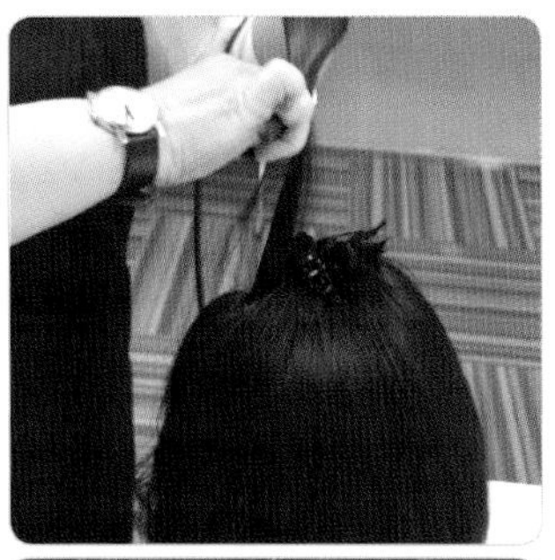
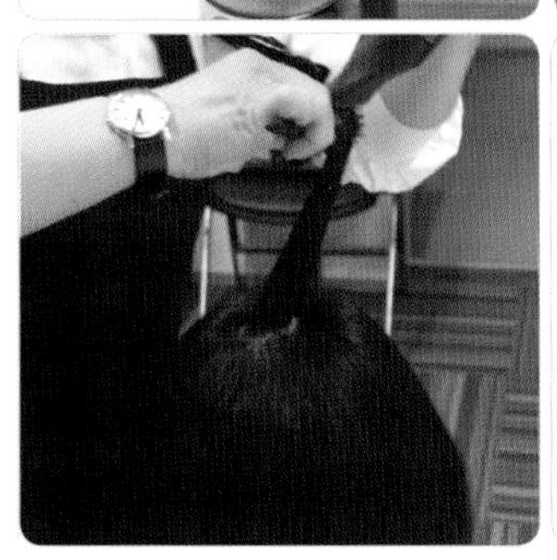

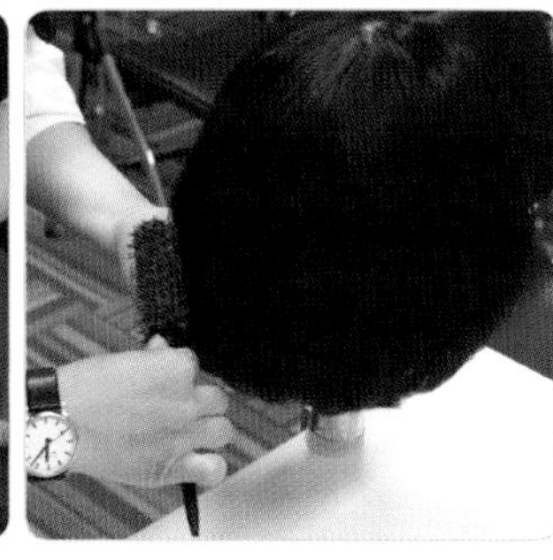
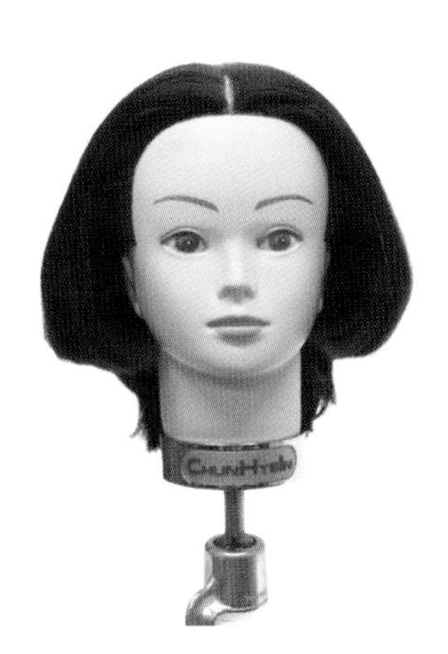

Checkpoint

- 뜨거운 바람의 방향이 두피 쪽을 향하지 않도록 주의한다.
- 모근에서 모선(모발 끝)까지 일정한 텐션과 속도를 유지한다.
- 바람의 방향과 머릿결 정리에 주의한다.

step 04 마무리

인컬을 완성한 후 헤어드라이어, 브러시, 핀셋 등을 제자리에 두고 작업대를 정리한다.

Graduation Incurl Dry - finish works

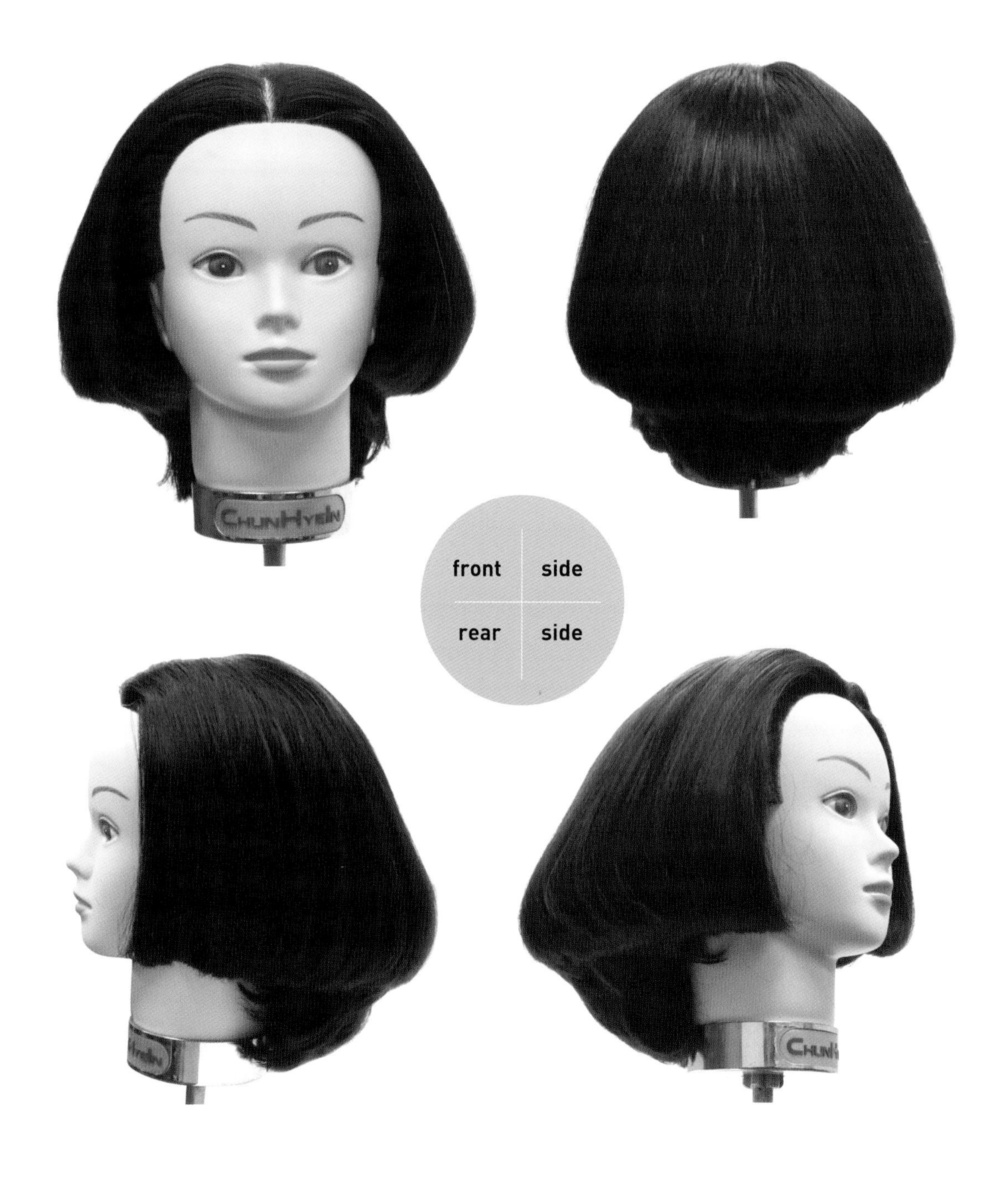

Roll setting - Layered Cut

롤 세팅 - 레이어드 커트형 스타일

1 과제개요

내용	헤어 드라이어를 이용하여 레이어드 커트를 롤 세팅 스타일로 작업한다.		
블로킹	6등분	시간 및 배점	30분 20점
형태선	후대각(레이어드 형태)	손의 시술각도	90° 이상
단차	인컬/안말음(C컬)	슬라이스 간격	롤러 직경(대 · 중 · 소)
시술각	90° 이상	내용	롤러 31개 이상 와인딩
완성상태	올백(노파트) 롤러 컬 아웃 상태		

2 채점기준

	준비상태	블로킹 및 파팅	와인딩 각도, 텐션 및 숙련도	헤어망 씌우기 및 열처리	롤러 제거 및 스타일링	마무리 및 정리
20점	2점	3점	5점	4점	4점	2점

※ 채점기준은 실제 채점방식과 다를 수 있으나 핵심 요구사항은 유사하므로 참고하시면 도움이 됩니다.

3 도면

4 작업대 세팅

① 롤러(대 10개, 중 15개, 소 6개)
② 꼬리빗
③ 헤어망
④ 고무밴드
⑤ 브러시
⑥ 분무기
⑦ 헤어드라이어
⑧ 타월

how to work

사전 드라이

① 1과제 커트가 끝난 후 모발이 젖어 있는 상태이므로 인컬 작업 들어가기 전에 20~30%의 수분이 남게 3~4분 정도 드라이를 해준다.
② S 브러시로 모발을 깔끔하게 빗어준다.

step 02 6등분 블로킹

① CP를 중심으로 가로 약 6cm, 세로 약 7cm로 블로킹한다.

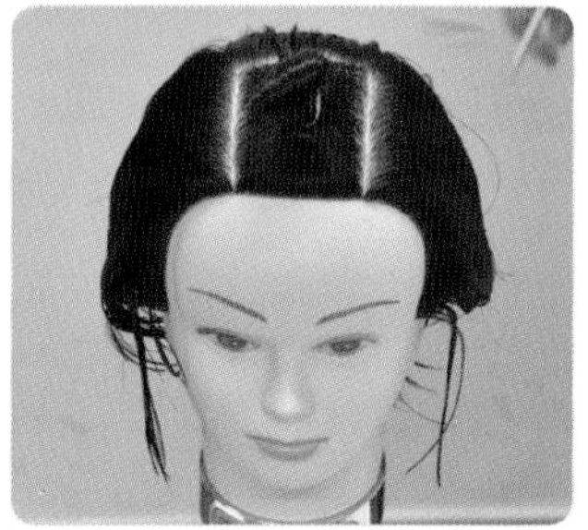

② TP에서 EBP까지 롤이 들어갈 수 있게 적당한 간격으로 페이스 라인처럼 약간의 라운드로 나눈다.

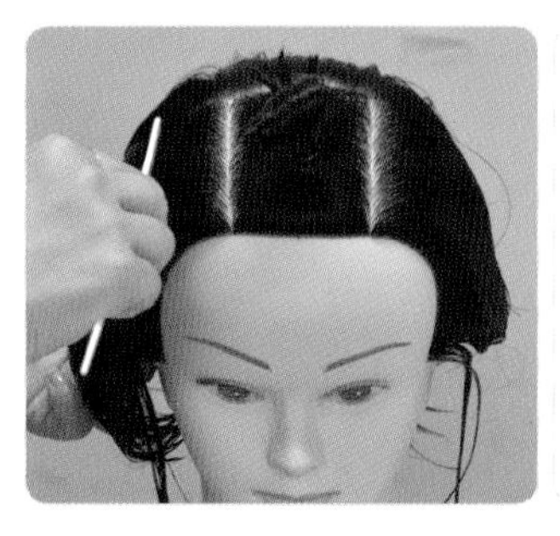

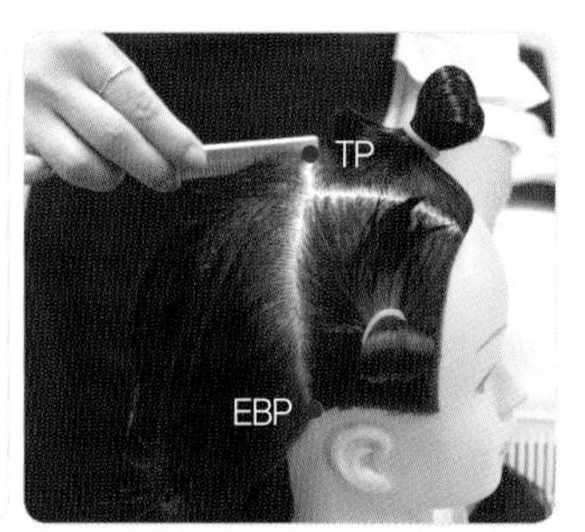

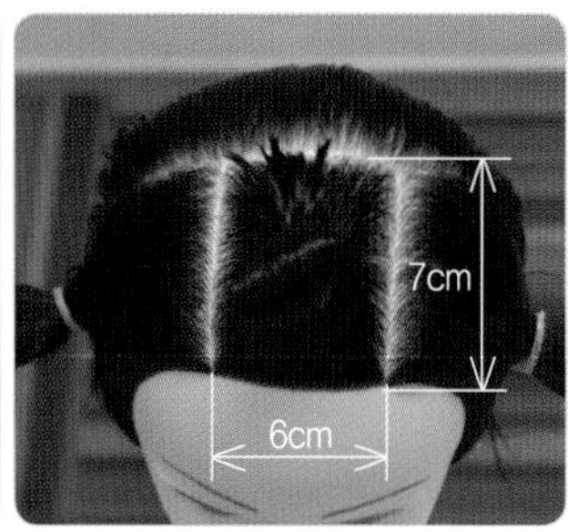

③ TP를 중심으로 좌우 약 3cm로 후두부를 나눈다.
④ 왼쪽 두발 다발을 곱게 정리하여 고무밴드로 고정한다.
⑤ 가운데 후두부 두발 다발을 곱게 정리하여 고무밴드로 고정한다.
⑥ 오른쪽 후두부 두발 다발을 곱게 정리하여 고무밴드로 고정한다.

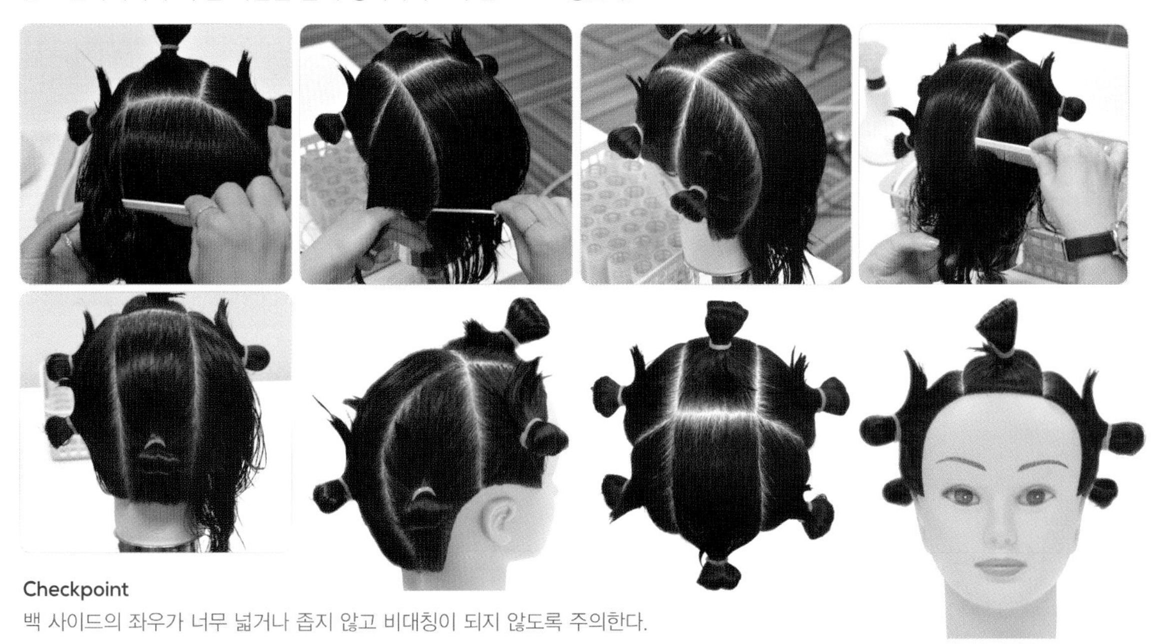

Checkpoint
백 사이드의 좌우가 너무 넓거나 좁지 않고 비대칭이 되지 않도록 주의한다.

step 03 롤 세팅

롤러는 크기 구분없이 골고루 총 31개 이상 사용해야 하며, 와인딩 방향은 상단에서 하단 방향으로 시술한다.

롤러 개수(총 31개)
- 섹션 1　 : 대 3
- 섹션 2　 : 대 3, 중 3, 소 2
- 섹션 3·4 : 대 1, 중 3, 소 2
- 섹션 5·6 : 대 1, 중 3

1 섹션 1 (CP→TP)

① 꼬리빗을 이용해 롤러(대)의 반지름 정도 크기로 약간 작게 슬라이스해 준 후 두상각 120°로 빗질한다.

② 롤러(대)를 모발 끝으로 살짝 감아준 후 꼬리빗으로 모발 끝이 흩어지지 않도록 고정시키고 텐션을 유지하면서 와인딩한 후 베이스 안쪽에 위치시킨다.

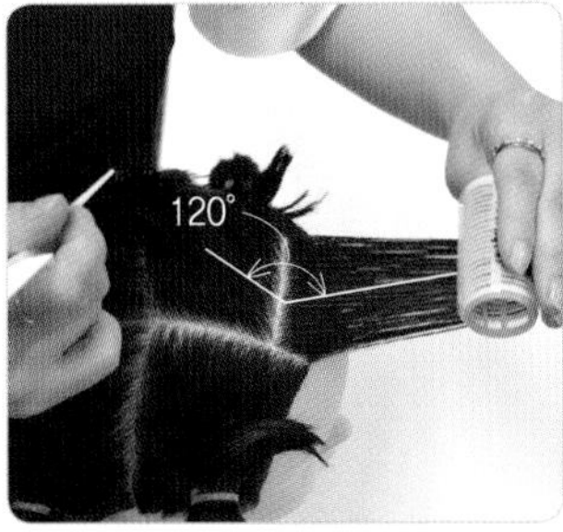

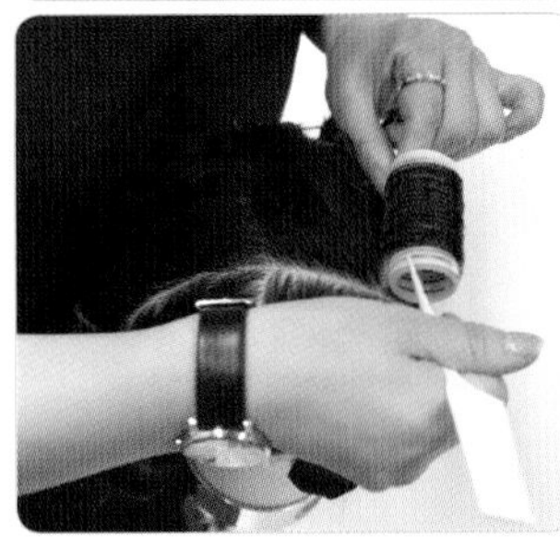

- 첫 번째 롤러는 두 번째, 세 번째보다 약간 작게 슬라이스한다.
- 와인딩하면서 모발이 롤러의 좌우로 흘러내리지 않도록 주의한다.
- 와인딩이 끝난 롤러가 정확하게 베이스 안쪽에 놓이도록 주의한다.

Checkpoint

- 섹션은 롤러의 길이와 지름(두께)을 넘지 않아야 모발이 롤의 좌우로 흘러내리지 않고 균형을 이룰 수 있다.
- 각도와 텐션을 유지하며 롤러를 와인딩한다.
- 와인딩 방향은 블로킹 상단에서 하단 방향으로 한다.

③ 두 번째, 세 번째 롤은 앞쪽 롤이 살짝 닿을 정도의 각도로 모발이 롤러의 좌우로 흘러내리지 않도록 유의하면서 와인딩한 후 베이스 안쪽에 위치시킨다.

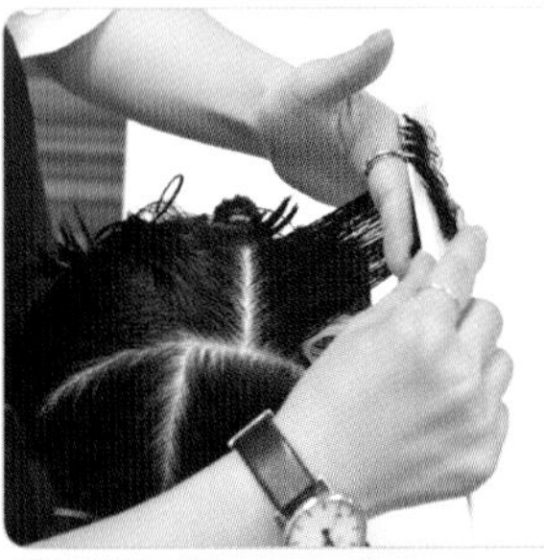

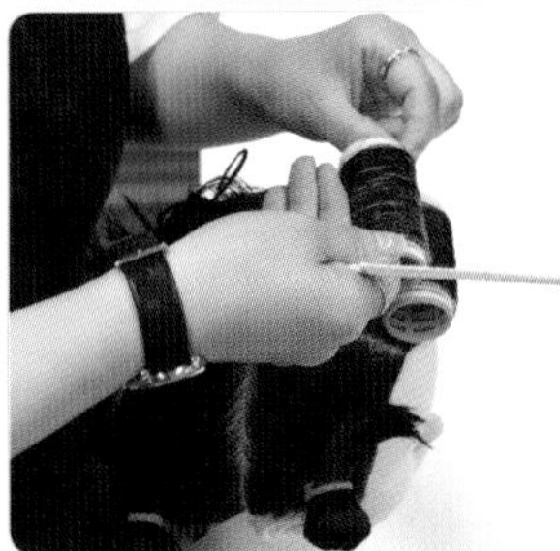

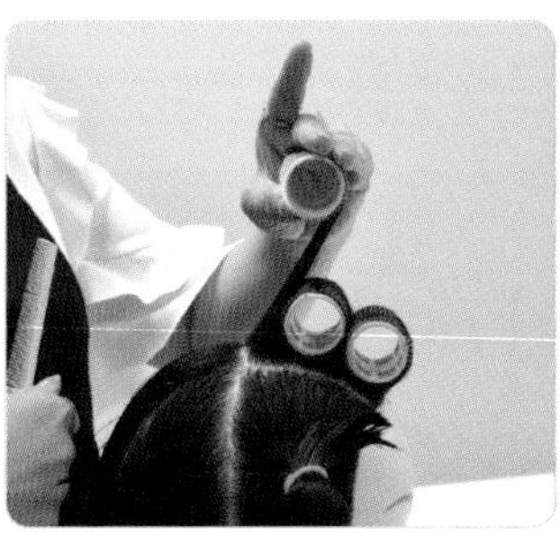

2 섹션 2 (TP → NSP)

섹션 2는 롤러 크기보다 약간 작게 슬라이스한 후 대 3, 중 3, 소 2개를 순서대로 배열하여 탑에서 네이프를 향하여 와인딩한 후 베이스 안쪽에 위치시킨다.

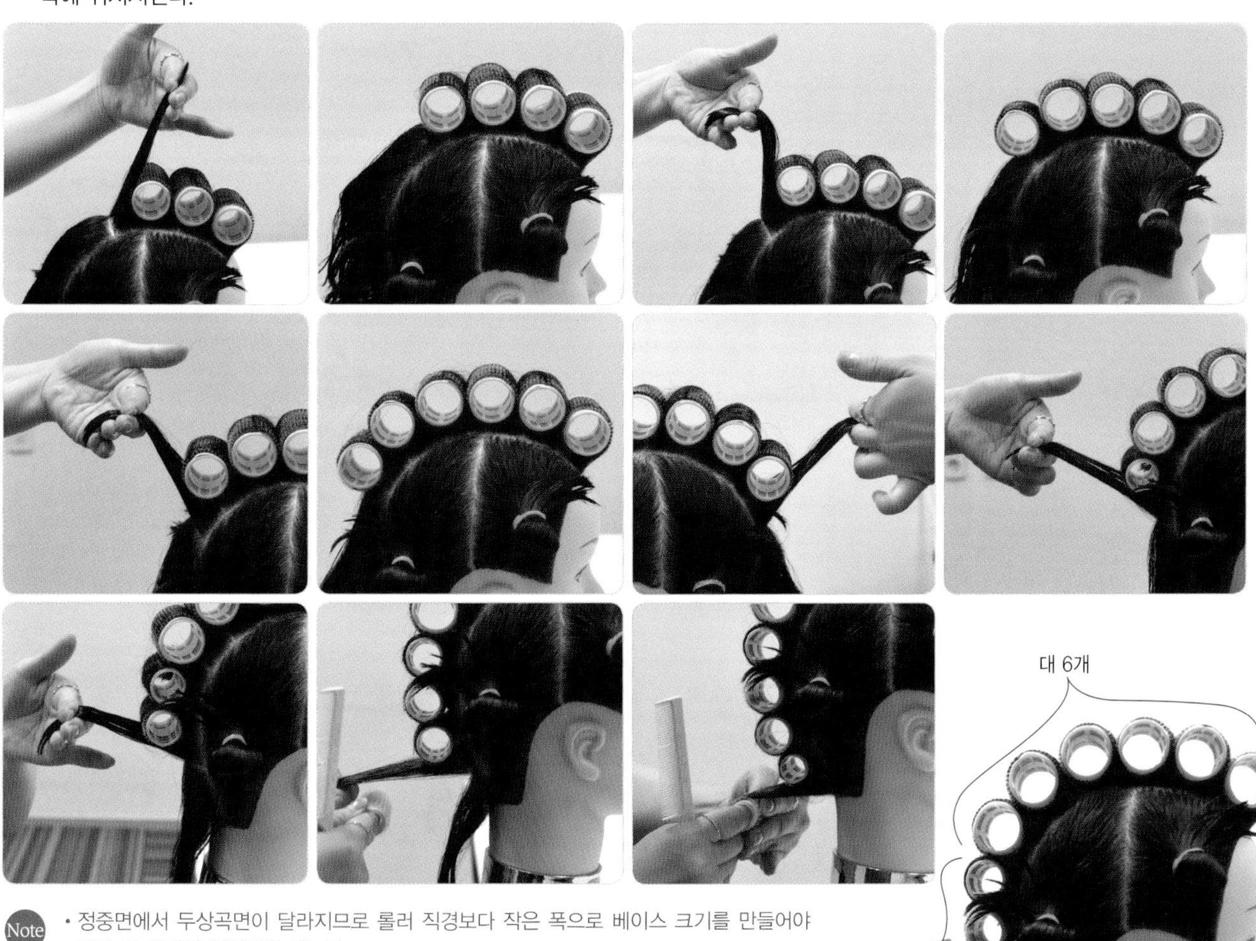

- 정중면에서 두상곡면이 달라지므로 롤러 직경보다 작은 폭으로 베이스 크기를 만들어야 롤과 롤 간격이 벌어지지 않는다.
- 롤 세팅 시 두상의 위치 변화에 따라 각도와 자세가 바뀌는 것에 유의한다.

3 섹션 3 (오른쪽 백사이드)

① 오른쪽 백사이드 부분은 위쪽에서 아래쪽으로 벨크로 대 1, 중 3, 소 2개를 순서대로 배열하여 와인딩한 후 베이스 안쪽에 위치시킨다.
② 첫 번째는 삼각 베이스로 슬라이스하여 롤러(대)를 사용하여 두상각도 120˚ 이상 빗질한다.
③ 빗질한 섹션의 각도를 그대로 유지하면서 롤러를 두상의 둥근면에 좌우 균형을 맞춰서 와인딩한 후 베이스 안쪽에 위치시킨다.
④ 첫 번째 와인딩 된 롤을 기준으로 대각선으로 슬라이스 하여 중 3, 소 2개를 차례대로 와인딩한다.

Checkpoint
백사이드는 약간의 사선 섹션으로 와인딩되므로 롤 간격이 벌어지지 않도록 주의한다.

4 섹션 4 (왼쪽 백사이드)

오른쪽 백사이드와 같은 방법으로 대 1, 중 3, 소 2개를 순서대로 배열하여 와인딩한 후 베이스 안쪽에 위치시킨다.

5 섹션 5 (우측 측두면)

① 우측 측두면은 백사이드 롤의 슬라이스 선에 맞추어 롤의 직경만큼 약간의 전대각 사선으로 섹션 슬라이스한다.

② 두상각도 120°로 빗질한 후 스트랜드의 각도를 그대로 유지하면서 롤러 대 1, 중 3개를 순서대로 배열하여 와인딩한다.

6 섹션 6 (좌측 측두면)

우측 측두면과 같은 방법으로 대 1, 중 3개를 순서대로 배열하여 와인딩한 후 베이스 안쪽에 위치시킨다.

step 04 열처리

① 얼굴 쪽에서부터 뒷머리 방향으로 헤어망을 씌워준다.

② 헤어 드라이어의 열풍으로 5~6분 정도 롤러를 건조시킨 후 찬바람으로 2~3분 정도 고정하고 롤러를 아웃하여 세트의 고정력을 강하게 한다.

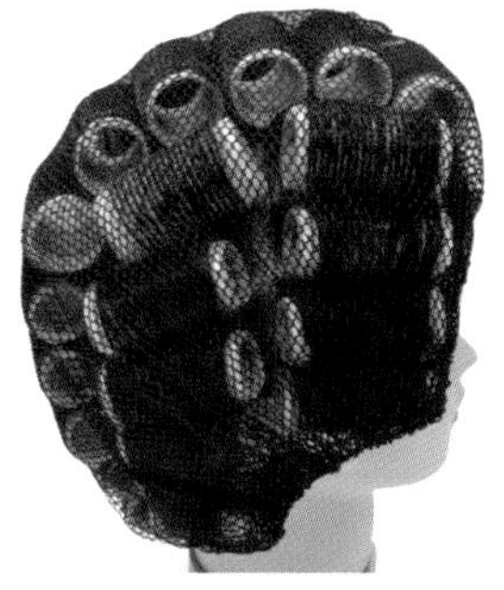

Checkpoint

- 드라이어의 열풍이 두상에 골고루 전해지도록 하면서 롤러 전체를 건조시킨다.
- 헤어망을 씌울 때 롤러가 틀어지지 않도록 주의한다.

step 05 롤러 제거

① 롤러의 열이 식으면 헤어망을 제거한 후 섹션 1, 2부터 검지와 중지 손가락을 사용하여 말린 롤이 펴지지 않도록 주의하면서 롤러를 하나씩 제거한다.

Checkpoint

제거한 헤어망은 돌돌 말아서 바구니에 넣어둔다.

② 백사이드와 측두면의 롤러도 하나씩 제거한다.

step 06 마무리(리세트)

브러시 또는 손가락을 이용하여 모다발 끝이 연결되게 가볍게 브러싱하여 자연스럽게 스타일링 한다.

블로킹 사이 공간이 보이지 않게 가볍게 연결해준다.

Roll Setting - finish works

05 재커트 Re-Cut

• 재커트는 스파니엘, 이사도라, 그래듀에이션 커트를 퍼머넌트 와인딩을 하기 위한 준비커트라고 할 수 있다.
• 15분 안에 12~14cm 길이로 커트한다.
• 재커트는 심사 대상이 아니므로 형식에 구애받지 않고 자유롭게 하면 된다.

how to work

step 01 6등분 블로킹

① CP를 중심으로 가로 약 6cm, 세로 약 7cm로 블로킹한 후 가운데, 오른쪽, 왼쪽 순서로 핀셋으로 고정한다.

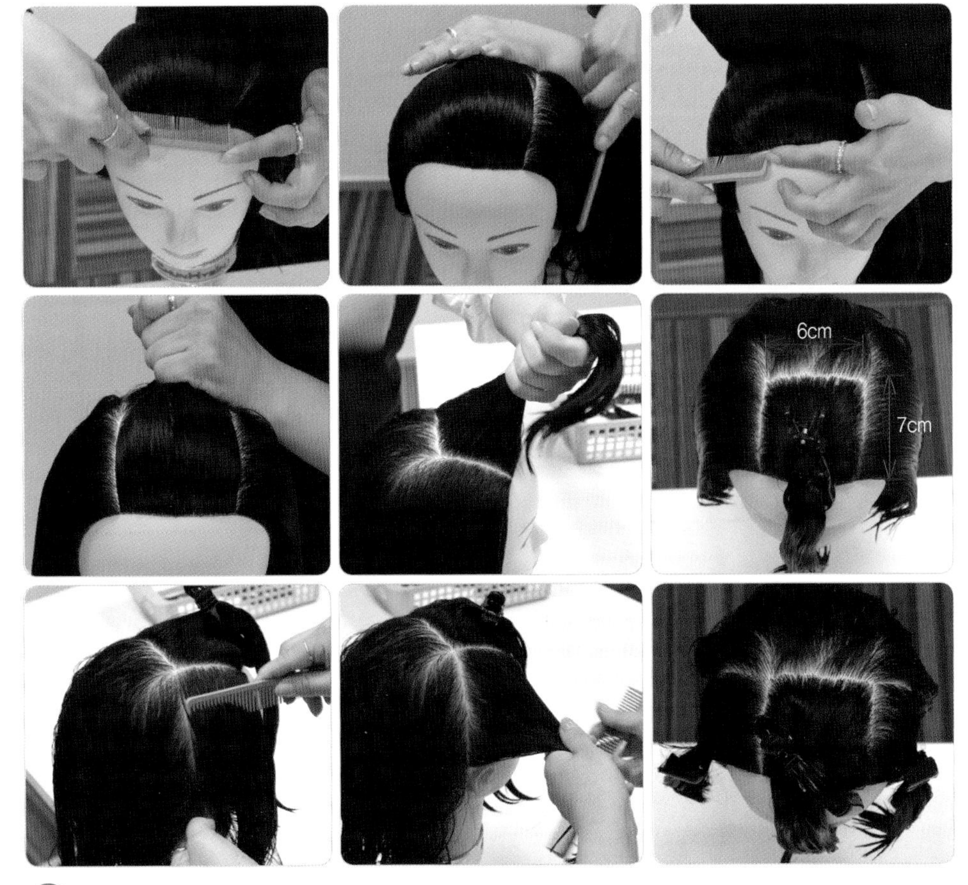

Note 두발을 꼬아서 제대로 꽂을 필요없이 핀셋으로 그냥 집어주기만 하면 된다.

chapter 03

② 후두부도 같은 방법으로 블로킹 후 핀셋으로 고정하면서 6등분 블로킹을 완성한다.

step 02 재커트

재커트 순서

① ㉮번 영역의 핀셋을 제거하고 커트빗으로 빗어준 후 두상 시술각도 90˚ 각도로 12~14cm의 길이로 커트한다.

② ㉯번 영역 커트를 위해 앞에서 가이드를 가져오고 커트빗으로 끝부분의 길이를 잰 후 90˚ 각도로 커트한다.

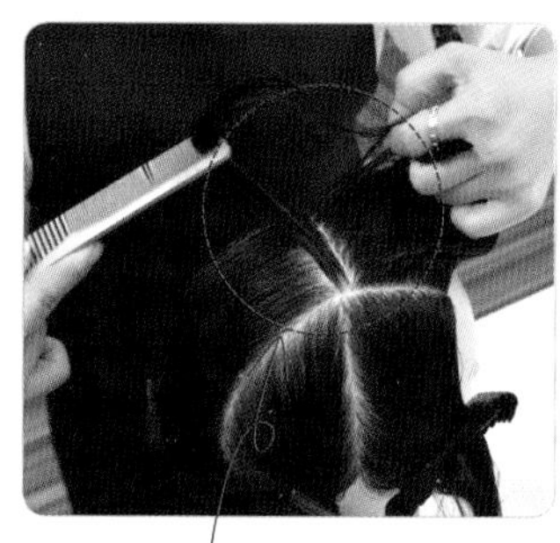
앞쪽에서 가이드를 가져온다.

손에 쥘 수 있는 만큼씩 잡고 커트해 간다.

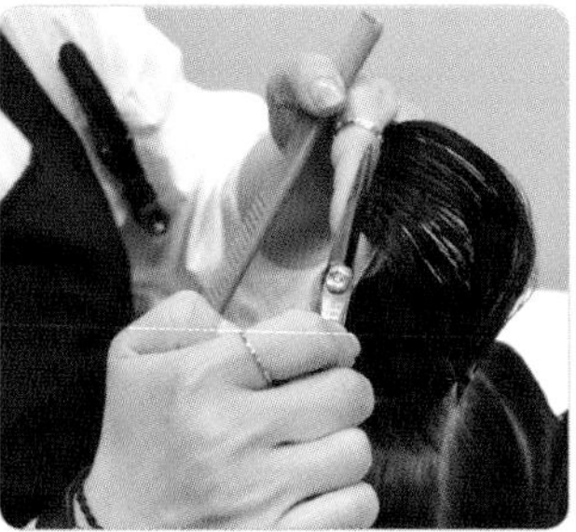

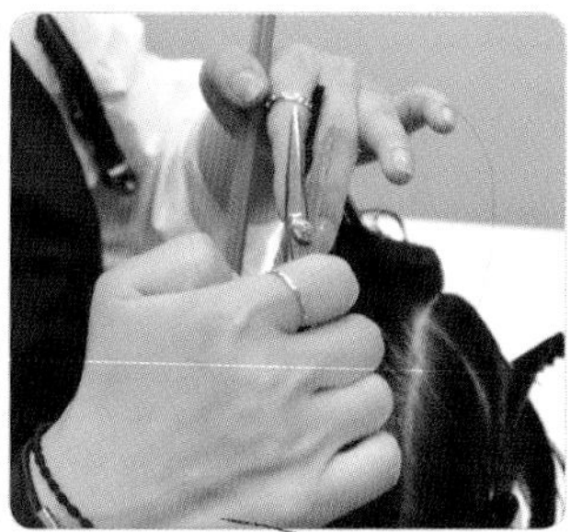

③ ㉯번 영역의 남은 부분 중 손에 잡을 수 있는 만큼만 잡고 같은 방법으로 커트한다.

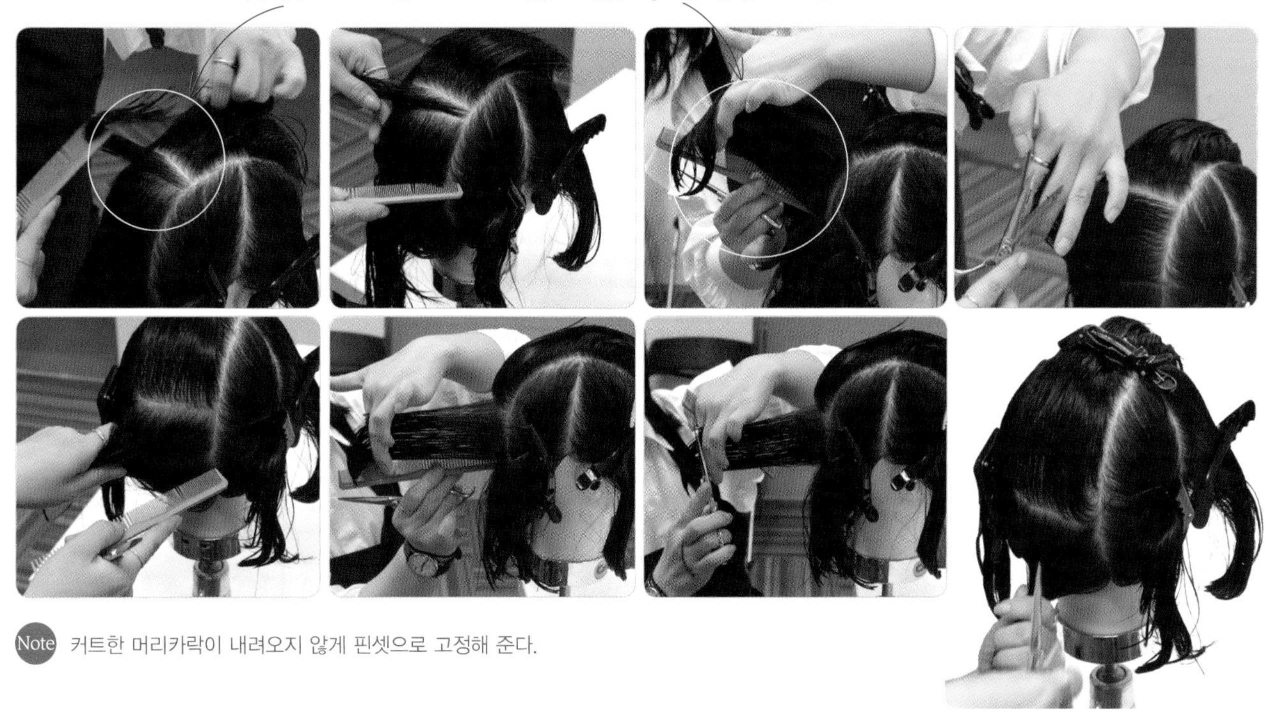

위쪽은 앞쪽에서 가이드를 가져오고 아래쪽은 커트빗을 이용해 길이를 잰 후 커트한다.

Note 커트한 머리카락이 내려오지 않게 핀셋으로 고정해 준다.

④ ㉯번 영역의 마지막 남은 부분도 같은 방법으로 커트한다.

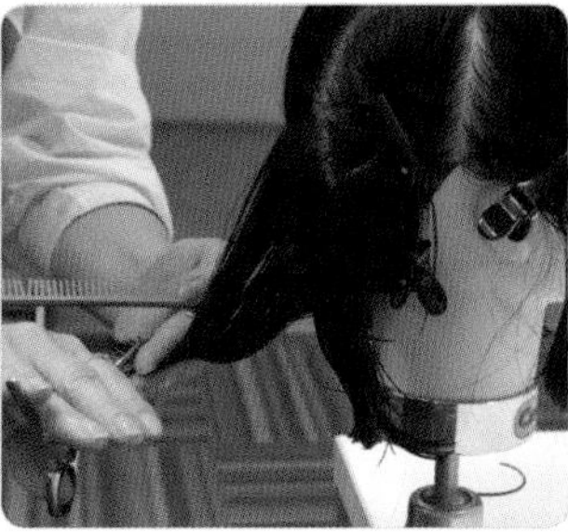

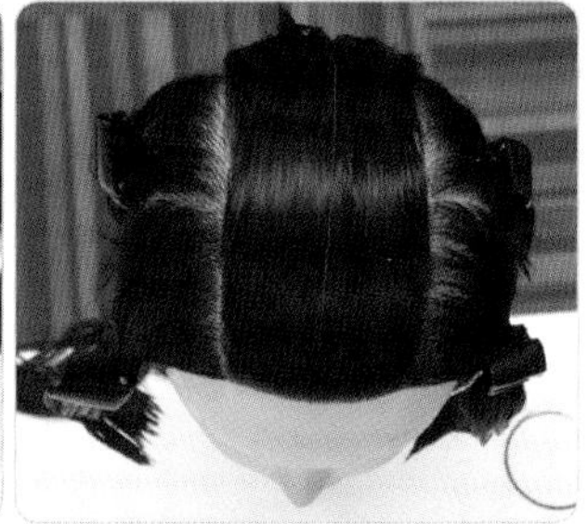

⑤ ㉰번 영역의 커트를 위해 ㉯번 영역에서 가이드를 가져오고 반대편은 커트빗으로 길이를 잰 후 두상 시술각도 90°**로 커트**한다.

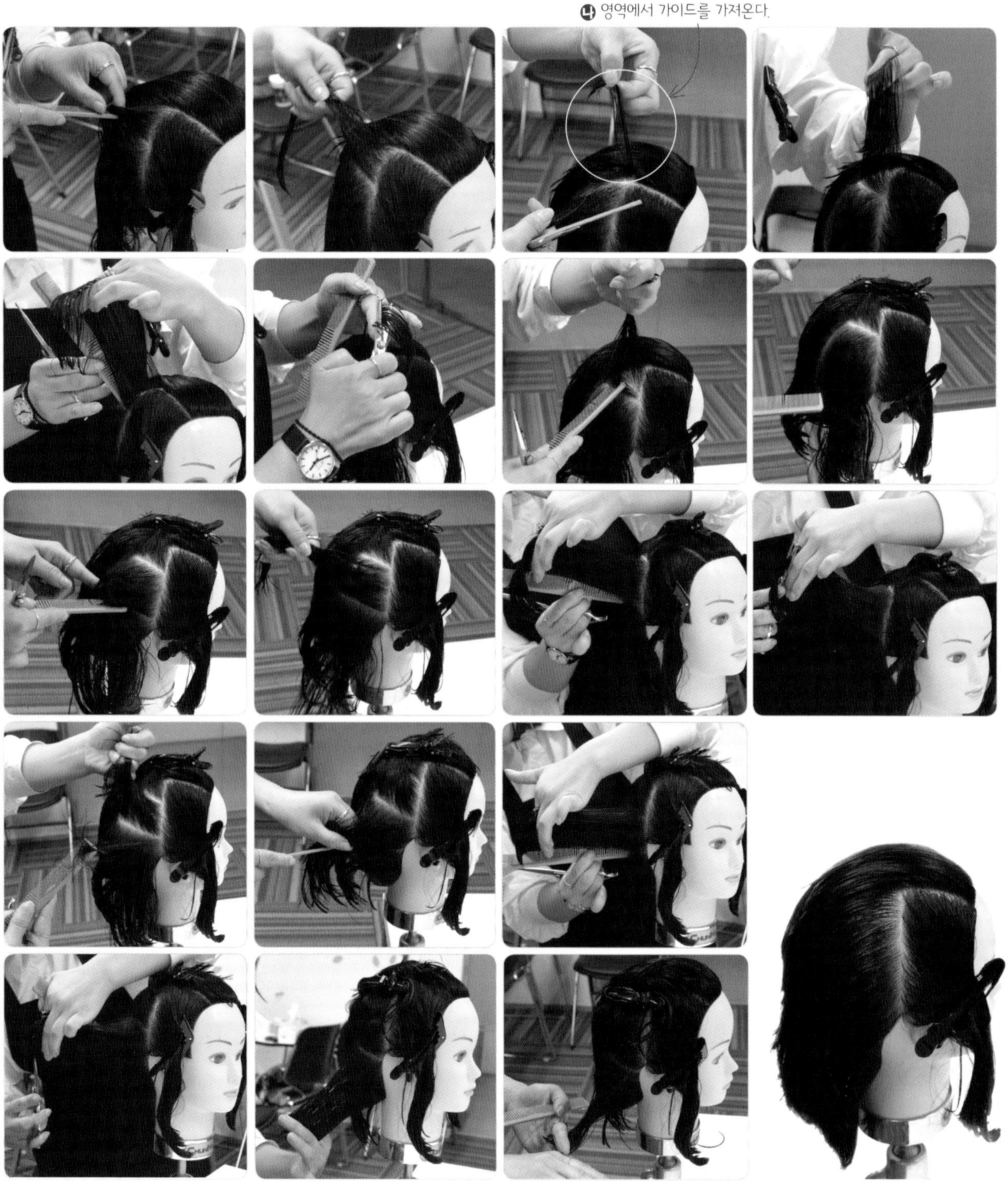

㉯ 영역에서 가이드를 가져온다.

⑥ 우측 사이드 ㉣번 영역의 커트를 위해 ㉮번 영역에서 가이드를 가져오고 반대편은 커트빗으로 길이를 잰 후 두상 시술각도 90°**로 커트**한다.

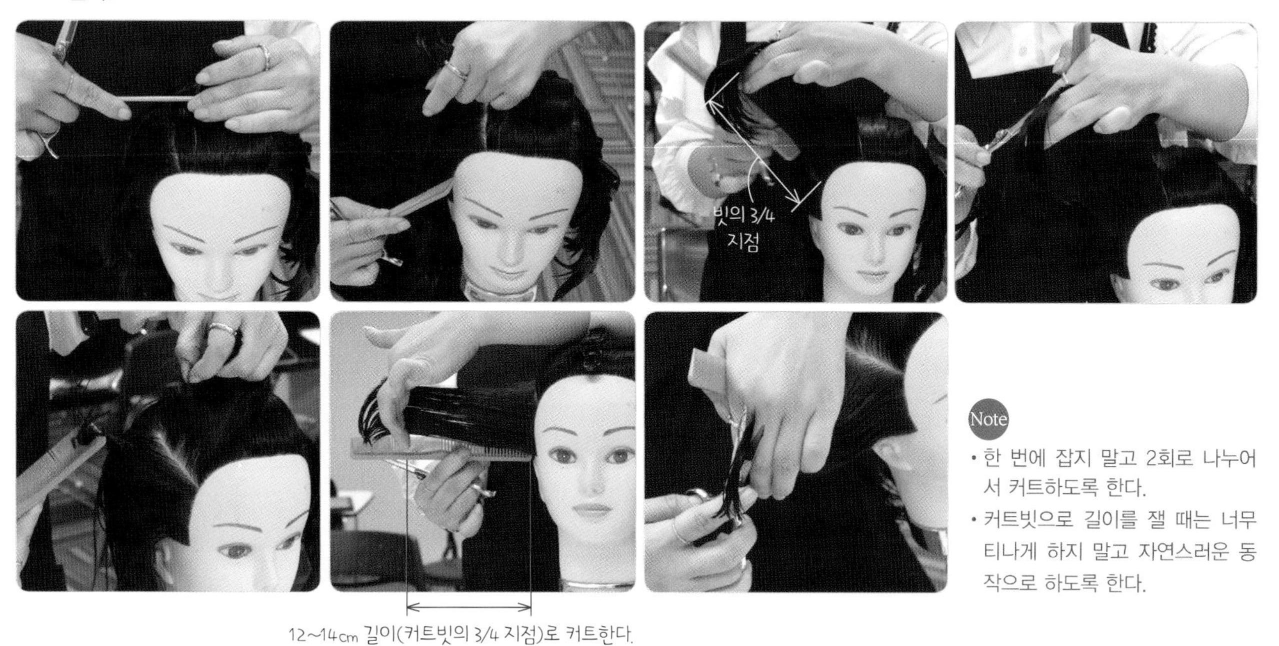
빗의 3/4
지점
12~14cm 길이(커트빗의 3/4 지점)로 커트한다.

Note

- 한 번에 잡지 말고 2회로 나누어서 커트하도록 한다.
- 커트빗으로 길이를 잴 때는 너무 티나게 하지 말고 자연스러운 동작으로 하도록 한다.

⑦ ㉤번 영역의 커트를 위해 ㉯번 영역에서 가이드를 가져오고 반대편은 커트빗으로 길이를 잰 후 90°로 커트한다.

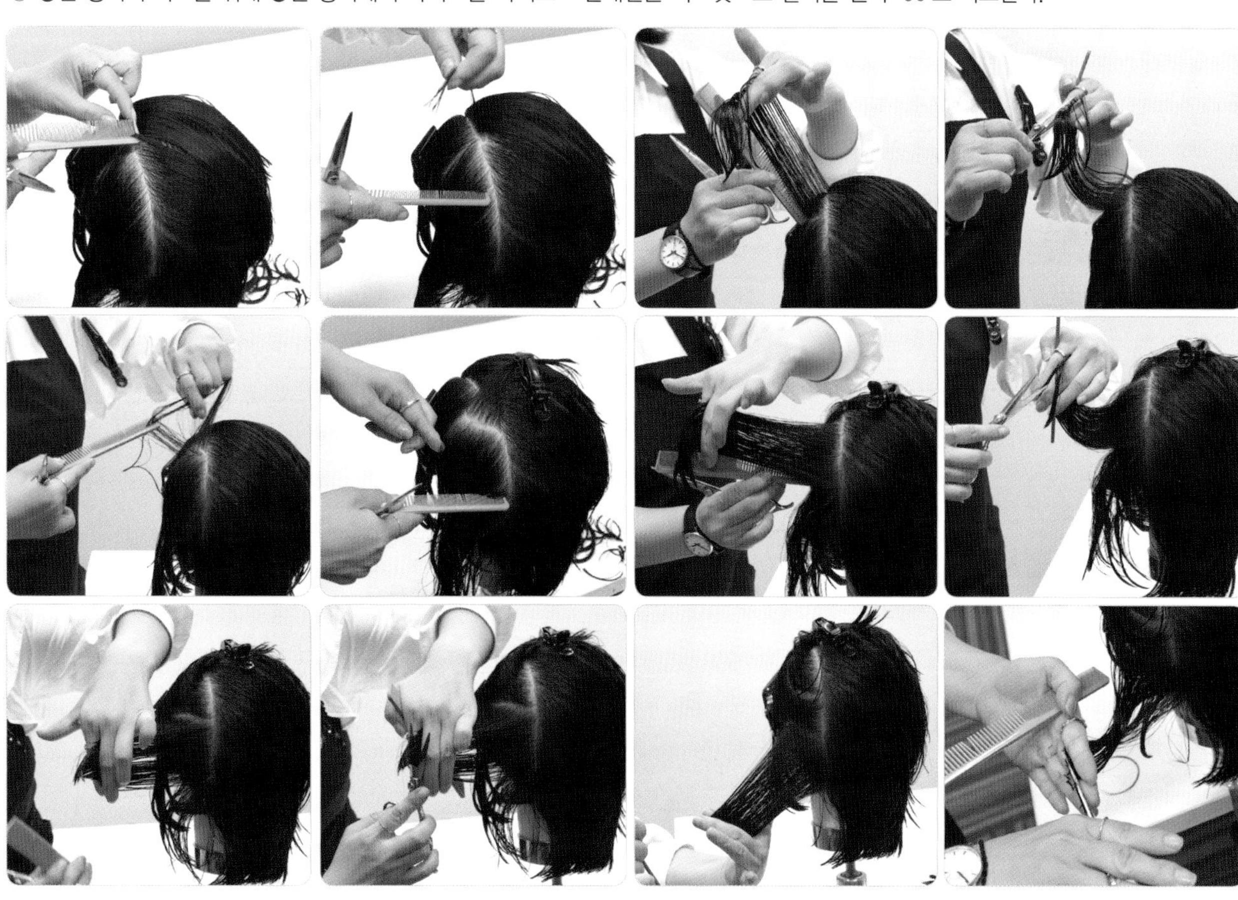

⑧ 좌측 사이드 ⓑ번 영역의 커트를 위해 ⓐ번 영역에서 가이드를 가져오고 반대편은 커트빗으로 길이를 잰 후 90˚로 커트한다.

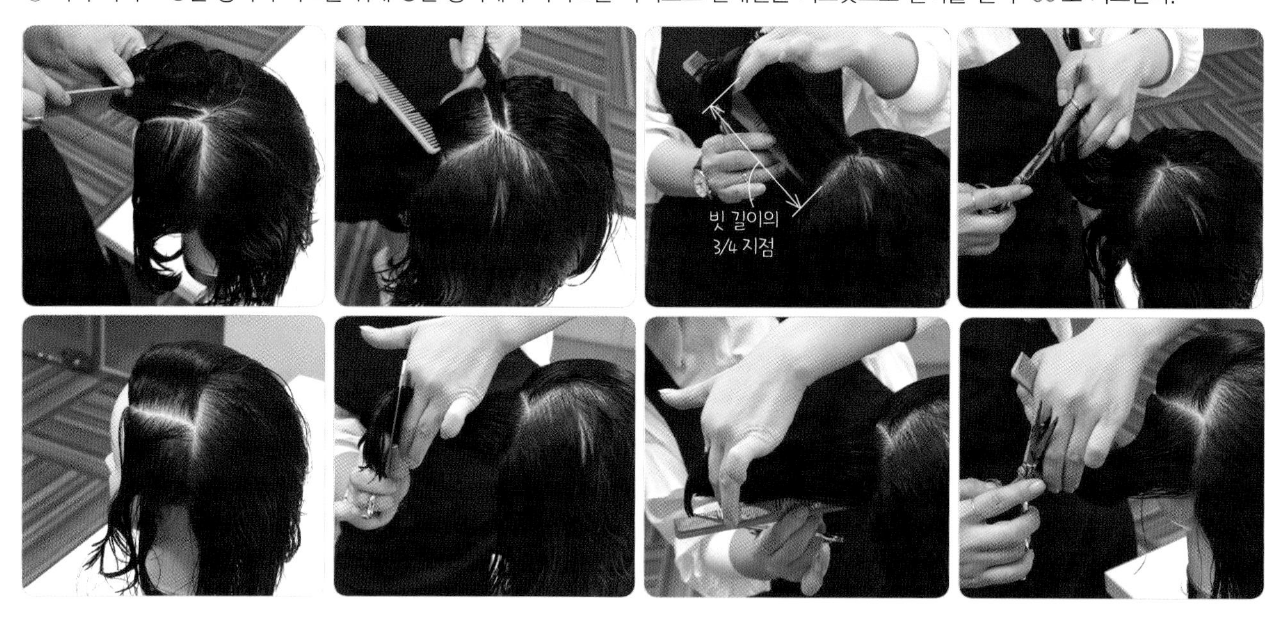

⑨ 전체 두발의 길이가 동일한지 체크하고 튀어나온 부분이 있으면 커트해 준다.

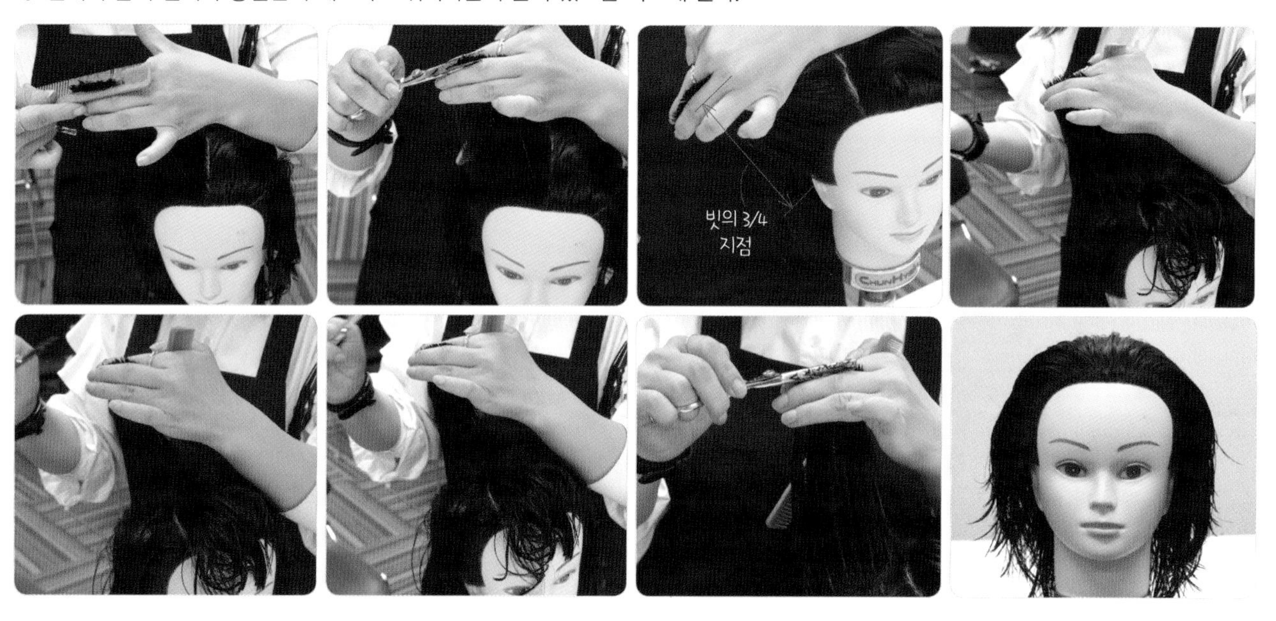

step 03 마무리

① 커트가 끝나면 가위를 내려놓고 젖은 상태에서 모발 끝이 잘 정돈될 수 있도록 차분하게 빗질해준다.

② 커트한 머리카락과 쓰레기 등은 위생봉투에 담고 작업대와 도구를 정리한다.

Re-Cut - finish works

chapter 03

과제 04 헤어 퍼머넌트 웨이브

헤어 퍼머넌트 웨이브는 기본형과 혼합형 중 한 가지 타입이 지정됩니다.
아래 표에서 제4과제 헤어 퍼머넌트 웨이브의 주요 과정을 정리하였으니 충분히 숙지하시기 바랍니다.

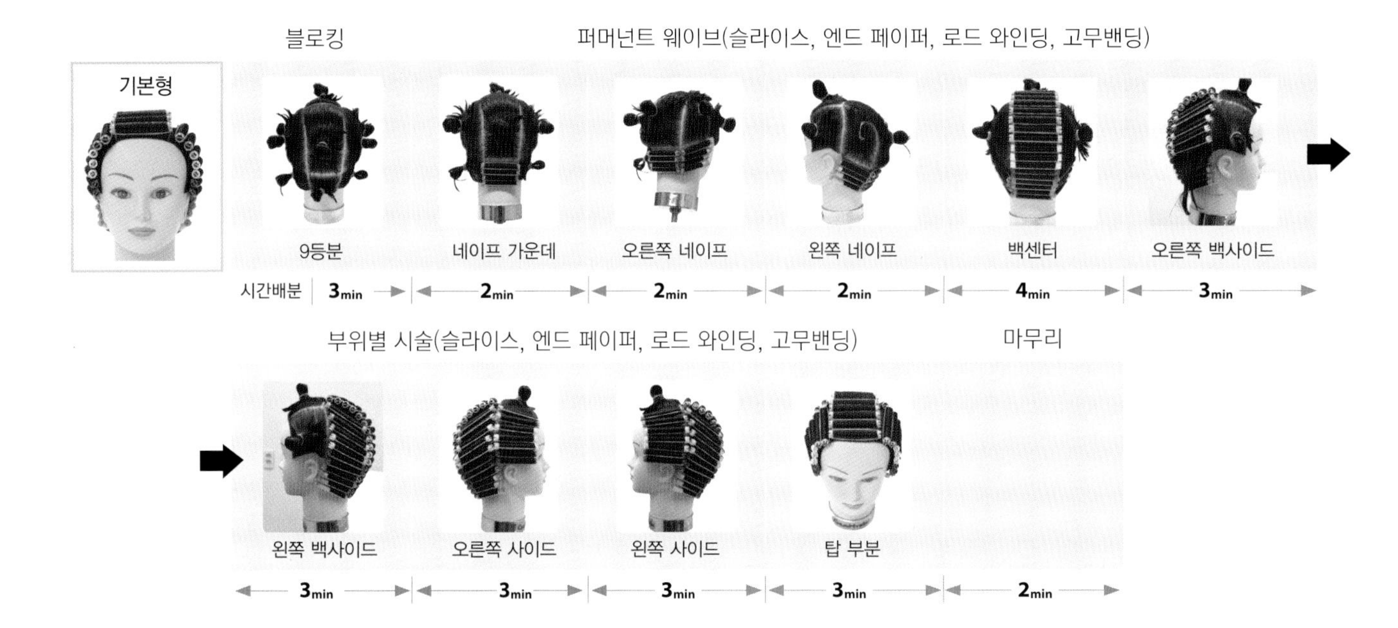

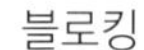

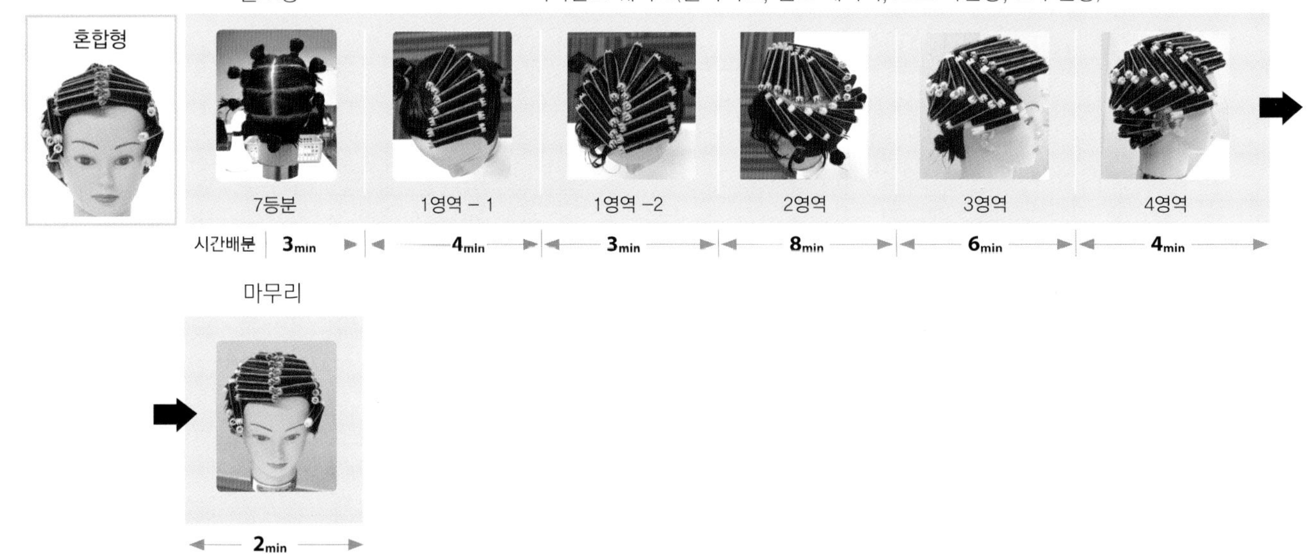

Chapter 04

헤어 퍼머넌트 웨이브

Hair permanent Wave

1. 기본형
2. 혼합형

Subject's Outline

헤어 퍼머넌트 웨이브 개요

1 요구사항

※ 지참 재료 및 도구를 사용하여 아래의 요구사항대로 헤어 퍼머넌트 웨이브를 완성하시오.

1) 다음 유형 중 시험위원이 지정하는 형을 시술하시오.

작업명	세부 요구사항	비고
1. 기본형	• 블로킹 9등분 (시험위원이 지정하는 등분을 할 것) • 고무밴딩 기법은 반드시 11자형으로 하여야 한다. • 로드는 55개 이상을 사용하되, 두상 전체에 알맞은 규칙의 로드를 각 부위에 따라 적당히 배치해야 한다. • 와인딩된 로드는 두피와의 각도 및 텐션에 무리가 없도록 하여야 한다.	• 한 번 와인딩한 로드는 다시 풀어서는 안 된다. • 전체적인 작업순서를 정확히 지키시오.
2. 혼합형	• 블로킹은 4영역 (1단 : 약 7.5cm, 2단 : 약 4.5cm, 3단 : 약 4.5cm, 4단 : 약 7.5cm, 정도)으로 블록을 만드시오. • 1영역은 프론트 센터파크를 한 후 왼쪽에서 시작(마네킹 관점)하여 오른쪽 방향으로 와인딩 하시오. • 2영역은 1영역이 끝난 지점에 이어서 오른쪽에서 왼쪽 방향으로 두피 면에 대하여 45° 또는 그 이상의 각도로서 두상의 곡면에 따라 자연스럽게 와인딩 하시오. • 3영역은 2영역이 끝난 지점에 이어서 왼쪽에서 오른쪽 방향으로 오브롱 형태가 되도록 와인딩 하시오. • 4영역은 벽돌쌓기(원-투 기법) 형태가 되도록 와인딩하시오.	• 블로킹은 전두부에서 후두부로 가로 4개의 영역으로 구분하시오. (단, 제 1영역은 센터파트가 끝난 지점에서 약 7.5cm 정도 폭을 갖도록 작업하시오. • 블로킹(영역) 순서와 같이 와인딩 하시오.

2 수험자 유의사항

① 블로킹 작업 시 시술하기에 알맞게 젖은 모발에 작업하시오.

② 유형(기본형, 혼합형)에 따라 와인딩 과정의 절차에 맞게 작업하시오.

③ 와인딩 작업 시 로드의 사용개수는 기본형의 경우 55개 이상, 혼합형의 경우 55개 이상으로 하되 로드 크기(호수)는 기본형의 경우 6호, 7호, 8호, 9호, 10호를, 혼합형의 경우 6호, 7호, 8호를 골고루 사용하여 영역 또는 블로킹이 도면과 같이 배열되게 하시오.

④ 블로킹(영역) 및 베이스 크기(직경)에 맞게 각각의 절차에 따라 정확히 시술하시오.

⑤ 요구사항에서 제시하지 않은 헤어스타일링 제품 및 도구를 사용할 수 없습니다.

⑥ 시험시간 종료 후에는 빗질 등을 하면서 작품 및 도구를 만져서는 안 됩니다.

⑦ 채점이 종료된 후 시험위원의 지시에 따라 다음 시술준비를 해야 합니다.

1 학습 개요

헤어 퍼머넌트 웨이브란 두발에 영구적인 물결, 영속적인 물결을 뜻하며 미용에서는 자연 상태의 두발에 대하여 인공적인 방법 즉 물리적, 화학적 방법을 가하여 두발의 구조나 형태, 모양, 컬러를 변화시켜 오랫동안 지속되는 웨이브를 형성시키는 것을 의미한다. 요즘은 웨이브를 가진 머리를 스트레이트 스타일로 바꾸는 경우를 스트레이트 퍼머넌트라고 부르는 등 각각의 화학작용으로 스타일을 바꾸는 것 자체를 퍼머넌트라고 한다. 또한 디지털퍼머넌트나 볼륨퍼머넌트 등 퍼머넌트의 종류도 점점 다양해지고 있다.

2 학습 목표

① 두발에 물이 충분히 축여져 있는지, 블로킹(영역) 및 베이스 크기(직경)에 맞게 각각의 절차에 따라 시술할 수 있다.
② 와인딩 작업 시 로드 크기(호수)를 적절히 배치하고 구분하여 완성할 수 있다.
③ 두피와 모근부와의 각도를 고려하여 적당한 텐션을 주어 고무 밴딩을 11자로 와인딩할 수 있다.

3 기초 학습

1. 와인딩의 기본 요소

(1) 블로킹

블로킹은 헤어 퍼머넌트 웨이브의 디자인에 따라 두발을 로드에 효율적으로 와인딩 하기 위해 두상을 크게 구분하는 것이다.

(2) 섹션

퍼머너트 웨이브 디자인에 따라 블로킹된 모발을 로드와 와인딩 방법을 고려하여 더욱 작게 나누는 방법을 섹션이라 하며 수평, 수직, 대각, 삼각, 사각 등의 형태로 와인딩의 방향을 설정에 따라 웨이브의 디자인이 다르게 사용된다.

(3) 텐션

일반적으로 텐션은 잡아당기는 힘에 의해 생기는 장력을 말하며 퍼머넌트 웨이브에서는 와인딩을 위해 모발을 당기는 힘을 의미한다. 웨이브제가 도포된 젖은 모발은 마른 모발에 비해 약 2배 정도의 신장력을 가지므로 강한 텐션은 모발 손상이나 단모의 원인이 될 수 있다.

2. 엔드 페이퍼(end paper)

엔드 페이퍼는 모발이 로드에 밀착되어 빠져나오지 않도록 도와주며 퍼머넌트 와인딩을 수월하게 하고 약제의 과도한 흡수를 막고 두발 끝을 보호하는 역할을 한다. 또한 모발의 길이가 일정하지 않은 경우에도 모발을 가지런히 모아 와인딩을 쉽게 할 수 있도록 돕는다.

3. 고무밴딩

고무줄은 와인딩된 로드를 고정시켜 주는 역할을 하며 모근 가까이에 너무 강하게 밴딩할 경우 모발이 꺾이거나 모발에 눌린 자국이 남아 퍼머넌트 웨이브 후에 절모의 원인이 되므로 두피에서 0.5cm 정도 여유를 두고 밴딩한다.
밴딩의 종류에는 11자형, ×형, 혼합형이 있는데, 시험에서는 11자형을 사용한다.

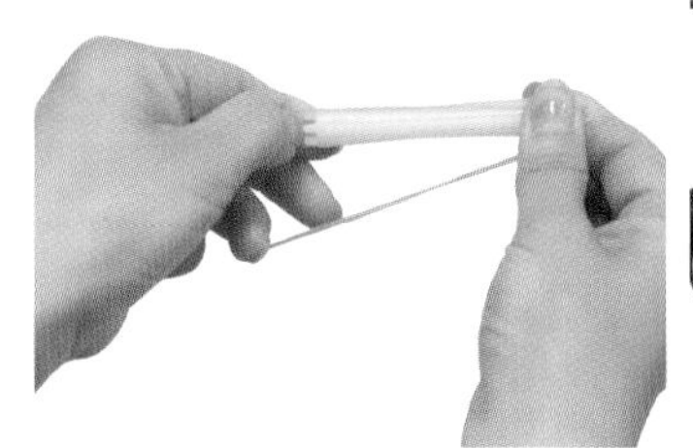

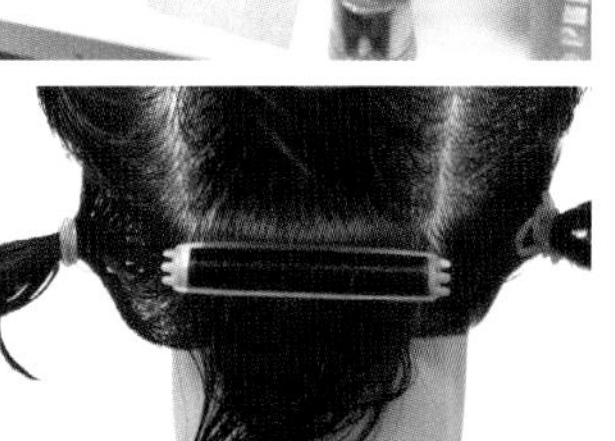

(1) 11자 고무밴드 하는 법

① 엄지손가락에 고무 밴드를 건다.

② 고무 밴드 안으로 검지와 중지를 넣어준다.

③ ×자 모양의 형태를 만든다.

④ 엄지 사이에 중지를 넣는다.

⑤ 검지도 엄지 사이에 넣는다.

⑥ 엄지를 빼고 고무 밴드가 검지와 중지에 끼워진 모습이 11자 밴딩 형태이다.

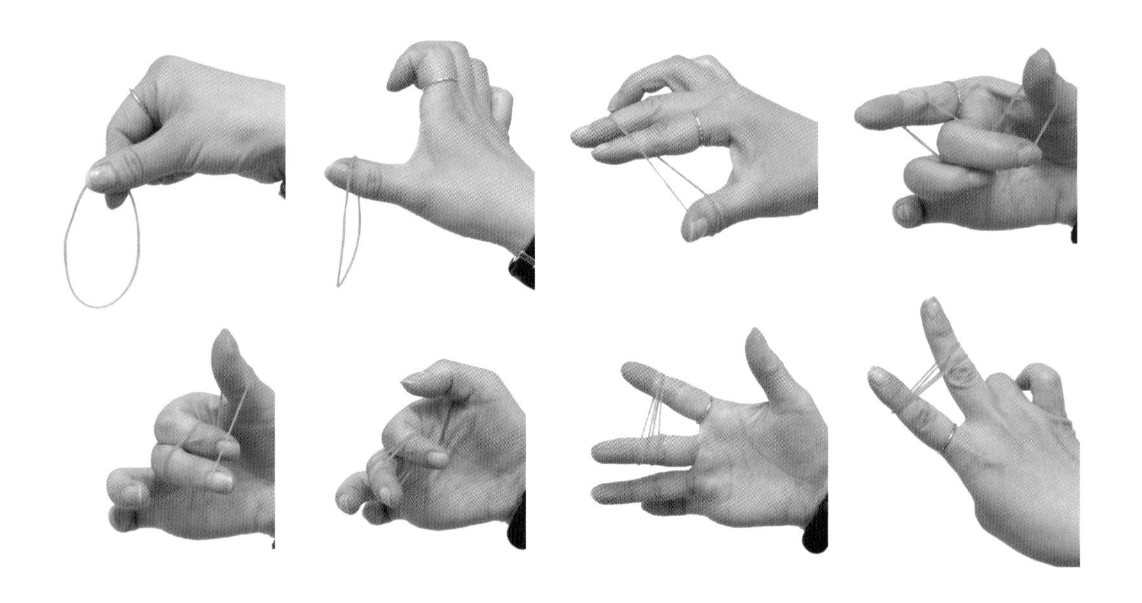

(2) 로드에 고부밴드 처리 방법

① 11자 밴딩 후 반대쪽 약지에 고무밴드를 걸어 준다.

② 로드의 가장자리 1/2 지점에 고무밴드를 걸어 준다.

③ 걸어둔 부분의 로드를 잡고 다른 손의 고무밴드를 똑같은 위치에 걸어 준다.

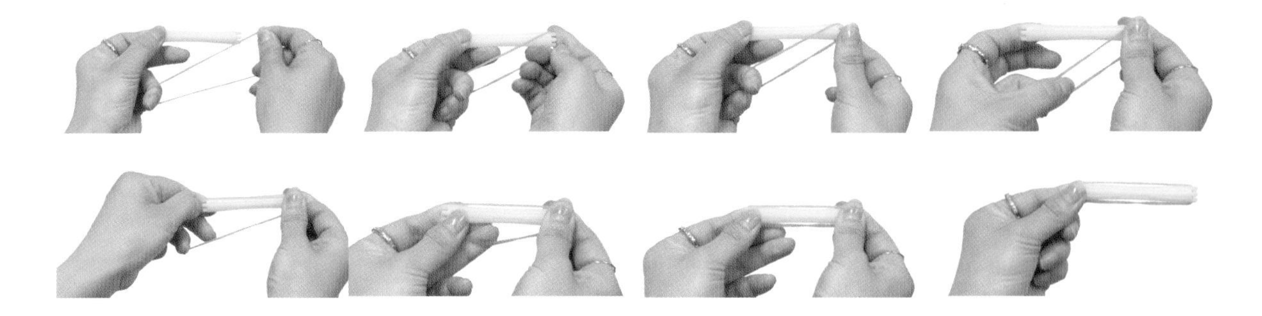

Basic type

01 기본형

35 min

1 과제개요

내용	로드와 빗을 사용하여 9등분 와인딩 펌 작업을 한다.		
블로킹	9등분	시간 및 배점	35분 20점
로드	55개 이상	슬라이스 간격	로드 폭(지름)만큼
시술각	90° 이상	로드와 손가락 위치	평행
커트형	레이어드	패턴	구형 로드 몰딩 패턴
베이스 종류	직사각 베이스, 삼각 베이스, 부등변 사각형 베이스	완성상태	로드 55개 이상이 와인딩된 상태

2 채점기준

	준비상태	블로킹 및 파팅	로드 와인딩 순서 및 배치	슬라이스 크기 및 텐션	밴딩 숙련도 및 로드 간격	조화미	마무리 및 정리
20점	2점	3점	5점	3점	3점	2점	2점

※ 채점기준은 실제 채점방식과 다를 수 있으나 핵심 요구사항은 유사하므로 참고하시면 도움이 됩니다.

3 도면

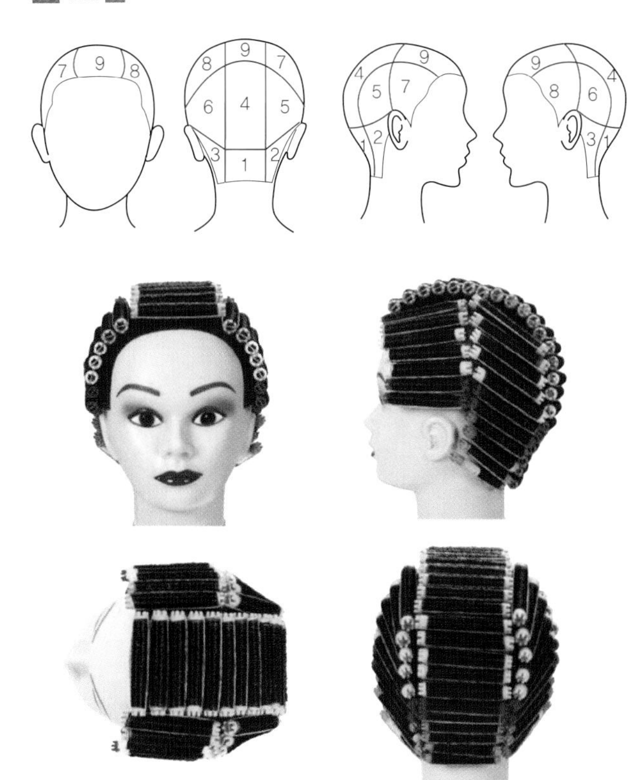

4 작업대 세팅

① 엔드페이퍼
② 고무밴드
③ 꼬리빗
④ 분무기
⑤ 로드
- 6호(파랑) 30개
- 7호(노랑) 30개
- 8호(빨강) 20개
- 9호(핑크) 10개
- 10호(녹색) 10개

9등분 블로킹

① 분무기로 모발에 충분히 물을 뿌리고 커트빗을 이용해 빗질을 한다.

② 프린지 부분은 CP를 중심으로 로드의 길이만큼(약 7cm), TP의 넓이(약 7cm)의 사각형 베이스를 고무밴드로 고정한다.

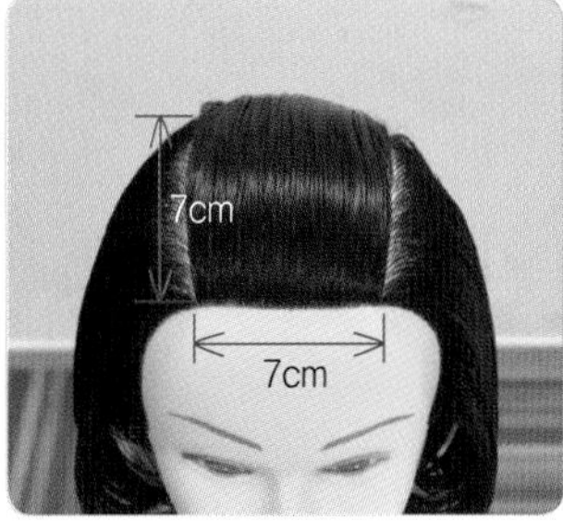

Checkpoint

블로킹할 때 고무밴딩 처리가 스트랜드 중심에 위치하도록 고정한다.

③ 오른쪽 사이드 부분에 로드 넓이(약 7cm) 만큼 TP선과 EBP선을 두상을 따라 곡선으로 나누어 블로킹하고 고무밴드로 고정한다.

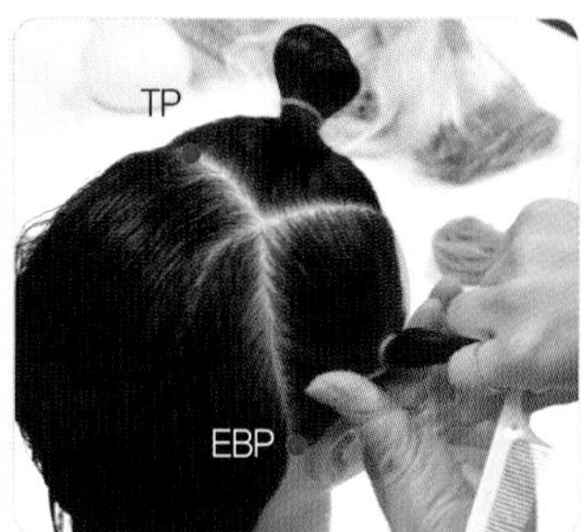

④ 왼쪽도 동일하게 사이드 블로킹한다.

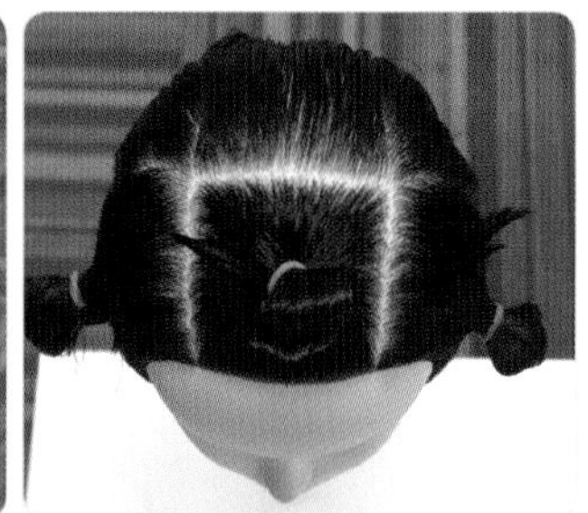

⑤ 크라운 부분은 센터 백 라인을 중심으로 약 7cm 폭으로 직사각형 형태로 나누고 NP에서 5cm 위쪽 지점을 수평으로 나누어서 고무밴드로 고정한다.

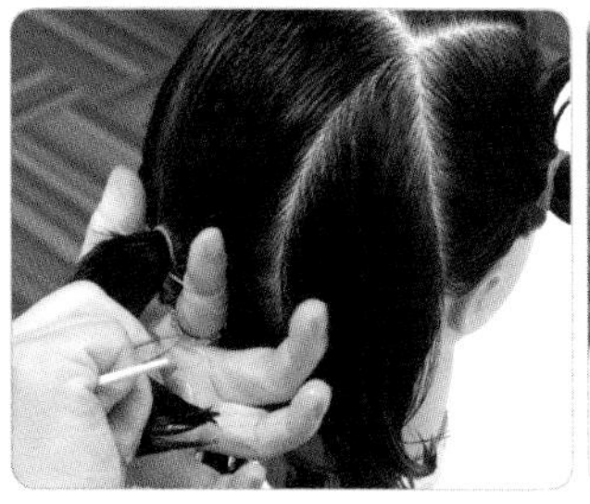

⑥ 양쪽 백 사이드는 EBP와 NP에서 5cm 위쪽 지점과 연결하여 고무밴드로 고정한다.

⑦ 네이프는 폭 5cm로 3등분 블로킹해서 고무밴드로 고정한다.

step 02 기본형 퍼머넌트 웨이브

와인딩 순서

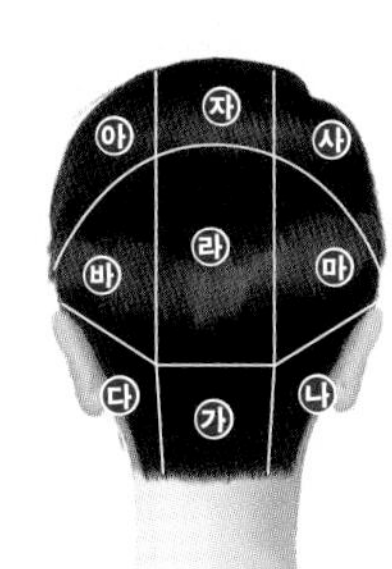

로드 갯수

- ㉮, ㉯, ㉰ : 핑크 2, 초록 2
- ㉱ : 파랑 8, 노랑 3, 빨강 2
- ㉲, ㉳, ㉴, ㉵ : 파랑 2, 노랑 3, 빨강 2
- ㉶ : 파랑 6

① 두발에 물을 충분히 분무한 후 네이프 가운데 위쪽에서 로드 9호(핑크)의 지름만큼 슬라이스를 뜬다.

② 검지와 중지를 이용하여 모발을 잡고 모발이 평행이 되게 한 다음 엔드 페이퍼를 모발 끝에서 1~2cm 정도 길게 빼서 로드를 감아 90° 로 와인딩한다.

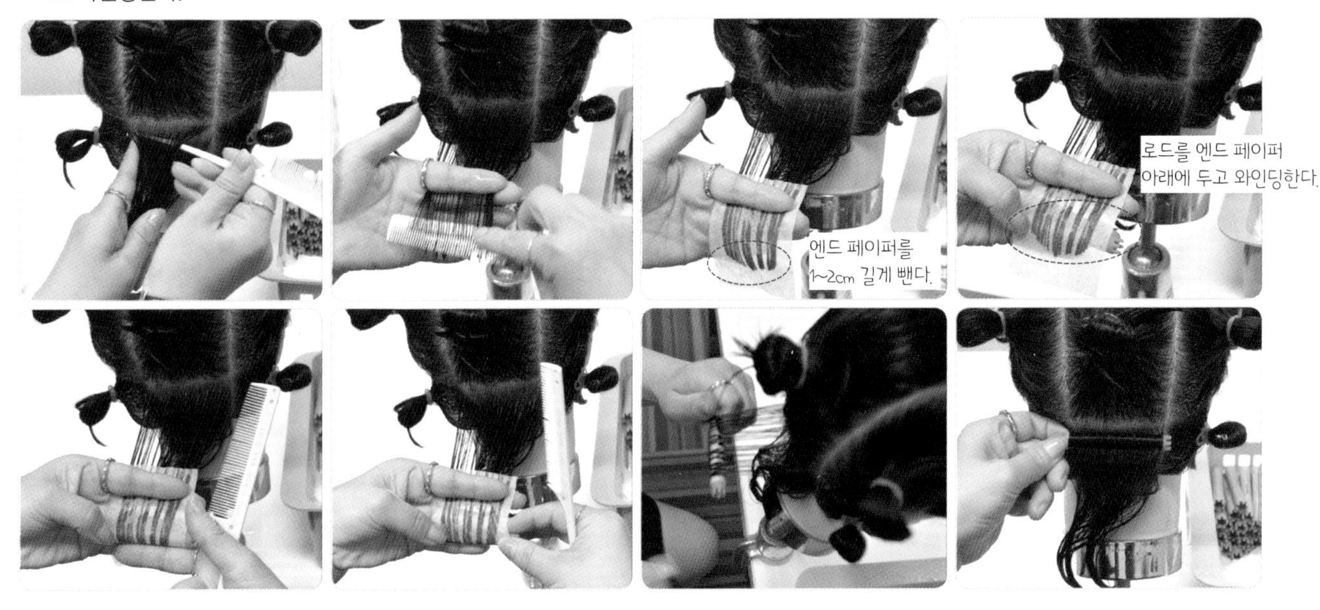

Checkpoint

- 네이프 부분을 시술할 때에는 자세를 낮추어서 와인딩한다.
- 후두부 와인딩 시에는 두상의 각도를 앞숙임 상태에서 작업한다.

③ 와인딩한 로드에 고무밴드를 11자 형으로 로드 양쪽에 끼운다.

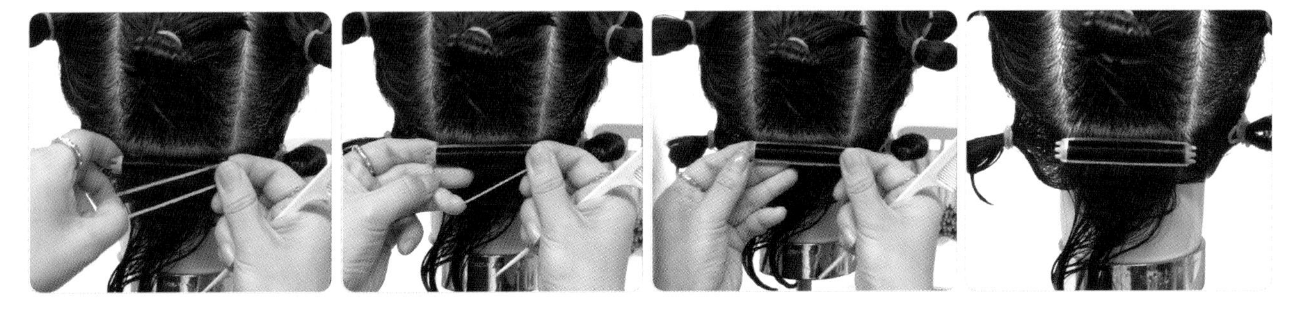

④ 같은 방법으로 핑크 로드를 1개 더 와인딩한 후 이어서 초록 로드 2개를 와인딩하면서 네이프 부분의 와인딩을 마무리한다.

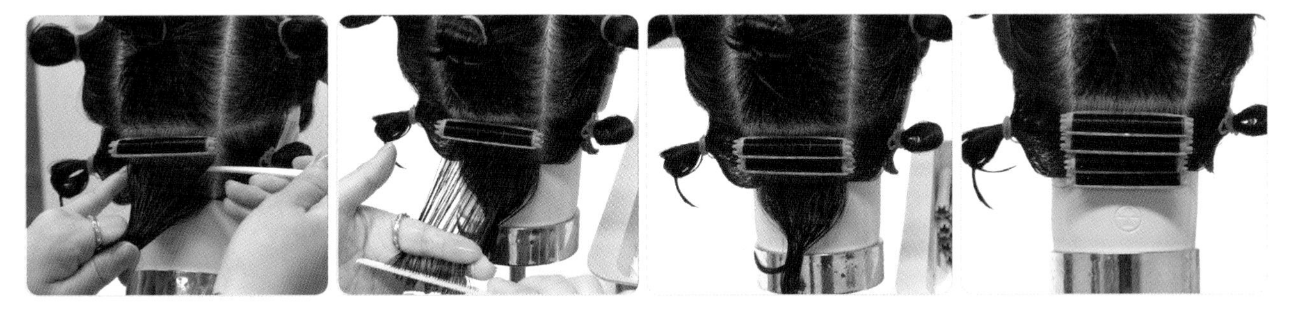

Checkpoint

- 와인딩 시 적당한 텐션을 주어 매끄럽고 균일하게 와인딩 되도록 한다.
- 모발이 한쪽으로 치우치지 않고 고르게 로드에 감길 수 있도록 텐션을 균일하게 분배한다.
- 로드 양쪽 끝으로 모발이 빠져나오지 않도록 주의한다.

⑤ 오른쪽 네이프 사이드 부분(㉯)은 대각선 슬라이스 하여 90˚로 핑크 2개, 초록 2개를 와인딩한다.

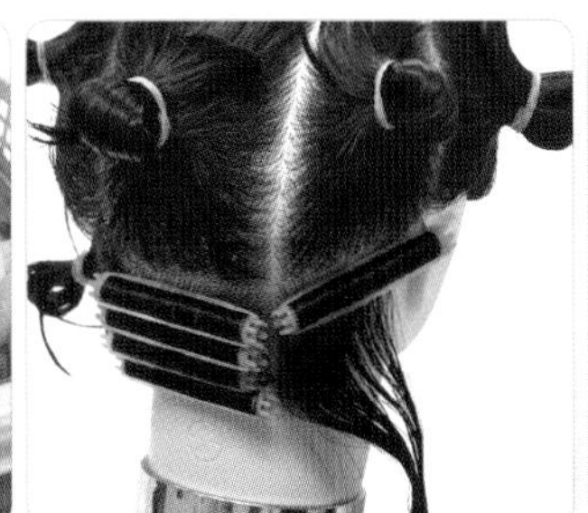
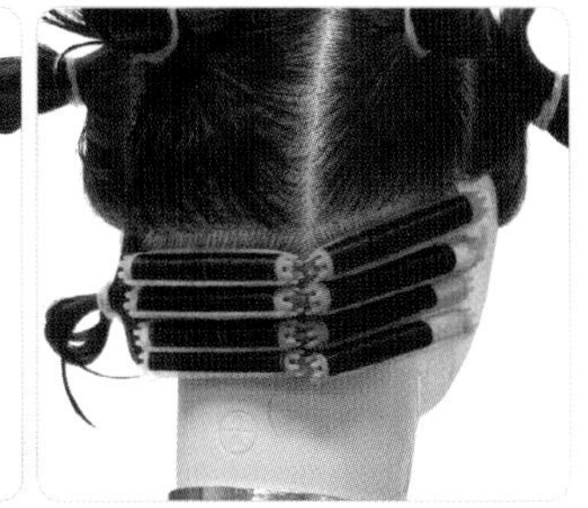

⑥ 왼쪽 네이프 사이드(㉰)도 같은 방법으로 와인딩한다.

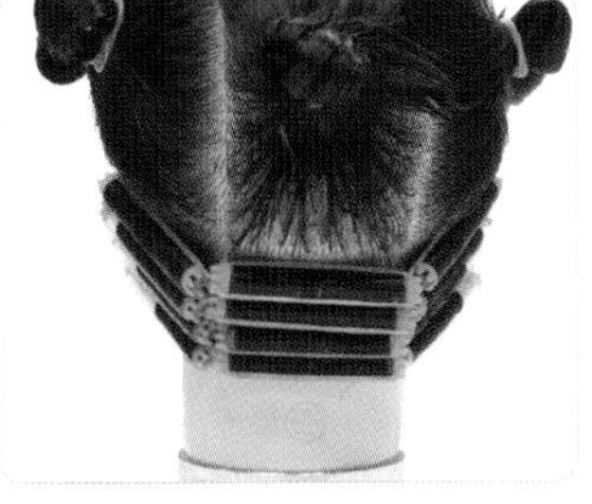

두발이 들쑥날쑥하게 되지 않도록 빗질과 텐션 조절을 잘하도록 한다.

Checkpoint

- 로드 위에 와인딩된 두발의 양이 균일하게 분포되도록 한다.
- 엔드 페이퍼가 불규칙하게 보이지 않도록 주의한다.

⑦ 백센터 ㉱의 블로킹을 풀어서 빗질한 후 충분히 물을 분무한다.

⑧ 윗부분부터 직사각형 베이스로 슬라이스 하여 로드 6호(파랑)를 이용하여 두상각 90˚로 와인딩 한 후 파랑 로드 8개를 배열한다.

Checkpoint

두발에 자국이 가지 않도록 고무 밴드를 주의하며 처리한다.

두발 끝을 곧게 빗질하여 엔드 페이퍼가 두발을 보호할 수 있도록 충분히 당기면서 와인딩한다.

⑨ 노랑 3개, 빨강 2개의 로드를 이어서 배열한다.

Checkpoint

백센터 ④번 로드 6호 파랑 8개, 7호 노랑 3개, 8호 빨강 2개

⑩ 오른쪽 백 사이드(㉣) 첫 번째 단은 파랑 로드 지름만큼 6번과 7번 사이에 삼각베이스를 하여 대각선으로 슬라이스 한다.

⑪ 슬라이스한 후 두발의 스트랜드 각도를 120˚로 파랑 2개, 노랑 3개를 와인딩해 준다.

⑫ 로드 8호(빨강) 2개를 두상 곡면에서 두상각 90˚로 와인딩한다.

⑬ 같은 방법으로 왼쪽 백사이드(㉥)도 파랑 2개, 노랑 3개, 빨강 2개의 로드를 와인딩해 준다.

Checkpoint

- 로드가 한쪽으로 기울지 않도록 스트랜드 중심에서 정확히 빗질한다.
- 두상 곡면을 따라서 대각선으로 슬라이스 하여 로드와 로드 사이가 일정한 간격을 유지하도록 배열한다.

⑭ 오른쪽 사이드(㉳)는 백사이드에 와인딩되어 있는 슬라이스 간격에 맞추어 로드의 직경 만큼 나누어 두상 각도 90°로 와인딩한다.

 오른쪽 백사이드와 오른쪽 사이드의 로드 배열이 일치하도록 와인딩한다.

⑮ 같은 방법으로 왼쪽 사이드(㉴)도 파랑 2개, 노랑 3개, 빨강 2개의 로드를 두상 각도 90°로 와인딩한다.

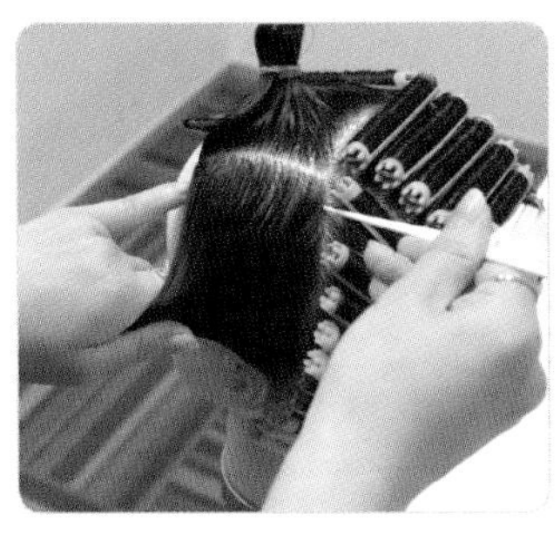
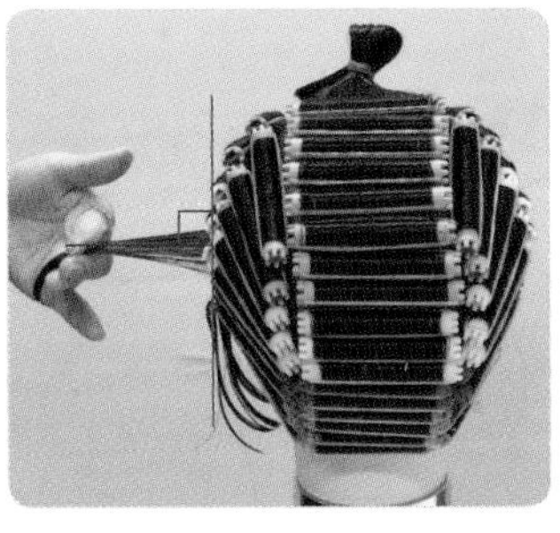

Checkpoint

- 오른쪽 사이드 ㉳는 로드 6호(파랑) 2개, 7호(노랑) 3개, 8호(빨강) 2개
- 와인딩하는 도중에 짧은 두발이 스트랜드에서 빠졌을 때는 잡아당기지 말고 꼬리빗으로 다듬어서 다시 빗질하여 와인딩한다.

⑯ 탑부분(㉵)은 6호 파랑 로드 6개를 와인딩한다.

⑰ 프린지는 볼륨이 필요한 부분이므로 두발을 90° 이상으로 들어서 모발 앞쪽에 엔드 페이퍼를 빗꼬리를 이용하여 로드 안으로 밀어주며 6호(파랑)로 세워말기 와인딩을 한다.

⑱ 탑 부분과 프린지 배열을 일정하게 하여 잘 연결한다.

chapter 04

⑲ 전체 55개 이상의 로드를 사용한 와인딩 작업이 끝나면 전체적으로 분무를 해준 후 손바닥으로 한 번씩 문질러 준다.

⑳ 로드 간격이 벌어지지 않았는지 체크해주고 작업대와 바구니를 정리한다.

Hair permanent wave basic type - finish works

chapter 04

Mixed type

02 혼합형

35 min

1 과제개요

내용	로드와 빗을 사용하여 7등분 와인딩 펌 작업을 한다.		
블로킹	4영역(7등분)	시간 및 배점	35분 20점
로드	55개 이상 (6, 7, 8호)	슬라이스 간격	로드 폭(지름)만큼
시술각	90~45°	로드와 손가락 위치	평행
커트형	레이어드	패턴	확장형, 오블롱(교대), 벽돌형 로드 몰딩 패턴
베이스 종류	직사각형, 삼각형 베이스, 부등변 사각형	완성상태	로드 55개 이상의 혼합형 와인딩된 상태

2 채점기준

	준비상태	블로킹 및 파팅	로드 와인딩 순서 및 배치	슬라이스 크기 및 텐션	밴딩 숙련도 및 로드 간격	조화미	마무리 및 정리
20점	2점	3점	5점	3점	3점	2점	2점

※ 채점기준은 실제 채점방식과 다를 수 있으나 핵심 요구사항은 유사하므로 참고하시면 도움이 됩니다.

3 도면

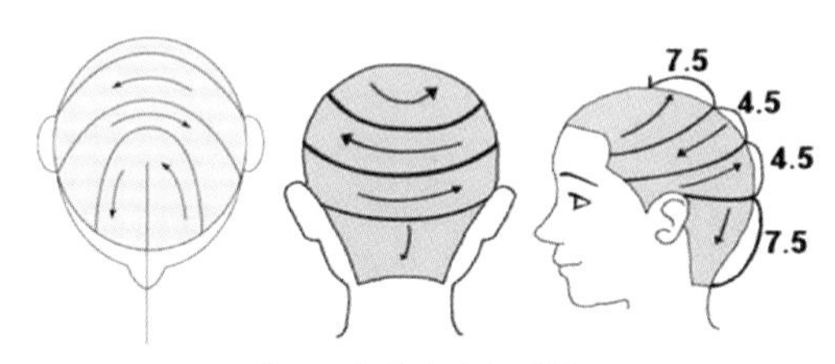

[블로킹 및 와이딩 방향]

4 작업대 세팅

① 엔드페이퍼
② 고무밴드
③ 꼬리빗
④ 분무기
⑤ 로드
- 6호(파랑) 30개
- 7호(노랑) 30개
- 8호(빨강) 20개
- 9호(핑크) 10개
- 10호(녹색) 10개

혼합형 블로킹

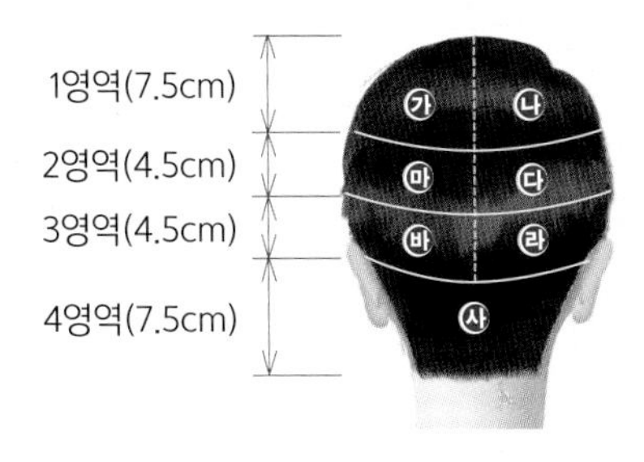

- 센터파트 끝 지점에서 4단으로 등분한다.
- 정중선을 기준으로 1단 7.5cm, 2단 4.5cm, 3단 4.5cm, 4단 7.5cm 블로킹을 정확히 해야 조화미가 있다.

① 분무기로 모발에 충분히 물을 뿌리고 꼬리빗을 이용해 빗질을 한 후 센터 백 파트 한다.

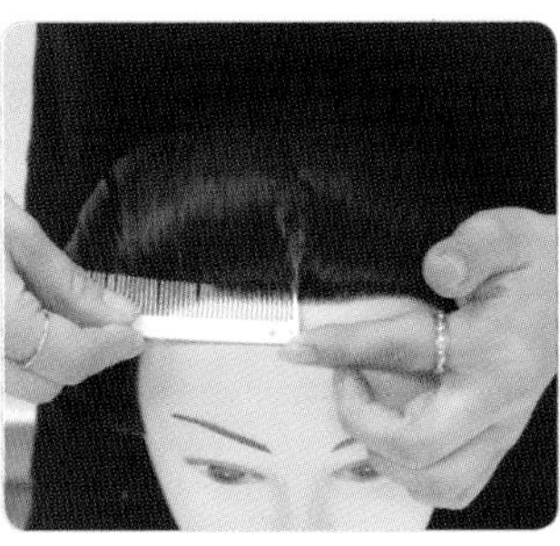

② 1단 왼쪽은 프린지를 CP에서 약 5.5~6cm 지점에서 GP까지 곡선으로 나눈 후 두발이 흘러내리지 않도록 고무 밴드 처리한다.

③ 1단 오른쪽도 동일한 방법으로 고무 밴드 처리한다.

Checkpoint

블로킹할 때 고무밴딩 처리가 스트랜드 중심에 위치하도록 고정한다.

④ 2단 왼쪽/오른쪽 사이드는 약 3~3.5cm 지점에서 GP에서 4.5cm 아래 부분과 수평으로 연결하여 나눈다.

⑤ 3단 왼쪽/오른쪽 사이드는 나머지 두발을 2단에서 4.5cm 지점에 연결하여 나눈다.

⑥ 4단 네이프를 하나로 묶어서 고정한다.

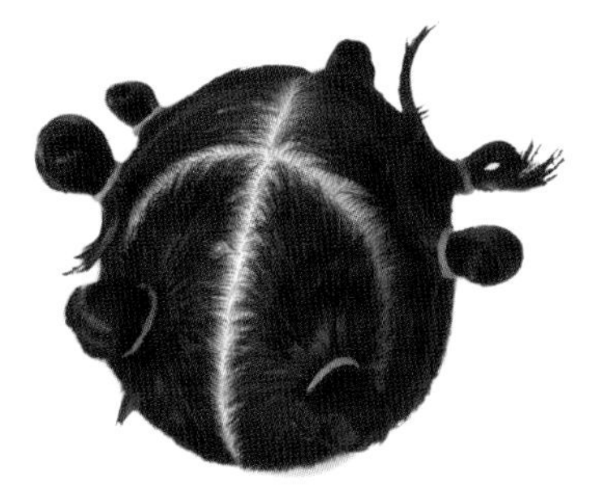

step 02 혼합형 퍼머넌트 웨이브

로드 갯수 : 55개(57개)

가 나 마 다 바 라 사

1영역 : 파랑 14개

2영역 : 노랑 14개(15개)

3영역 : 노랑 14개(15개)

4영역 : 빨강 13개

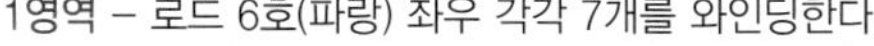

1영역 – 로드 6호(파랑) 좌우 각각 7개를 와인딩한다.

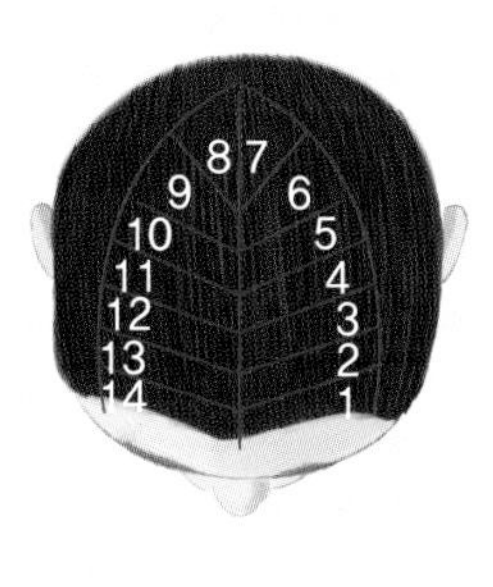

2영역 – 로드 7호(노랑) 15개를 오른쪽에서 왼쪽 방향으로 와인딩한다.

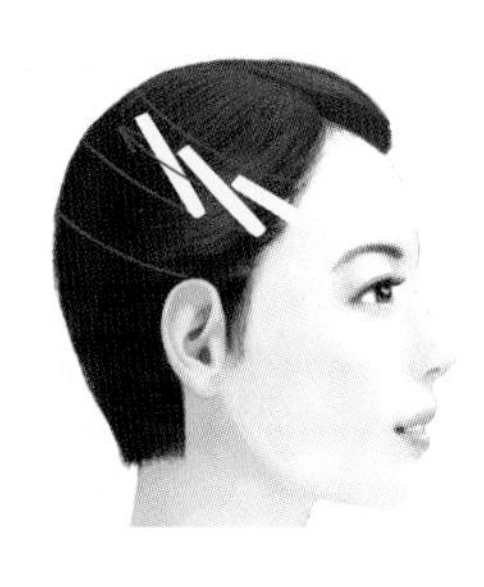

3영역 – 로드 7호(노랑) 15개를 왼쪽에서 오른쪽 방향으로 와인딩한다.

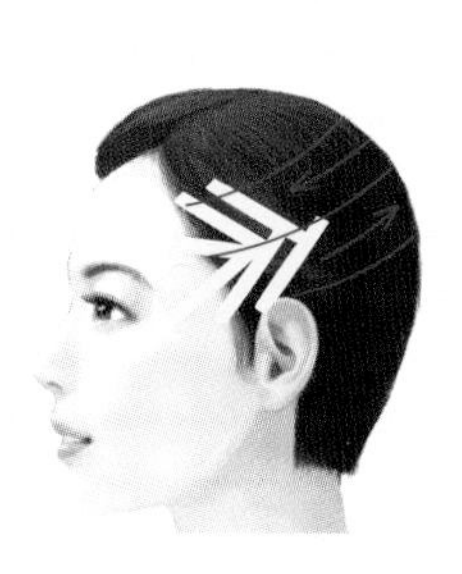

4영역 – 로드 8호(빨강) 13개를 3-2-3-2-3개씩 차례대로 와인딩한다.

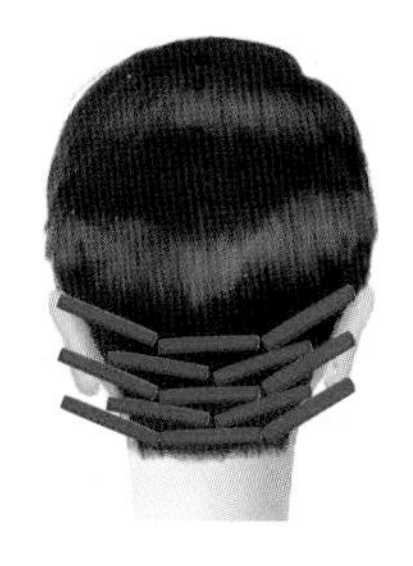

① 두발에 물을 충분히 분무한 후 프론트 왼쪽 헤어라인을 따라서 대각선으로 슬라이스한 후 두상 곡면에서 90° 각도로 로드 6호(파랑) 1지름만큼 베이스를 뜬다.

② 검지와 중지를 이용하여 모발을 잡고 모발이 평행이 되게 한 다음 엔드 페이퍼를 모발 끝에서 1~2cm 정도 길게 빼서 로드를 감아 와인딩한 후 고무밴드를 로드 양쪽에 끼운다.

Checkpoint

- 와인딩 시 적당한 텐션을 주어 매끄럽고 균일하게 와인딩 되도록 한다.
- 모발이 한쪽으로 치우치지 않고 고르게 로드에 감길 수 있도록 텐션을 균일하게 분배한다.
- 로드 양쪽 끝으로 모발이 빠져나오지 않도록 주의한다.

③ 같은 방법으로 2~4번째 로드를 두상 곡면을 따라 배열하며, 어느 한 쪽으로 로드가 기울어지지 않도록 한다. 1~4번째 로드까지는 직사각형 섹션으로 와인딩한다.

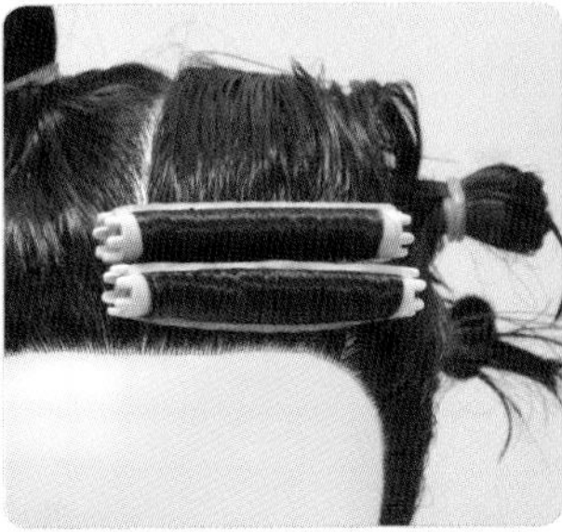

Checkpoint

- 대각선 와인딩은 좌우 대각선으로 배열하는 패턴으로 반시계 방향으로 진행한다.
- 두발 끝이 꺾이지 않도록 엔드 페이퍼 끝부분부터 로드에 말리도록 한다.

④ 5~6번째 로드는 삼각형(사다리꼴) 베이스로 슬라이스한 후 언더라인에 로드를 와인딩 한다.

⑤ 7번째 로드는 삼각 베이스로 뜬 후 도면처럼 로드를 배열한다.

Checkpoint

두발이 건조하지 않도록 와인딩하는 중에도 물을 충분히 분무한다.

1영역-2

① TP에서 GP에 이어서 삼각 베이스 섹션으로 슬라이스한 후 두상 곡면에서 90°로 각도로 와인딩한다.

② 6호 로드 7개를 두상곡면을 따라 차례대로 와인딩한다.

2영역

① 2영역은 오른쪽부터 첫 번째 로드는 삼각베이스로 두상 곡면에서 90°로 곱게 빗질하여 적당히 텐션을 주면서 와인딩한다.

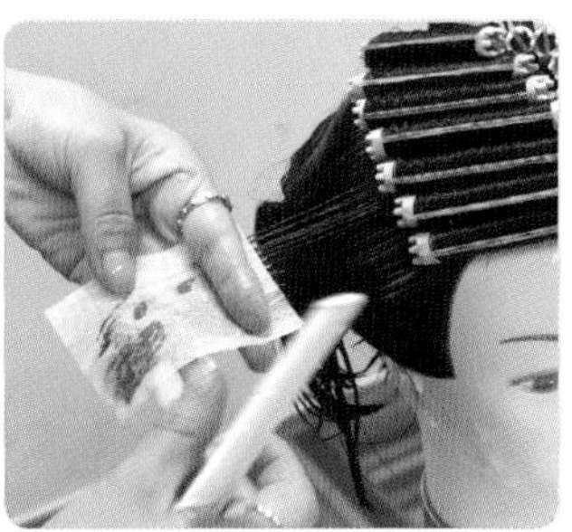

Checkpoint

• 대각 파팅을 프린지 로드 3번째 베이스와 연결한다.

② 2번째 로드부터는 다시 직사각형 베이스 슬라이스 섹션으로 첫 번째 로드와 평행하게 와인딩한다.

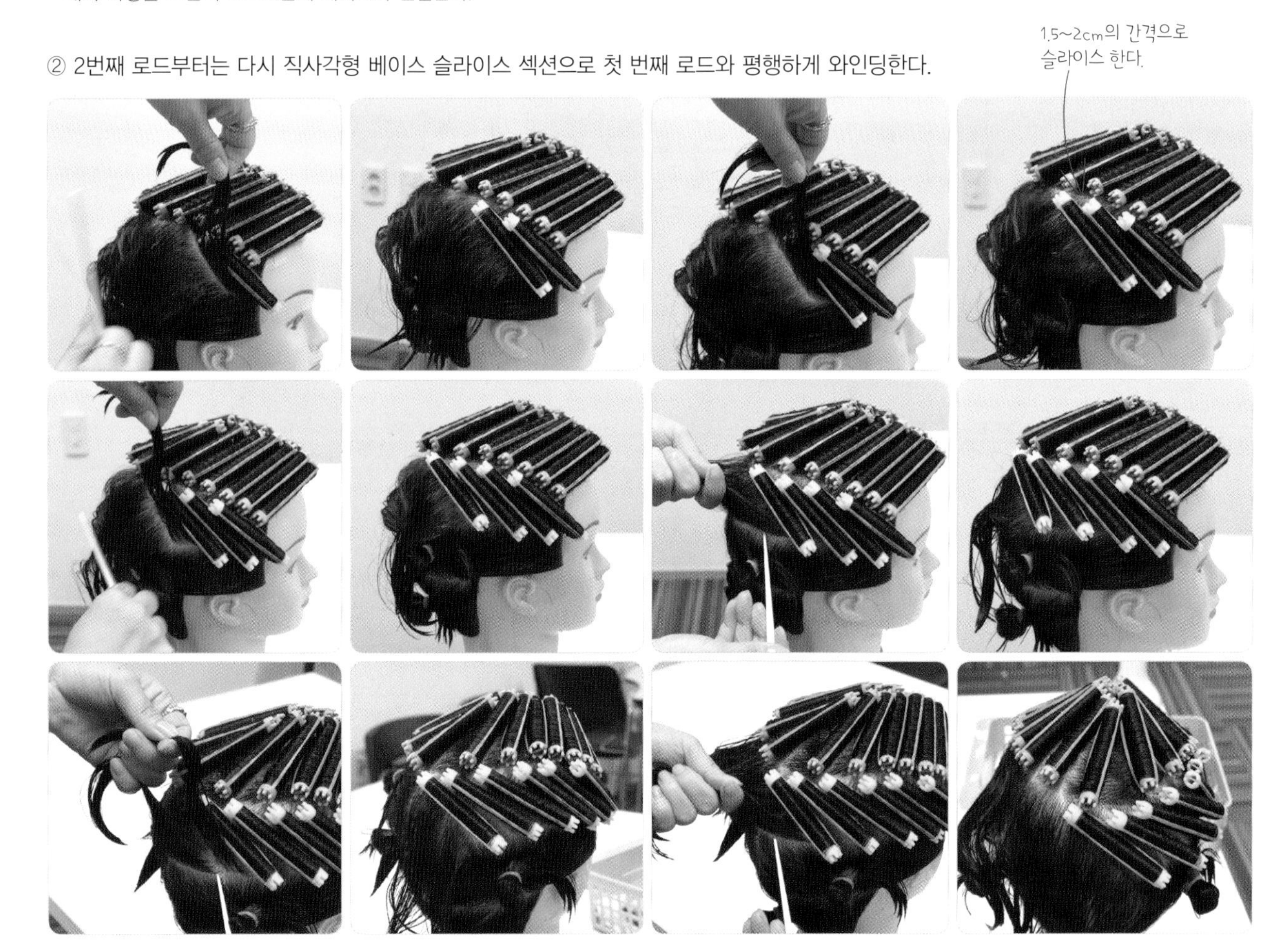

Checkpoint

• 센터 백 부분으로 진행할수록 두상의 곡면의 각도가 급격해지므로 로드의 간격을 확인하면서 와인딩한다.
• 센터 백 부분에서 대각선 45° 슬라이스와 사다리꼴 베이스를 보여준다.
• 센터 백 부분에서 1단의 로드 개수보다 약 2개 정도 더 배열된다.

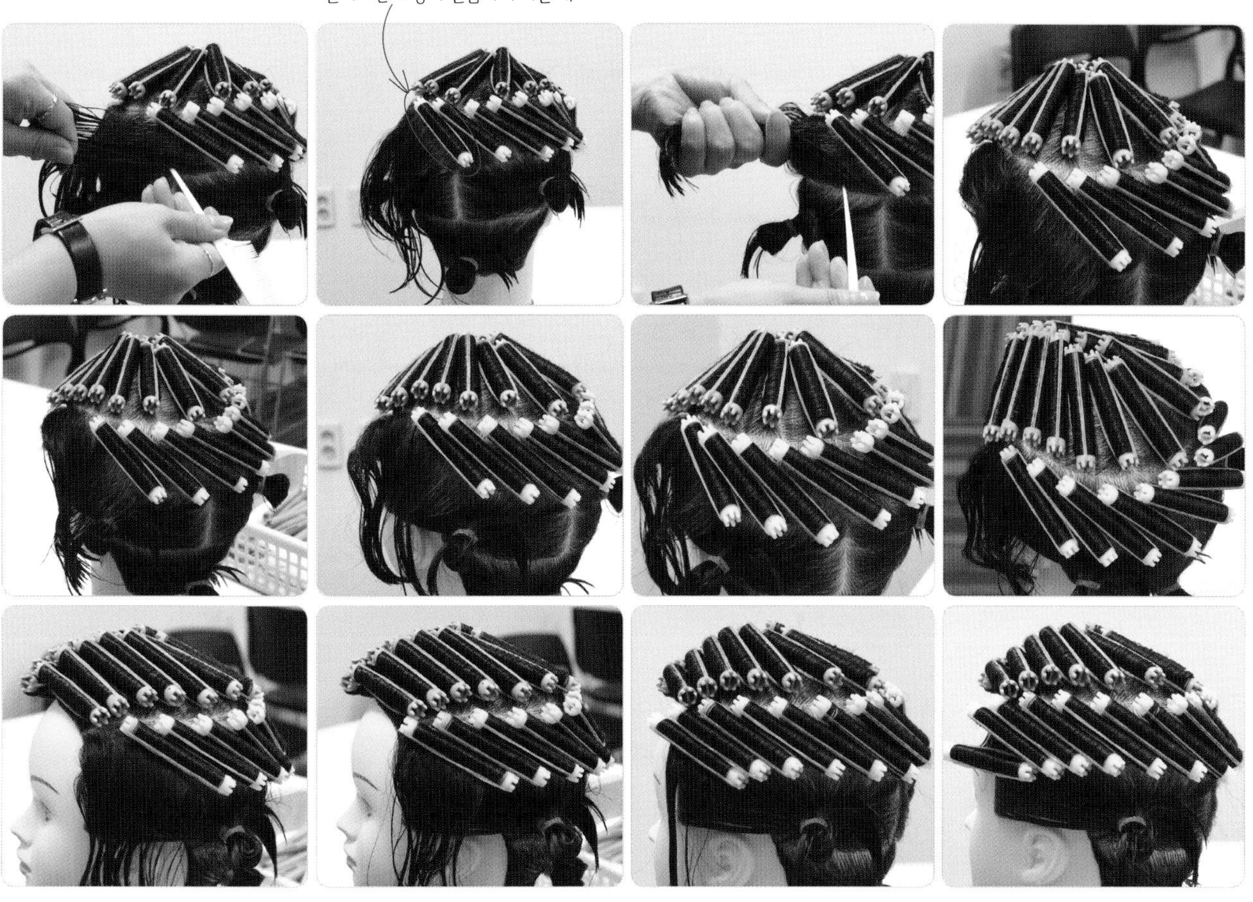

4번째 블로킹을 풀면서 노랑 로드 8번이 중앙에
걸쳐오면 모양이 깔끔하게 나온다.

3영역

① 3영역 좌측 사이드 2영역 단을 이어서 페이스라인에서 삼각베이스로 대각선 슬라이스 섹션한 후 곱게 빗질하여 와인딩한다.

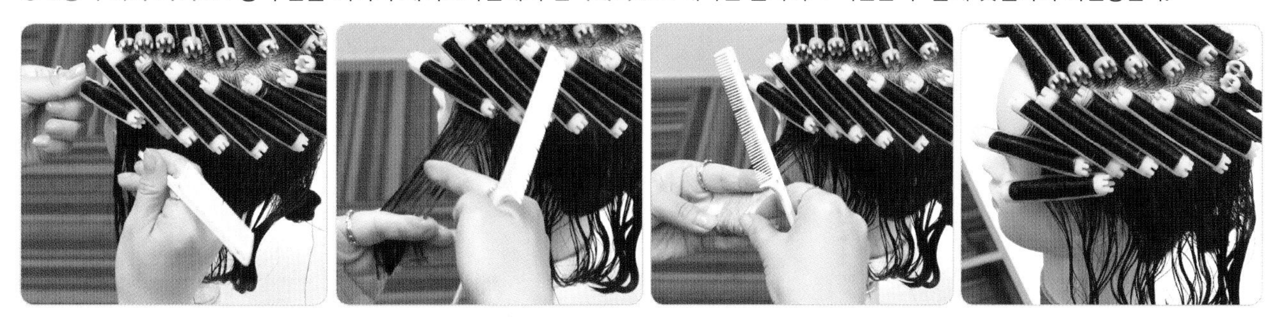

Checkpoint

두발 각도를 낮게 하여 수평으로 와인딩한다.

chapter 04

② 2번째 로드부터는 다시 직사각형 베이스로 슬라이스 하여 로드를 커브해 주면서 반시계방향으로 와인딩 한다.
이때 2영역 단 로드와 3영역 로드가 45° 대각선이 되도록 와인딩한다.

③ 센터 백 라인으로 진행하면서 로드 위치를 45° 대각선을 그대로 유지하며 슬라이스하여 와인딩한다.

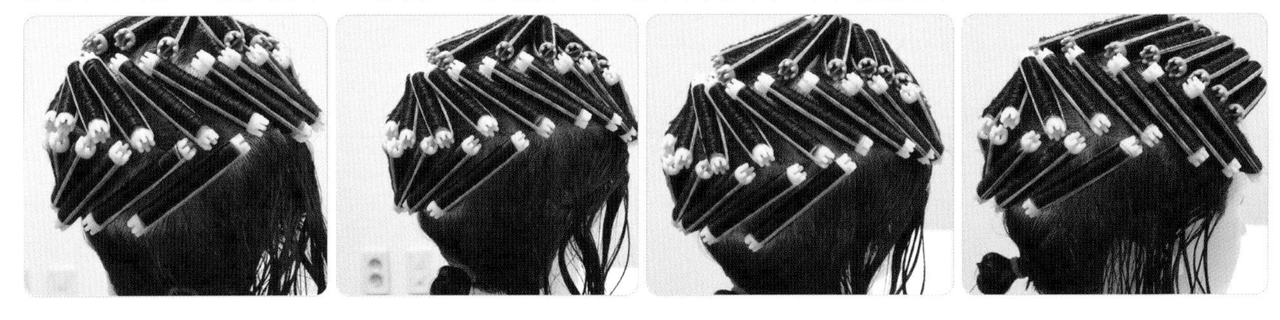

Checkpoint

각도, 빗질, 텐션은 일정하게 유지하고 균일하게 엔드 페이퍼가 보이지 않게 와인딩한다.

④ 3영역 우측 사이드까지 45° 대각선으로 슬라이스 하여 곱게 빗질하여 좌우의 두발을 평평하게 넓히면서 와인딩 한다.

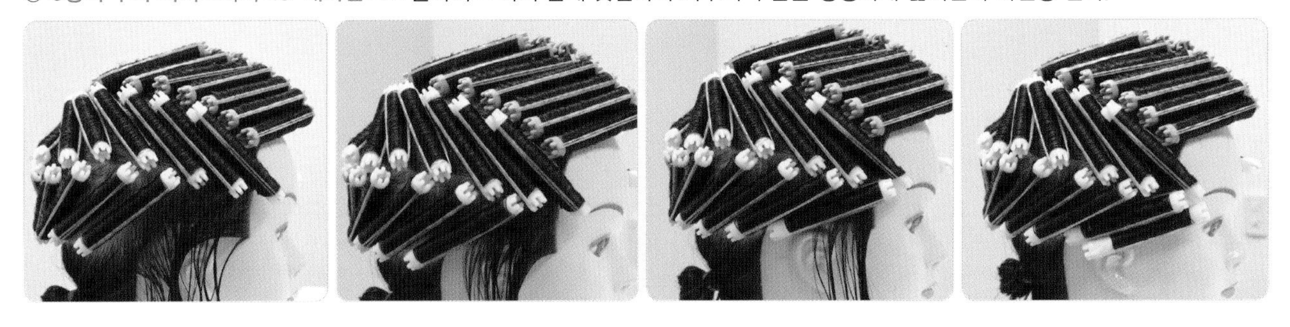

4영역

① 첫 번째 단은 BP에서 중앙부분 1직경 베이스하여 두상각 90~80°로 로드 8호(빨강)로 와인딩 한다.

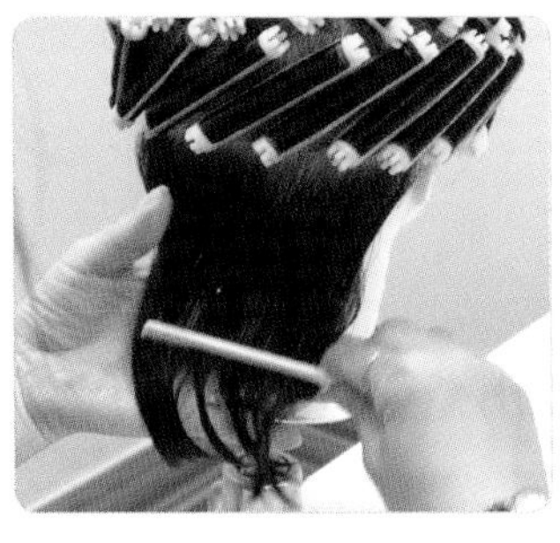
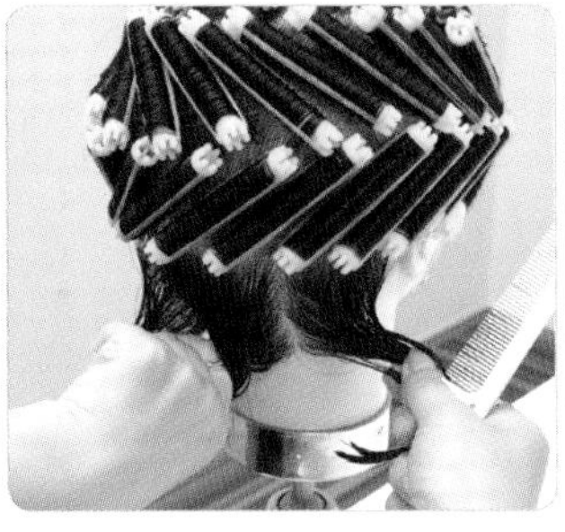

② 좌우측이 수평이 되도록 왼쪽 → 오른쪽 순으로 로드를 와인딩한다.

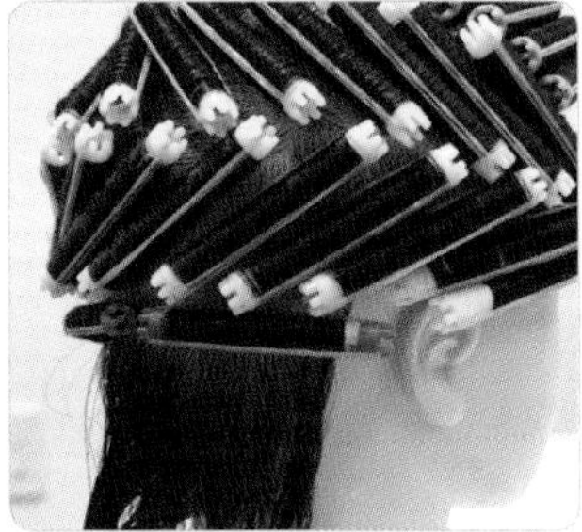

③ 2단의 시작은 1단의 중간에 안착된 8호 로드 1/2선을 중심으로 슬라이스하여 2개의 로드를 와인딩한다.

Checkpoint

와인딩할 때 한쪽으로 로드가 기울지 않도록 슬라이스한 후 텐션을 주면서 와인딩 한다.

④ 3단은 중앙 부분을 먼저 슬라이스한 후 일정한 텐션을 주면서 로드에 두발이 좌우 평평하게 와인딩한다.

⑤ 양쪽 네이프 사이드는 후대각으로 슬라이스 하여 빗질을 하여 표면을 깨끗하게 텐션을 주면서 와인딩 한다.

⑥ 4단은 3단의 중앙 로드의 1/2선에서 삼각베이스를 슬라이스 섹션한 후 8호 2개를 와인딩 한다.

⑦ 5단은 중앙부분을 먼저 슬라이스 섹션한 후 수평 와인딩을 한다.

⑧ 양쪽 네이프 사이드는 후대각으로 와인딩한다.

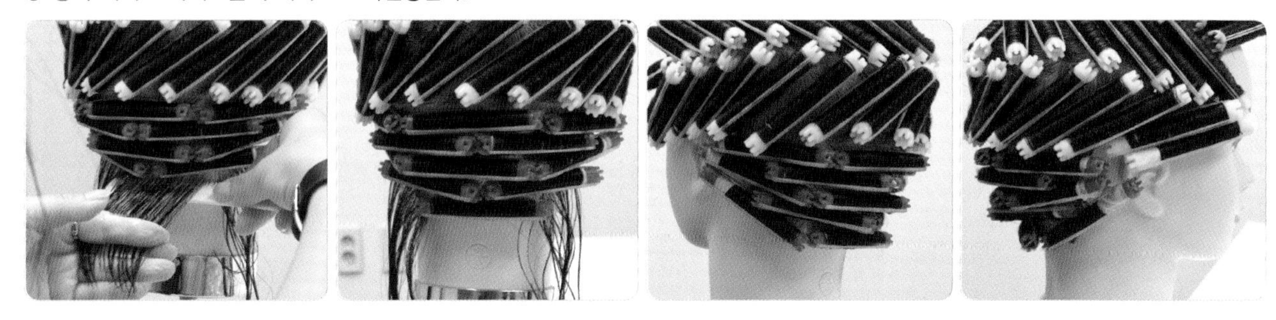

⑨ 전체 55개 이상의 로드를 사용한 와인딩 작업이 끝나면 전체적으로 분무를 해주고 마무리한다.

Hair permanent wave mixed type - finish works

chapter 04

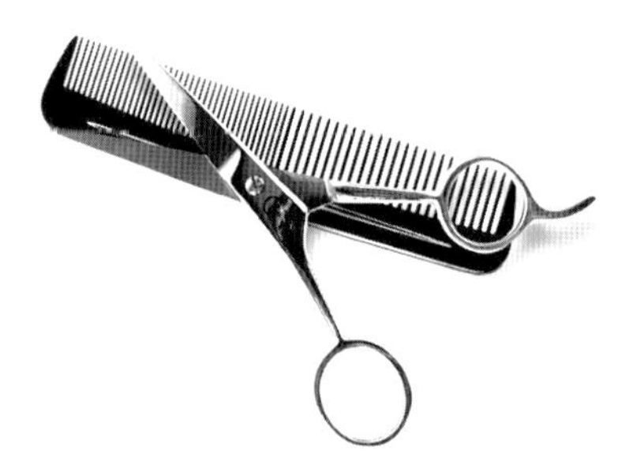

Hairdresser Certification
Practical technique Test

Chapter
05

헤어 컬러링

Hair **Coloring**

1. 주황
2. 보라
3. 초록

Course Preview

※ 헤어컬러링 주황색 / 보라색 / 초록색 공통

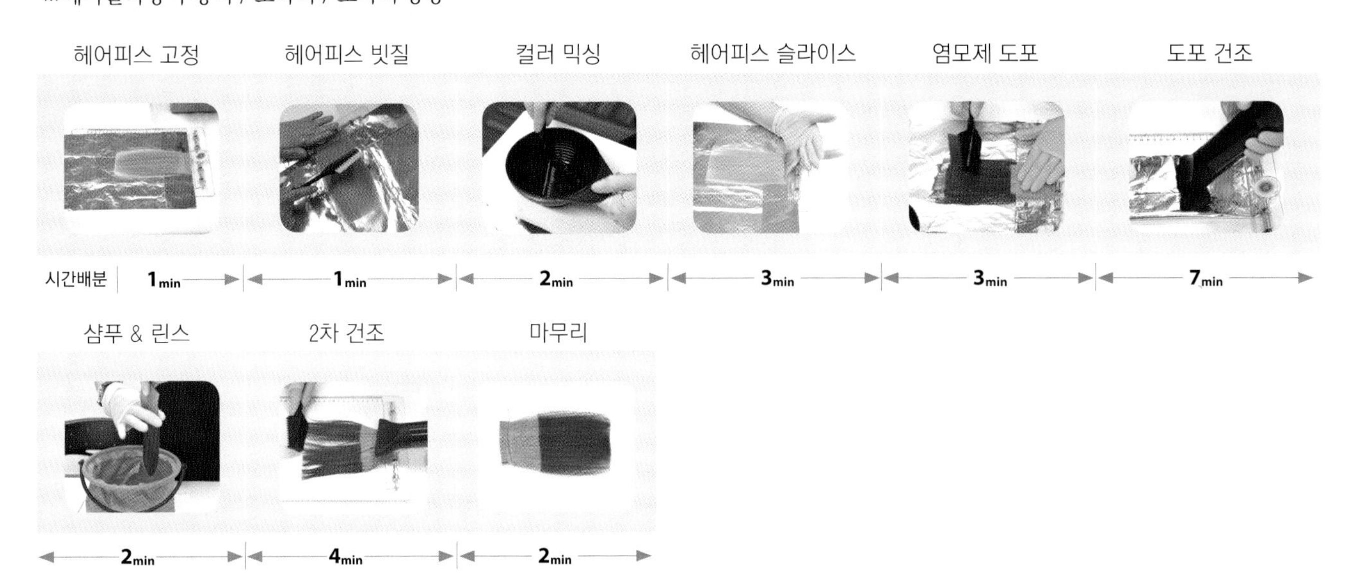

Subject's Outline

헤어 컬러링 개요

1 요구사항

※ 지참 재료 및 도구를 사용하여 아래의 요구사항대로 헤어 컬러링을 완성하시오.

1) 다음 유형 중 시험위원이 지정하는 과제 형을 시술하되, 지참 재료 및 도구를 사용하여 아래의 요구사항대로 헤어 컬러링을 완성하시오.
2) 요구 작업 내용에 부합하는 내용 및 컬러를 표현하시오.

헤어 컬러링의 종류	요구 작업 내용	비고
1. 헤어 컬러링(주황)	헤어피스(weft)의 바탕색을 도면과 같이 상단으로부터 약 5cm 정도 남긴 후 그 하단 나머지 부분(10cm)을 주황색으로 염색한다.	
2. 헤어 컬러링(보라)	헤어피스(weft)의 바탕색을 도면과 같이 상단으로부터 약 5cm 정도 남긴 후 그 하단 나머지 부분(10cm)을 보라색으로 염색한다.	
3. 헤어 컬러링(초록)	헤어피스(weft)의 바탕색을 도면과 같이 상단으로부터 약 5cm 정도 남긴 후 그 하단 나머지 부분(10cm)을 초록색으로 염색한다.	

3) 작업 요령

① 과제에서 제시된 색상으로 염색하기 위해 색상에 따라 적합한 양의 염모제(단, 지참 재료 목록상의 빨강, 파랑, 노랑, 산성 염모제만 허용됨)를 선정 및 조절 배합하여 도포해야 한다.

② 바른 자세로 시술하여야 하며, 요구 작업 내용의 기본기법 및 작업순서를 정확히 지키고 도구사용의 기법 및 손놀림 등이 자연스럽고 조화를 이루어야 한다.

③ 과제에서 제시된 색상으로 염색하기 위해 적당한 방치시간을 준수해야 한다.

2 수험자 유의사항

① 제시된 색상 이외의 헤어 컬러링 등 요구사항과 상이한 작업을 하여서는 안된다.

② 시험시간 종료 후에는 도구 및 작품 등을 만져서는 안된다.

③ 사전에 헤어컬러링 작업된 헤어피스를 사용해서는 안된다.

④ 헤어 컬러링 작업 종료 후 반드시 완성된 과제를 투명 테이프로 지급된 작업 결과지에 고정한 후 제출해야 한다.

⑤ 헤어피스는 반드시 1개만 준비하여 사용해야 한다.

3 평가

세부 항목	항목별 채점기준
1. 색 선정 및 배합	• 수험자 · 작업대의 준비 및 정돈 상태를 확인 한다 • 투명 아크릴판에 웨프트를 안정되게 부착한다. • 염모제 색상 선정 및 비율을 적정 비율로 위생적인 염색 브러시로 배합한다.
2. 컬러 도포	• 브러시를 이용한 도포 간격과 라인은 웨프트의 5cm 길이에 두고 도포 시 흘러내리지 않도록 정확하면서 균일하게 도포한다. • 염색 브러시를 사용하여 모발 가닥에 빠짐없이 매끄럽게 도포하며, 브러시 손놀림이 유연해야 한다. • 호일 감싸기를 정확히 해야 한다. • 드라이기를 사용하는 방법과 열처리(열풍 · 냉풍)으로 드라이한다. • 웨프트에 착색된 색상의 잔여물을 깨끗이 헹군 뒤 물기를 제거한다.
3. 완성도 및 조화미	• 웨프트를 헹군 후 타월 건조를 해야 한다. • 완성된 웨프트는 제시된 색상과 일치해야 한다. • 완성된 웨프트는 5cm를 기준으로 도포 라인이 정확해야 한다. • 완성된 웨프트의 염색은 얼룩짐 없이 균일하며 선명해야 한다.
4. 정리 및 마무리	• 완성된 웨프트는 작업결과지에 깨끗하게 부착한다. • 작업 후 작업대를 정리, 정돈을 위생적으로 한다.

Hair coloring

01 헤어 컬러링

25 min

1 채점기준

	준비상태	색상 배합	컬러 도포	샴푸 · 린스 및 건조	완성도	정리 및 마무리
20점	2점	3점	5점	3점	5점	2점

※ 채점기준은 실제 채점방식과 다를 수 있으나 핵심 요구사항은 유사하므로 참고하시면 도움이 됩니다.

2 도면

바탕색 – 웨프트 상단으로부터 약 5cm
웨프트 하단 약 10cm를
주황색, 보라색, 초록색으로
컬러링함

3 작업대 세팅

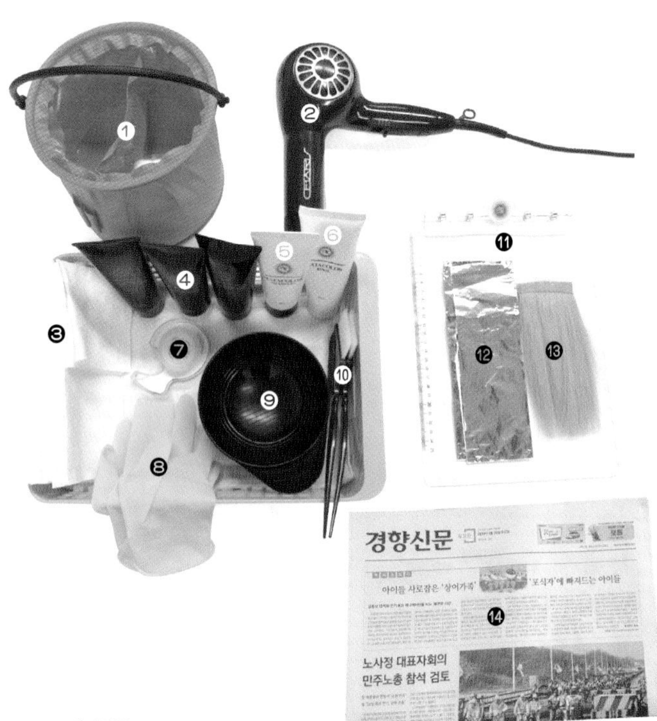

경향신문
노사정 대표자회의
민주노총 참석 검토

① 물통
② 헤어드라이기
③ 페이퍼타월
④ 산성염모제(빨강, 노랑, 파랑)
⑤ 샴푸제
⑥ 린스제
⑦ 투명테이프
⑧ 일회용 장갑
⑨ 염색볼
⑩ 염색브러시
⑪ 아크릴판
⑫ 호일
⑬ 헤어피스(시험용 웨프트)
⑭ 신문지

task 01 주황색

① 책상 위에 신문지를 깔고 그 위에 아크릴판을 놓고 호일을 아크릴판 사이즈에 맞게 감싸준다.

② 접어놓은 호일을 아크릴판에 고정한다.

③ 아크릴판 호일 위에 헤어피스를 아크릴판 집게를 이용하여 고정한다.

※ 호일의 윗부분 6cm를 미리 접어서 컬러링 작업할 때 가이드로 삼도록 한다.

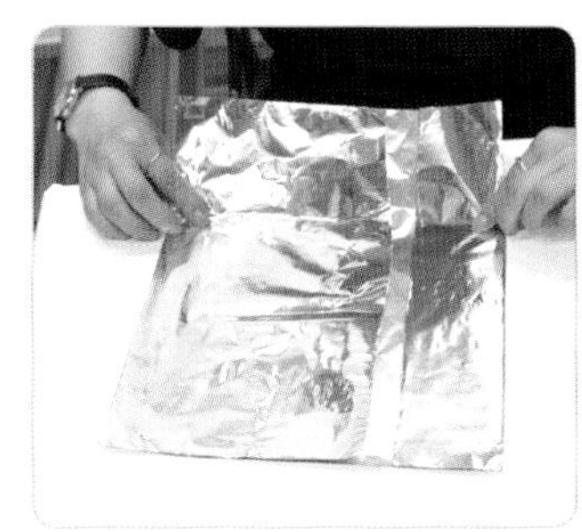
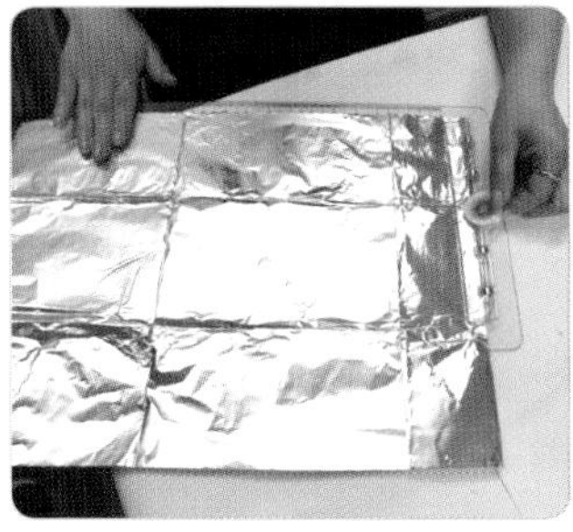
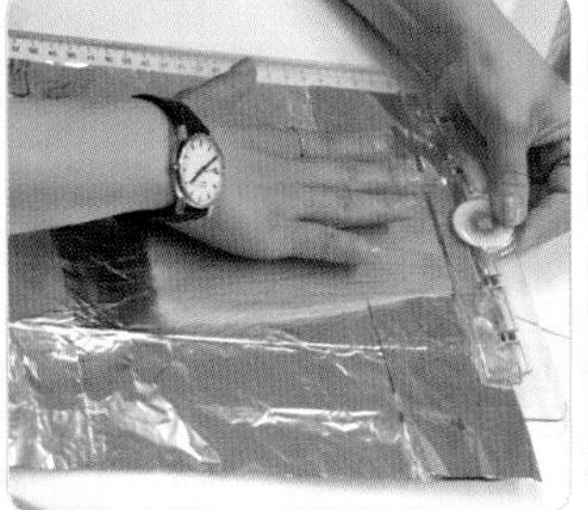
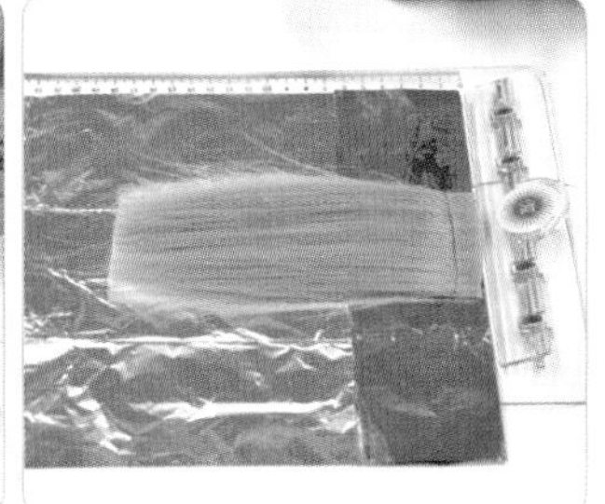

④ 브러시로 헤어피스에 빗질을 한번 해주고 빠지는 헤어피스는 깨끗이 정리한다.

감정요인 | 헤어피스를 2개 이상 사용할 경우 0점 처리 되니 주의한다.

⑤ 미용 장갑을 착용하고 깨끗한 염색 볼에 노랑과 빨강 염모제를 3:1의 비율로 덜고 깨끗한 염색 브러시로 두 개의 색상을 잘 섞이도록 골고루 저어준다.

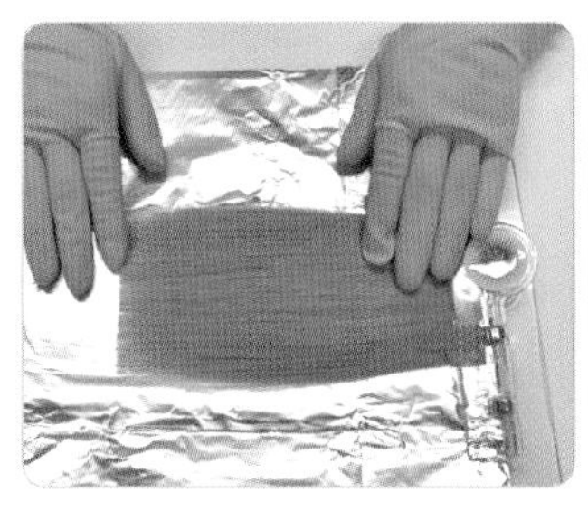

⑥ 흰색 테스트지 위에 배합한 염모제를 묻혀서 색상이 잘 나오는지 확인한다.

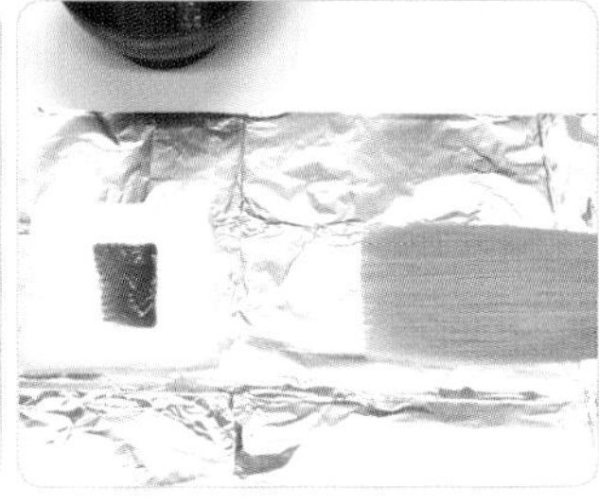

테스트지는 색상 확인 후 바로 위생봉투에 버린다.

⑦ 호일 위에 헤어피스를 꼬리빗이나 염색 브러시 꼬리로 슬라이스하여 왼손 네 번째와 다섯 번째 손가락 사이에 끼워 분배하여 잡는다.

⑧ 같은 방법으로 두 번째 슬라이스를 세 번째와 네 번째 손가락 사이에 끼워 잡고, 세 번째 슬라이스를 두 번째와 세 번째 손가락 사이에 끼워 잡고, 네 번째 슬라이스를 첫 번째와 두 번째 손가락 사이에 끼워 잡는다.

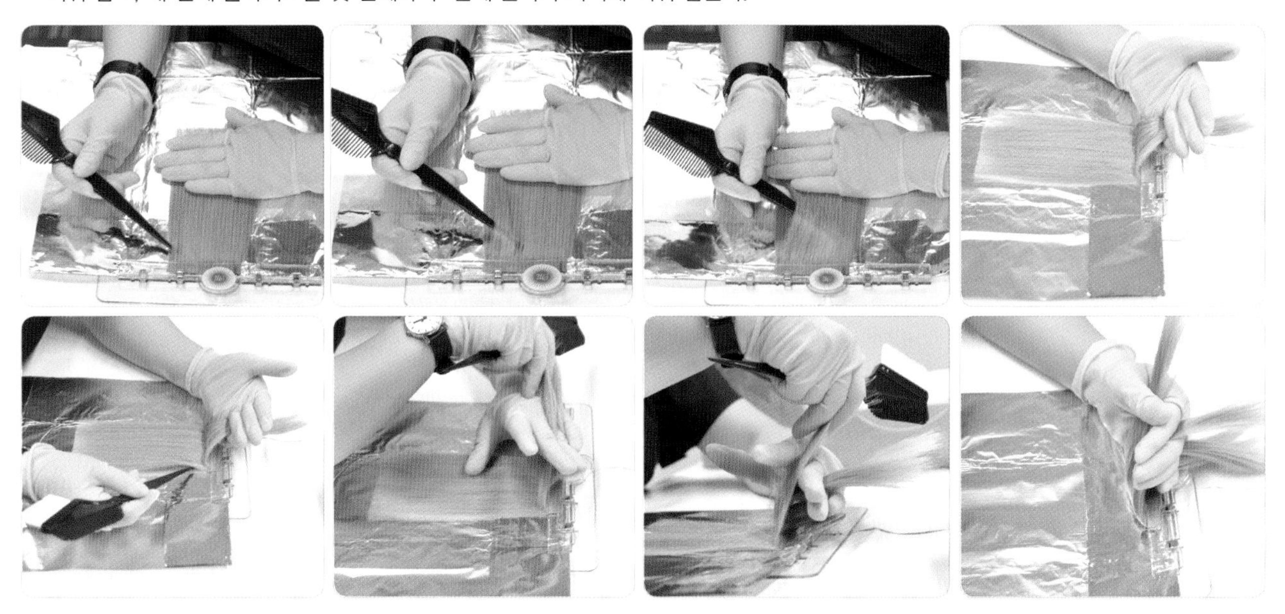

⑨ 주황색 염모제를 염색 브러시에 묻혀 약 5cm를 띄우고 호일 바닥에 고르게 도포한다.

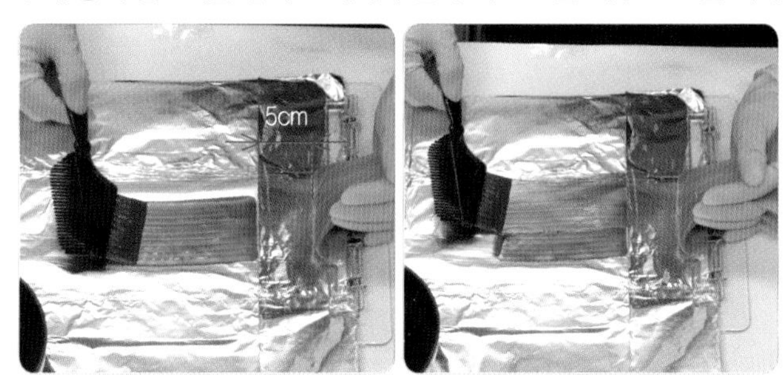

⑩ 왼손가락 맨 아래 두발을 호일 위에 내려놓고 브러시 반대편 빗으로 헤어피스를 빗어준 뒤 약 5cm를 띄우고 주황색 염모제를 도포한다.

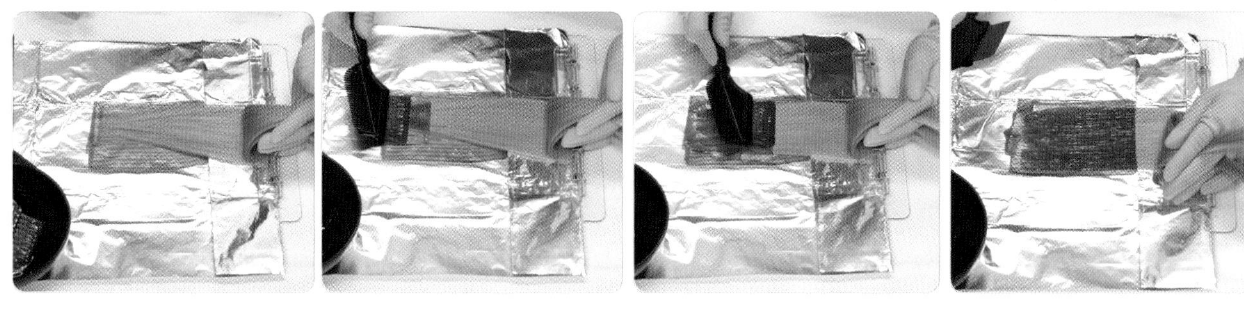

Checkpoint

- 염모제 도포 시 브러시를 90° 각도로 세워서 바르면서 차츰 45°각도로 눕혀서 바른다.
- 염색 브러시를 세로로 세워 모발 사이사이까지 염모제를 잘 묻힌다.
- 도포 방법은 중간 길이에서 두발 끝 → 5cm 위치에서 중간 → 두발 끝 순으로 바른다.
- 염모제의 고른 도포를 위해 빗질을 할 때에는 도포한 염모제가 훑어져 쓸려 내려올 수 있으므로 주의한다.

⑪ 같은 방법으로 마지막 슬라이스까지 꼼꼼하게 염모제를 도포한다.

Checkpoint

- 염모제가 헤어피스에 고르게 침투되도록 브러시로 재빠르게 도포해야 한다.
- 헤어피스를 뒤집어 보고 도포가 안 된 부분이 있으면 한 번 더 발라준다.

⑫ 헤어피스를 호일을 사용해 하단을 접은 후 호일의 좌우를 접는다.

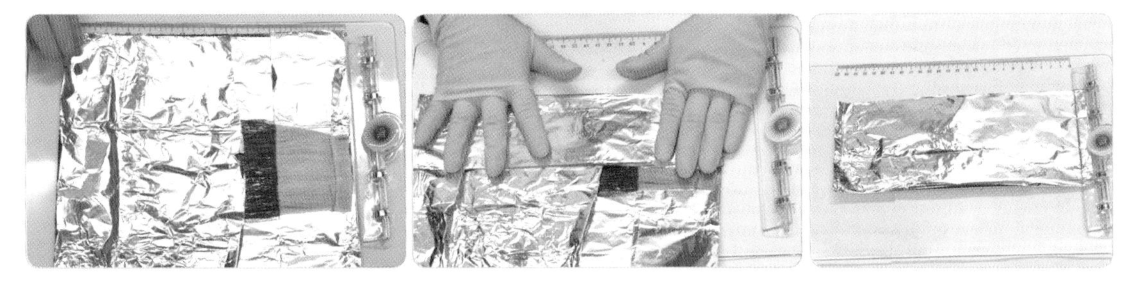

⑬ 헤어피스를 호일로 감싼 후 헤어드라이어를 사용하여 3~4분 정도 열풍 처리한다.

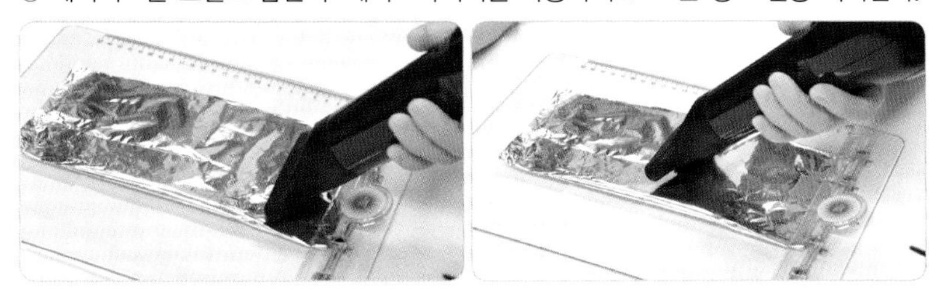

Checkpoint

열처리 시에는 호일을 밀봉시켜서 바람이 들어가지 않도록 한다.

⑭ 열풍 처리 후 2~3분 정도 차가운 바람으로 처리한 후 호일을 펴고 1~2분 정도 자연 방치한다.

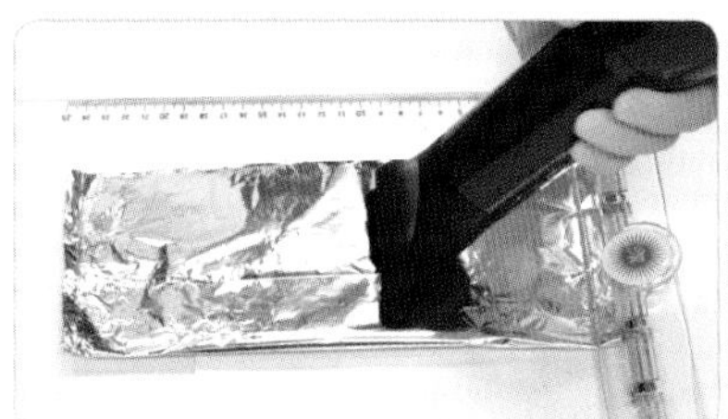

사용한 염색도구와 주변을 정리한다.

⑮ 자연 방치 후 헤어피스에 소량의 샴푸를 사용하여 거품을 낸 후 물통에서 깨끗이 헹군다.

⑯ 샴푸 후 산성 린스를 사용하여 물통에서 깨끗하게 헹구어준다.

헤어피스를 자연 방치하는 동안 물통에 샴푸와 린스를 풀어놓는다.

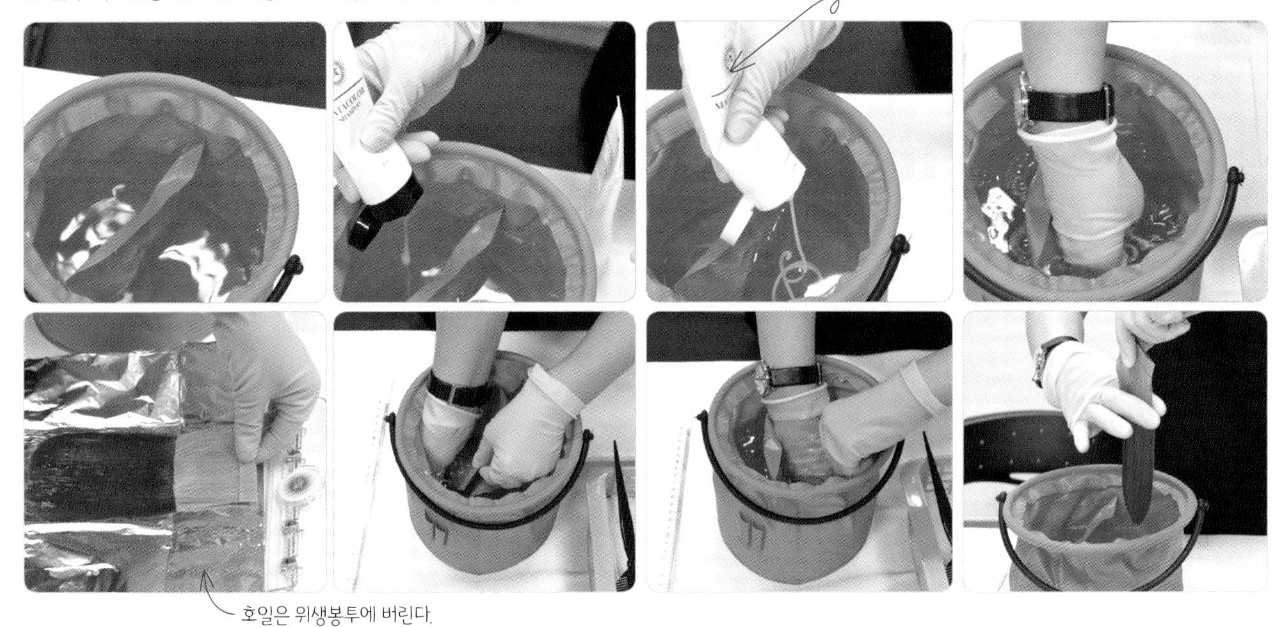

호일은 위생봉투에 버린다.

Checkpoint

- 방치시간이 끝나고 헤어피스가 염색이 잘 되었는지 확인한 후 호일에서 떼어서 헹굴 때에는 먼저 키친타월로 눌러 염모제를 1차 제거한 후 샴푸와 린스 작업을 하면 적은 양의 물을 사용할 수 있다.
- 상단 5cm 떼고 작업한 위쪽으로 염모제가 번지지 않도록 주의한다.

⑰ 젖은 헤어피스를 타월 또는 페이퍼 타월로 물기를 꾹꾹 눌러 제거한 후 헤어드라이어를 사용하여 모발을 건조시킨다.

⑱ 브러시를 사용하여 모발 결을 따라 빗어주면서 말려준다.

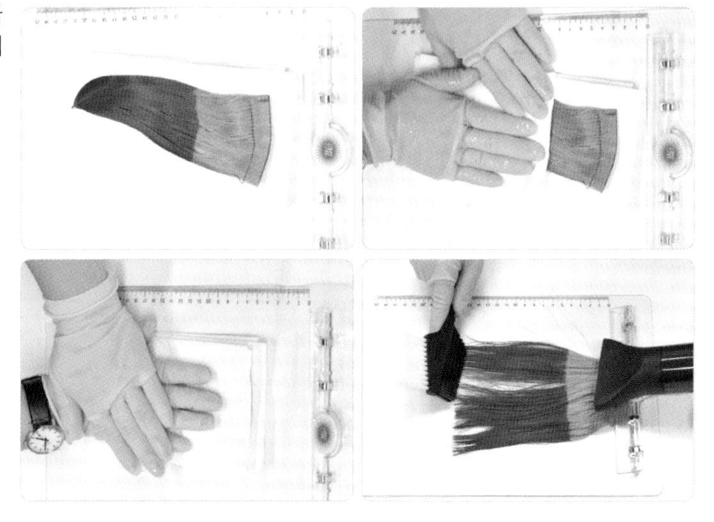

⑲ 주황색으로 염색한 헤어피스를 깔끔하게 정돈하고 작업 결과지에 투명테이프로 고정해서 제출한다.

⑳ 주변을 정리하고 심사위원의 지시에 따른다.

task 02 보라색

① 책상 위에 신문지를 깔고 그 위에 아크릴판을 놓고 호일을 아크릴판 사이즈에 맞게 감싸준다.

② 접어놓은 호일을 아크릴판에 고정한다.

③ 아크릴판 호일 위에 헤어피스를 아크릴판 집게를 이용하여 고정한다.

※ 호일의 윗부분 6cm를 미리 접어서 컬러링 작업할 때 가이드로 삼도록 한다.

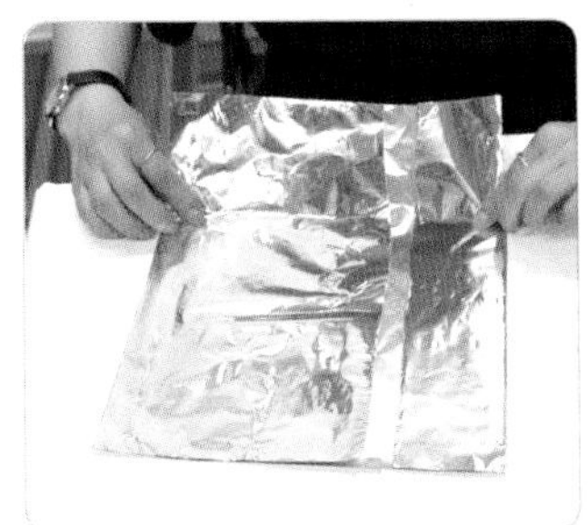
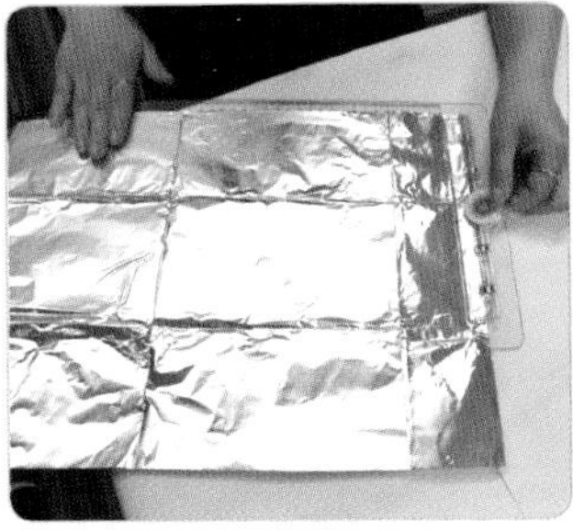

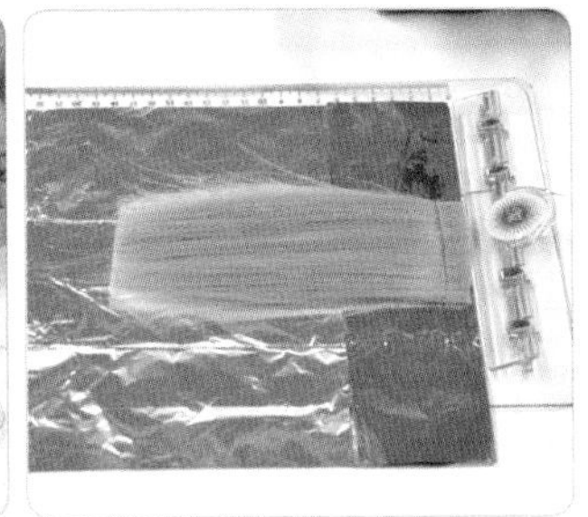

④ 브러시로 헤어피스에 빗질을 한번 해주고 빠지는 헤어피스는 깨끗이 정리한다.

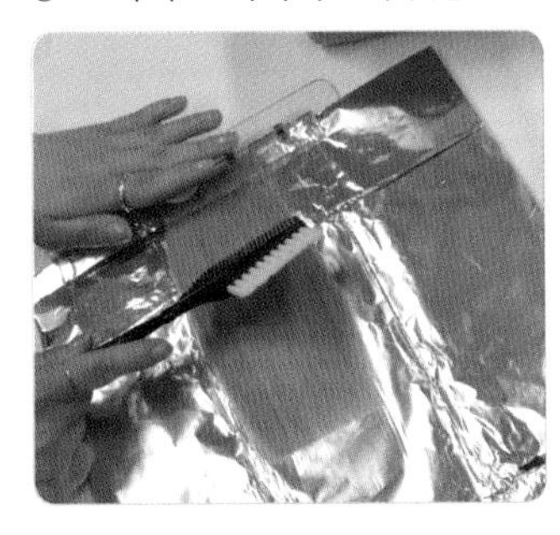

⑤ 미용 장갑을 착용하고 깨끗한 염색 볼에 빨강과 파랑 염모제를 2:1의 비율로 덜고 깨끗한 염색 브러시로 두 개의 색상을 잘 섞이도록 골고루 저어준다.

⑥ 준비한 흰색 테스트지 위에 베합한 염모제를 묻혀서 색상이 잘 나오는지 확인한다.

⑦ 호일 위에 헤어피스를 꼬리빗이나 염색 브러시 꼬리로 슬라이스하여 왼손 네 번째와 다섯 번째 손가락 사이에 끼워 분배하여 잡는다.

⑧ 같은 방법으로 두 번째 슬라이스를 세 번째와 네 번째 손가락 사이에 끼워 잡고, 세 번째 슬라이스를 두 번째와 세 번째 손가락 사이에 끼워 잡고, 네 번째 슬라이스를 첫 번째와 두 번째 손가락 사이에 끼워 잡는다.

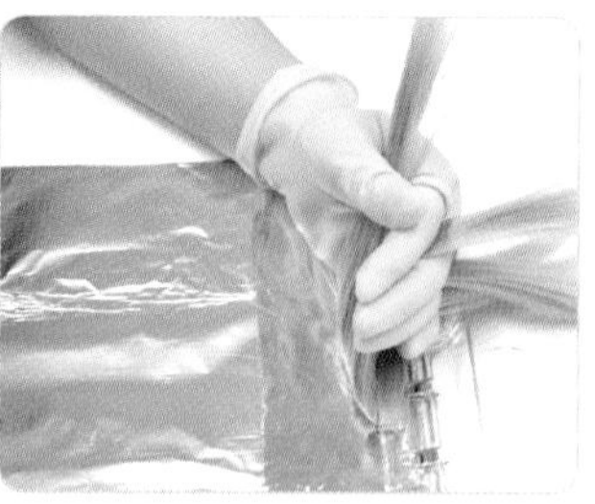

⑨ 보라색 염모제를 염색 브러시에 묻혀 약 5cm를 띄우고 호일 바닥에 고르게 도포한다.

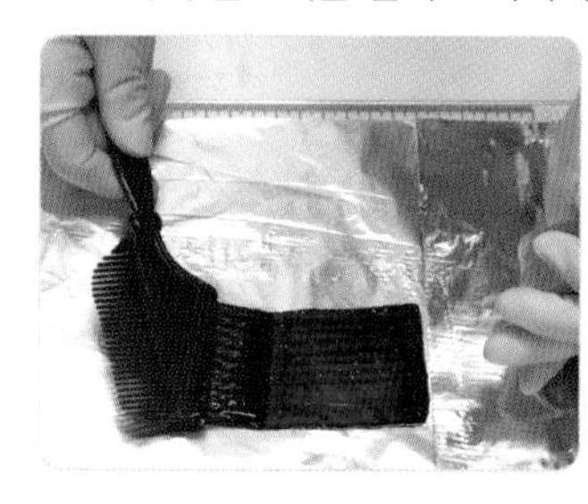

⑩ 왼손가락 맨 아래 두발을 호일 위에 내려놓고 브러시 반대편 빗으로 헤어피스를 빗어준 뒤 약 5cm를 띄우고 보라색 염모제를 도포한다.

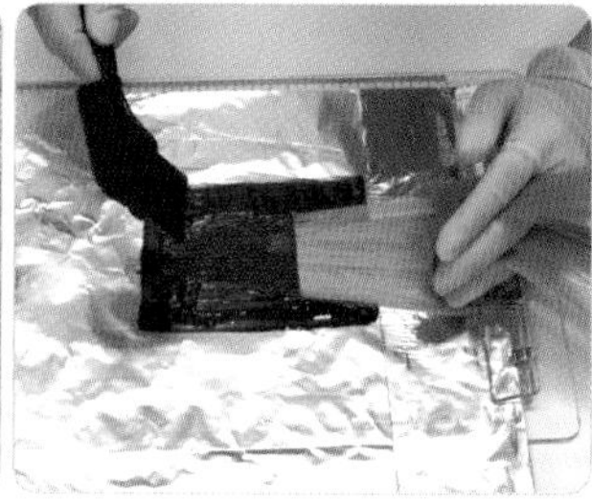

⑪ 같은 방법으로 마지막 슬라이스까지 꼼꼼하게 염모제를 도포한다.

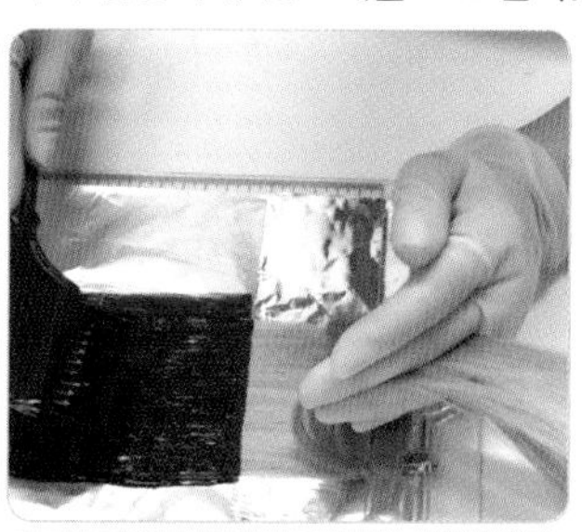
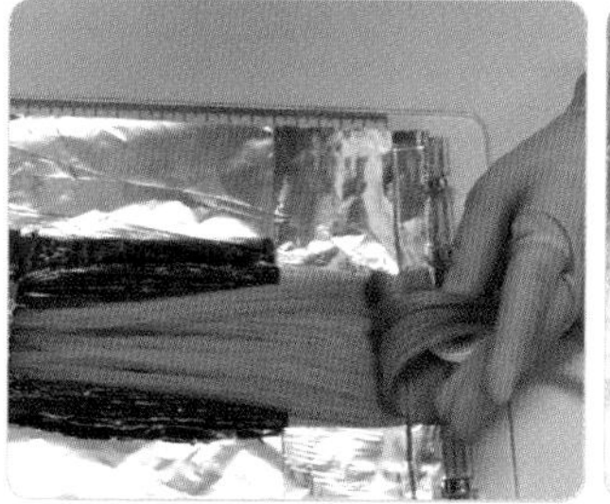

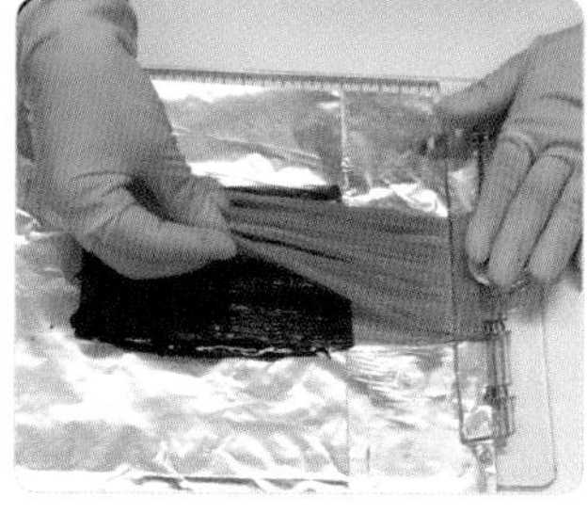

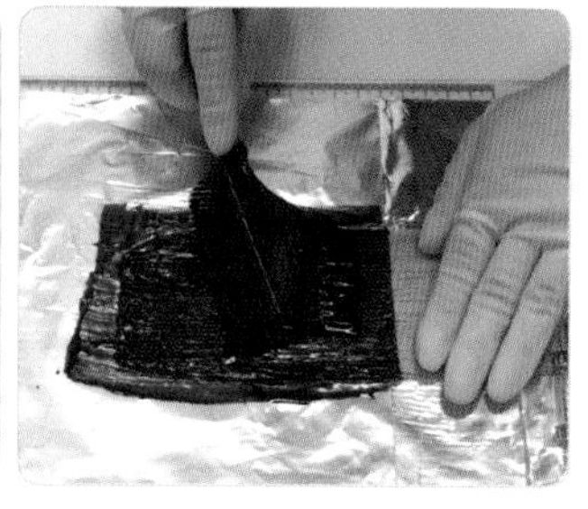

⑫ 헤어피스를 호일을 사용해 하단을 접은 후 호일의 좌우를 접는다.

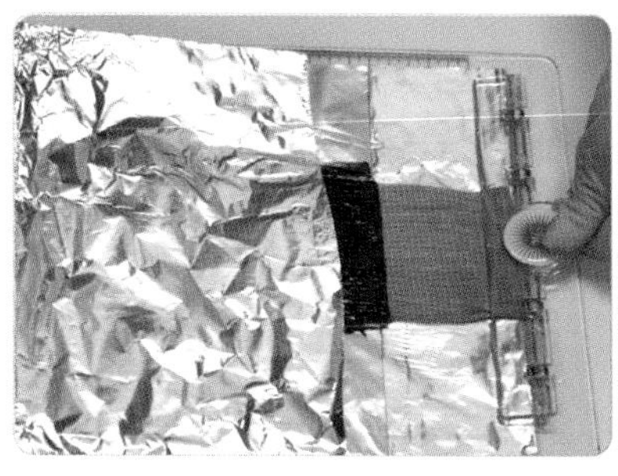
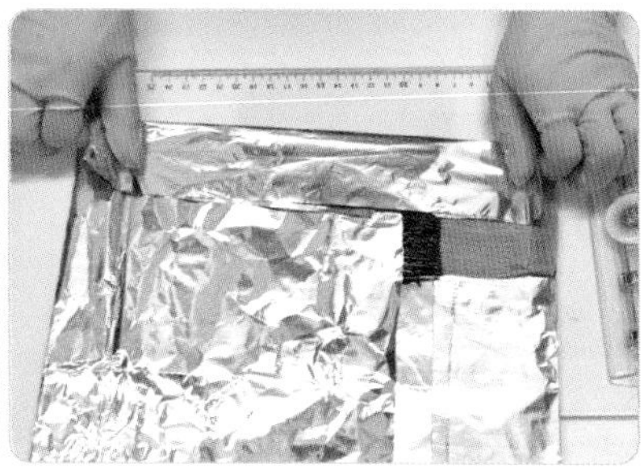
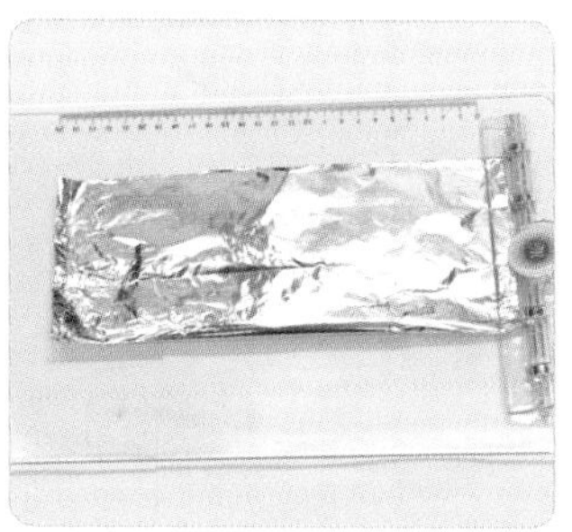

⑬ 헤어피스를 호일로 감싼 후 헤어드라이어를 사용하여 3~4분 정도 열풍 처리한다.

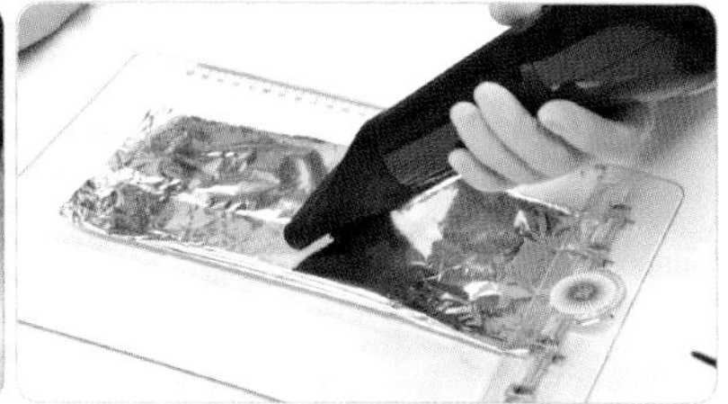

⑭ 열풍 처리 후 2~3분 정도 차가운 바람으로 처리한 후 호일을 펴고 1~2분 정도 자연 방치한다.

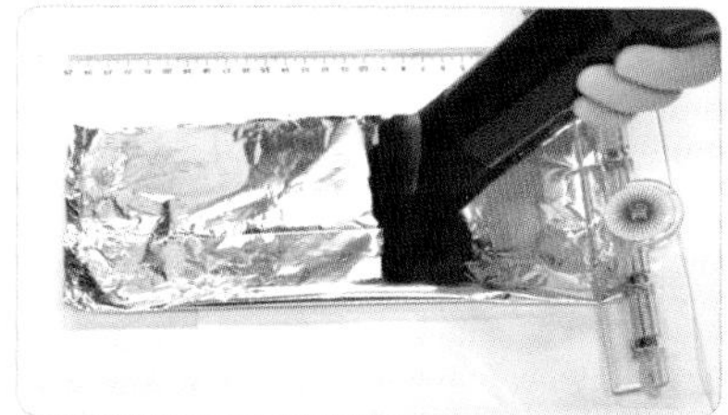
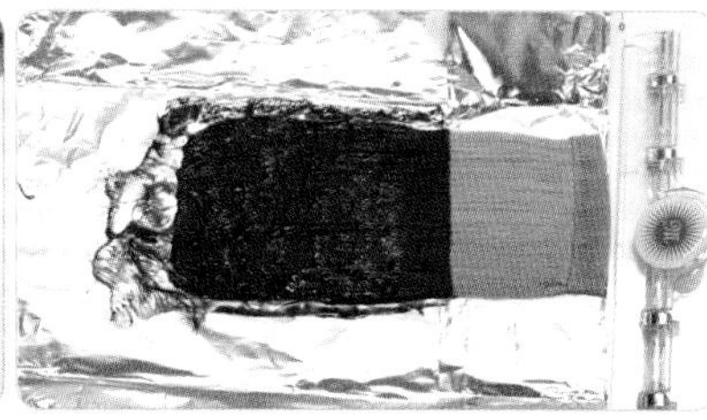

Checkpoint
열처리 시에는 은박지를 밀봉시켜서 바람이 들어가지 않도록 한다.

Note 사용한 염색도구와 주변을 정리한다.

⑮ 자연 방치 후 헤어피스에 소량의 샴푸를 사용하여 거품을 낸 후 물통에서 깨끗이 헹구어 낸다.

⑯ 샴푸 후 산성 린스를 사용하여 물통에서 깨끗하게 헹구어준다.

상단 5cm 떼고 작업한 위쪽으로 염모제가 번지지 않도록 주의한다.

⑰ 젖은 헤어피스를 타월 또는 페이퍼 타월로 물기를 꾹꾹 눌러 제거한 후 헤어드라이어를 사용하여 모발을 건조시킨다.

⑱ 브러시를 사용하여 모발 결을 따라 빗어주면서 말려준다.

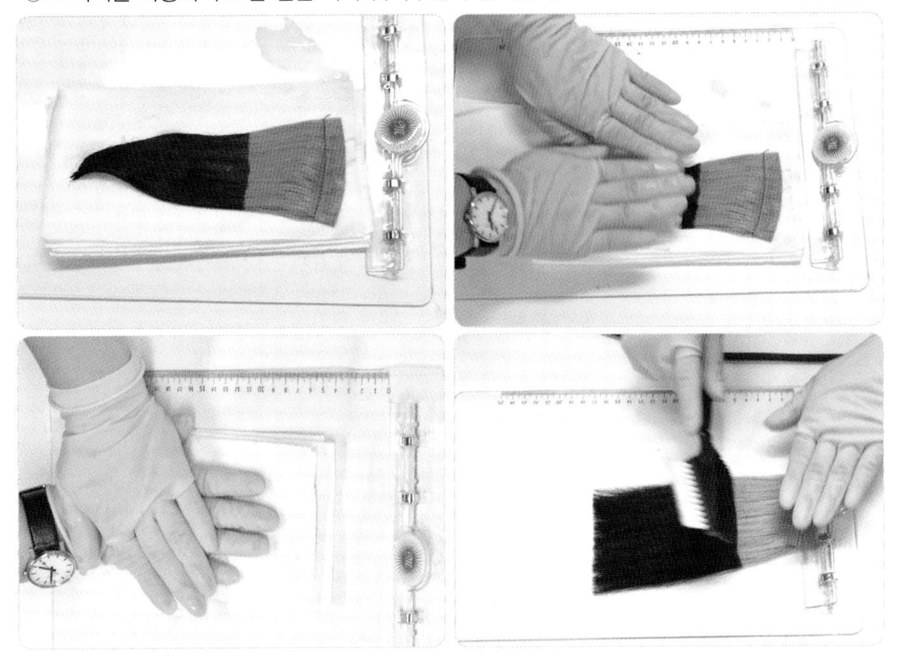

⑲ 보라색으로 염색한 헤어피스를 깔끔하게 정돈하고 A4용지에 투명테이프로 작품을 고정해서 제출한다.

⑳ 주변을 정리하고 심사위원의 지시에 따른다.

Checkpoint

미리 받은 작업 결과지가 작업 중에 헤어드라이어 바람에 날리거나 염모제가 묻지 않도록 보관에 주의한다.

초록색

① 책상 위에 신문지를 깔고 그 위에 아크릴판을 놓고 호일을 아크릴판 사이즈에 맞게 감싸준다.

② 접어놓은 호일을 아크릴판에 고정한다.

③ 아크릴판 호일 위에 헤어피스를 아크릴판 집게를 이용하여 고정한다.

※ 호일의 윗부분 6cm를 미리 접어서 컬러링 작업할 때 가이드로 삼도록 한다.

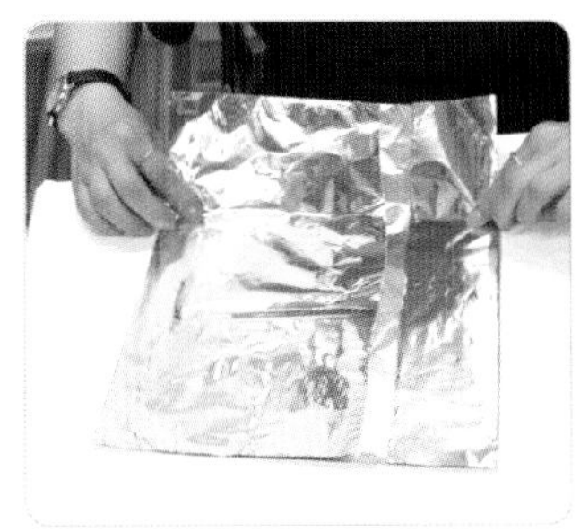

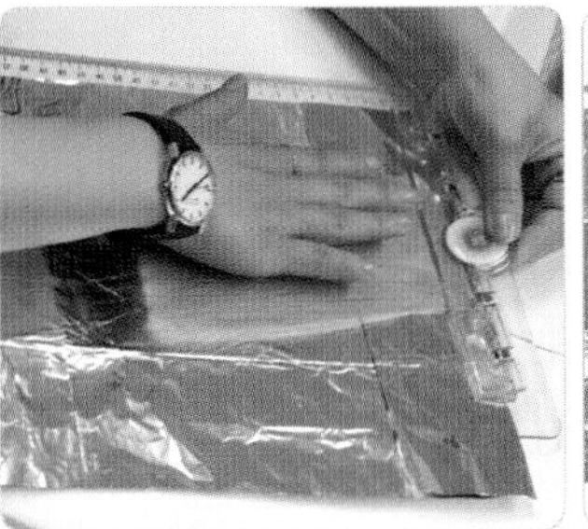
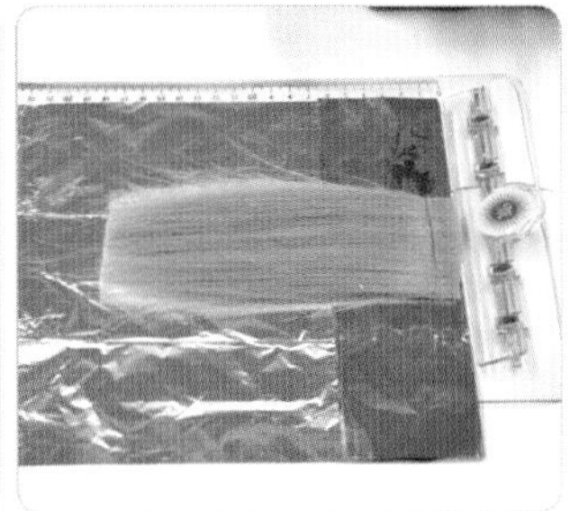

④ 브러시로 헤어피스에 빗질을 한번 해주고 빠지는 헤어피스는 깨끗이 정리한다.

⑤ 미용 장갑을 착용하고 깨끗한 염색 볼에 노랑과 파랑 염모제를 3:1의 비율로 덜고 깨끗한 염색 브러시로 두 개의 색상을 잘 섞이도록 골고루 저어준다.

⑥ 준비한 흰색 테스트지 위에 배합한 염모제를 묻혀서 색상이 잘 나오는지 확인한다.

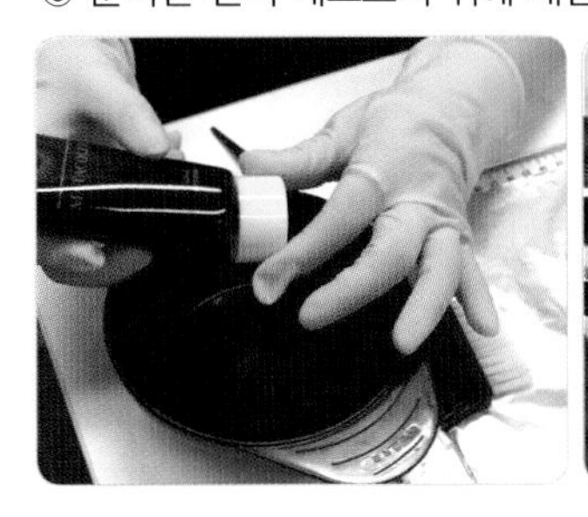
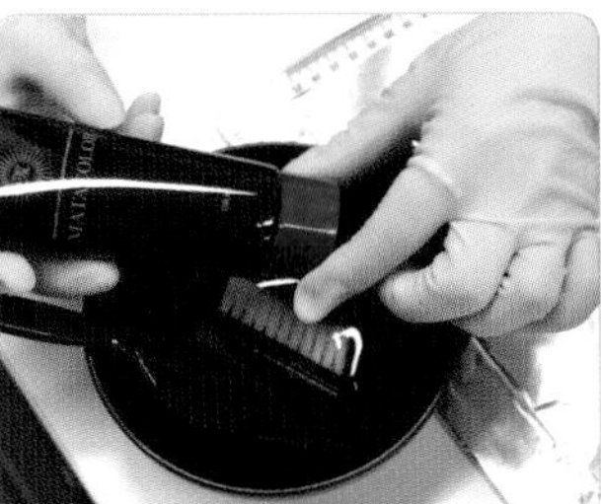

⑦ 호일 위에 헤어피스를 꼬리빗이나 염색 브러시 꼬리로 슬라이스하여 왼손 네 번째와 다섯 번째 손가락 사이에 끼워 분배하여 잡는다.

⑧ 같은 방법으로 두 번째 슬라이스를 세 번째와 네 번째 손가락 사이에 끼워 잡고, 세 번째 슬라이스를 두 번째와 세 번째 손가락 사이에 끼워 잡고, 네 번째 슬라이스를 첫 번째와 두 번째 손가락 사이에 끼워 잡는다.

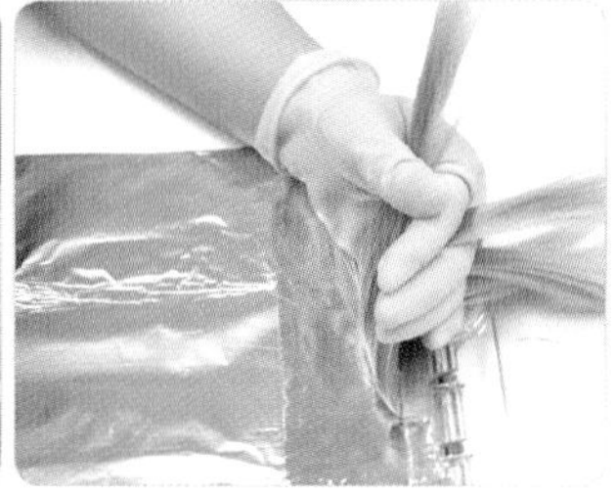

⑨ 초록색 염모제를 염색 브러시에 묻혀 약 5cm를 띄우고 호일 바닥에 고르게 도포한다.

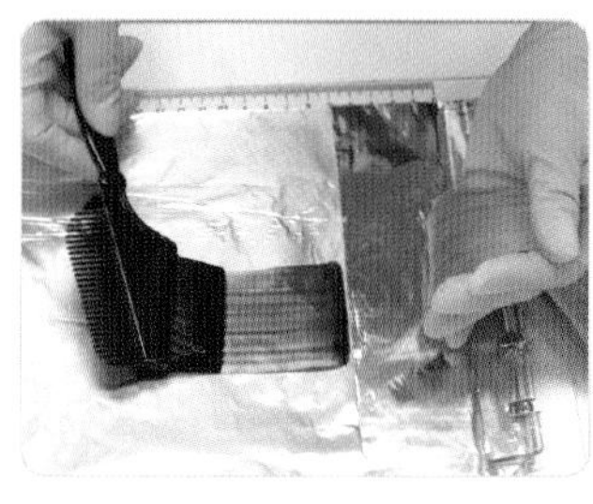

⑩ 왼손가락 맨 아래 두발을 호일 위에 내려놓고 브러시 반대편 빗으로 헤어피스를 빗어준 뒤 약 5cm를 띄우고 초록색 염모제를 도포한다.

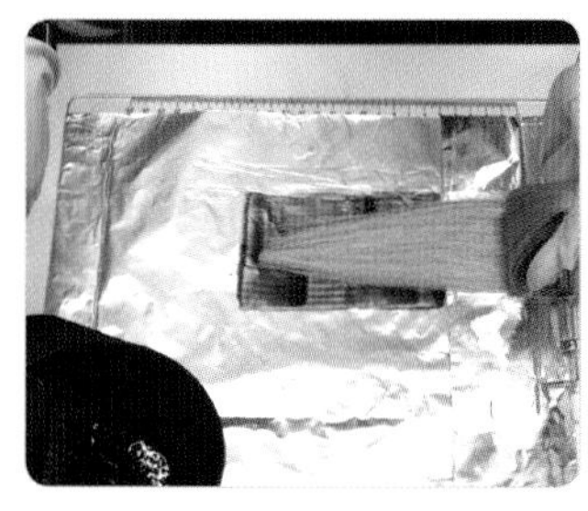
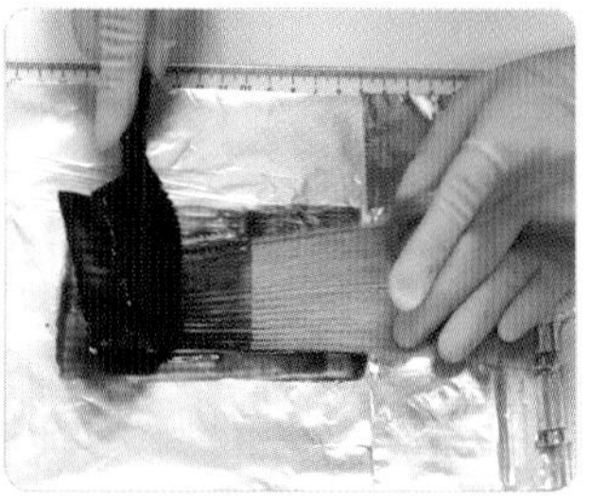
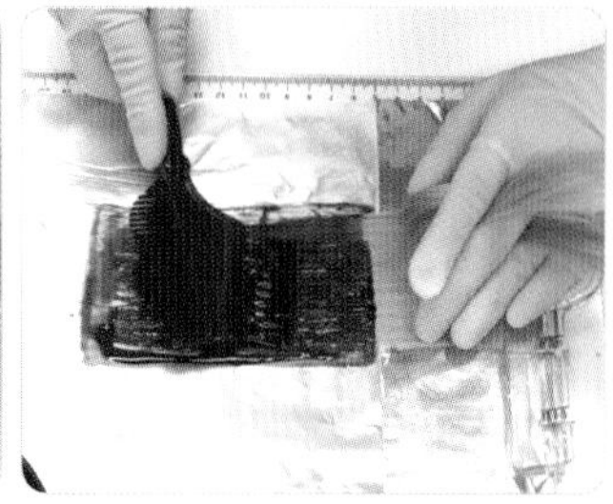

⑪ 같은 방법으로 마지막 슬라이스까지 꼼꼼하게 염모제를 도포한다.

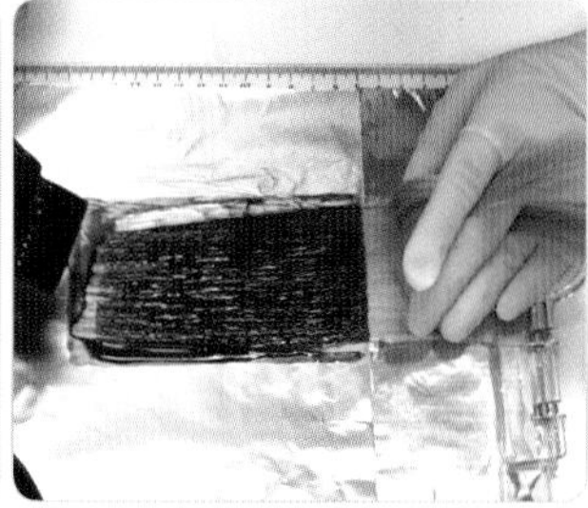

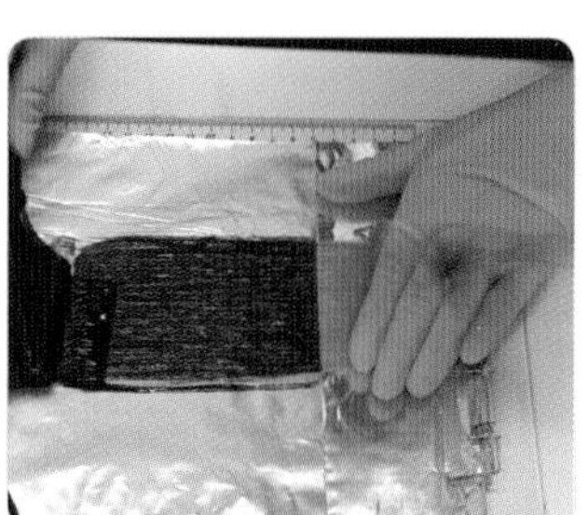
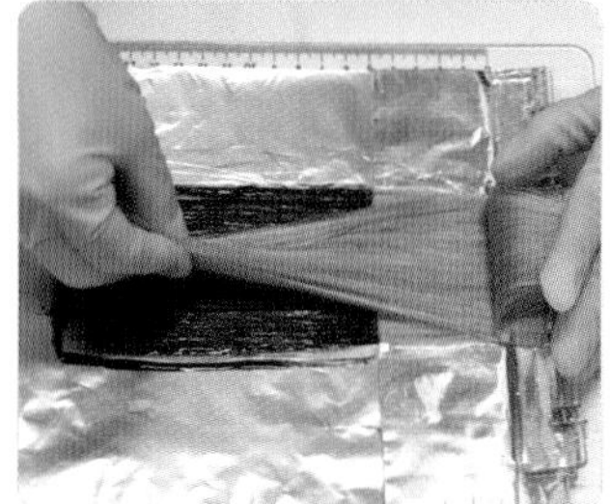

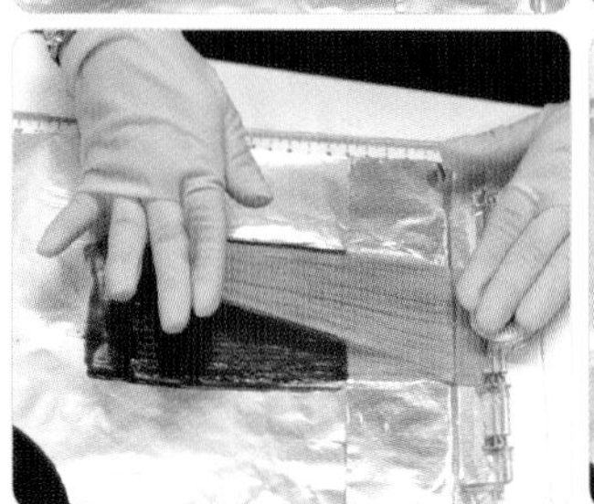
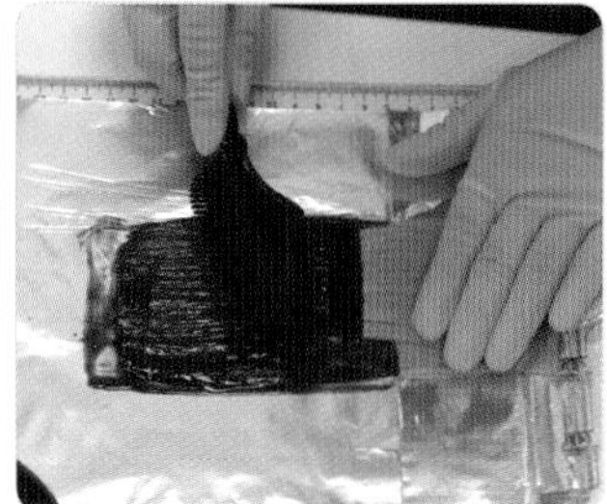

⑫ 헤어피스를 호일을 사용해 하단을 접은 후 호일의 좌우를 접는다.

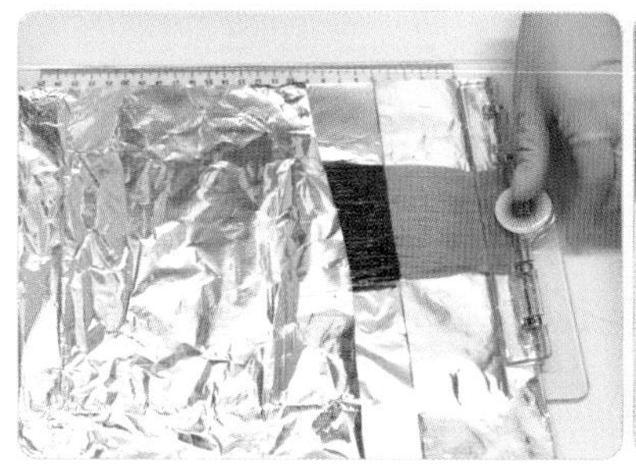
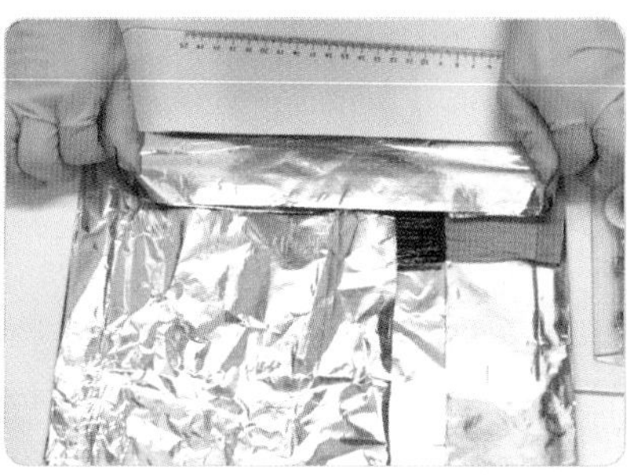
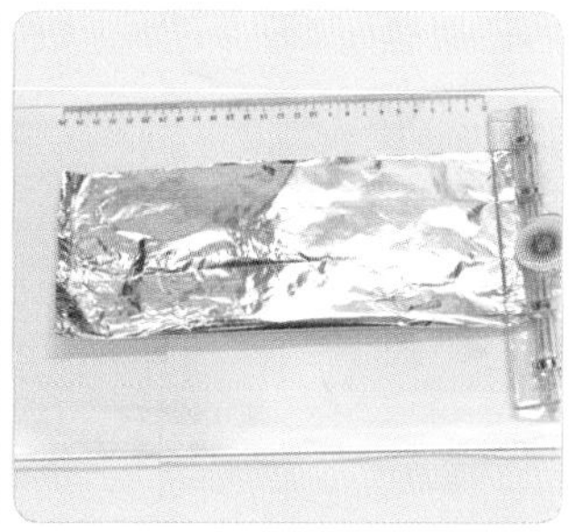

⑬ 헤어피스를 호일로 감싼 후 헤어드라이어를 사용하여 3~4분 정도 열풍 처리한다.

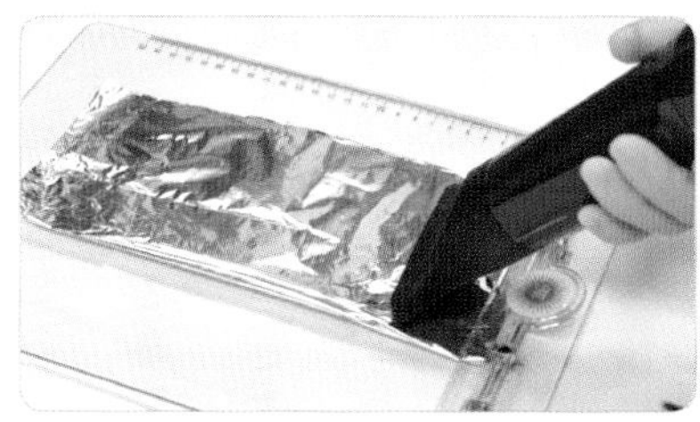

⑭ 열풍 처리 후 2~3분 정도 차가운 바람으로 처리한 후 호일을 펴고 1~2분 정도 자연 방치한다.

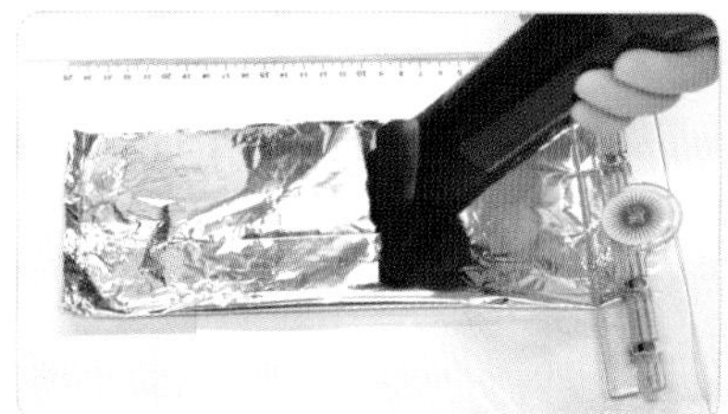

Checkpoint
열처리 시에는 은박지를 밀봉시켜서 바람이 들어가지 않도록 한다.

사용한 염색도구와 주변을 정리한다.

⑮ 자연 방치 후 헤어피스에 소량의 샴푸를 사용하여 거품을 낸 후 물통에서 깨끗이 헹구어 낸다.

⑯ 샴푸 후 산성 린스를 사용하여 물통에서 깨끗하게 헹구어준다.

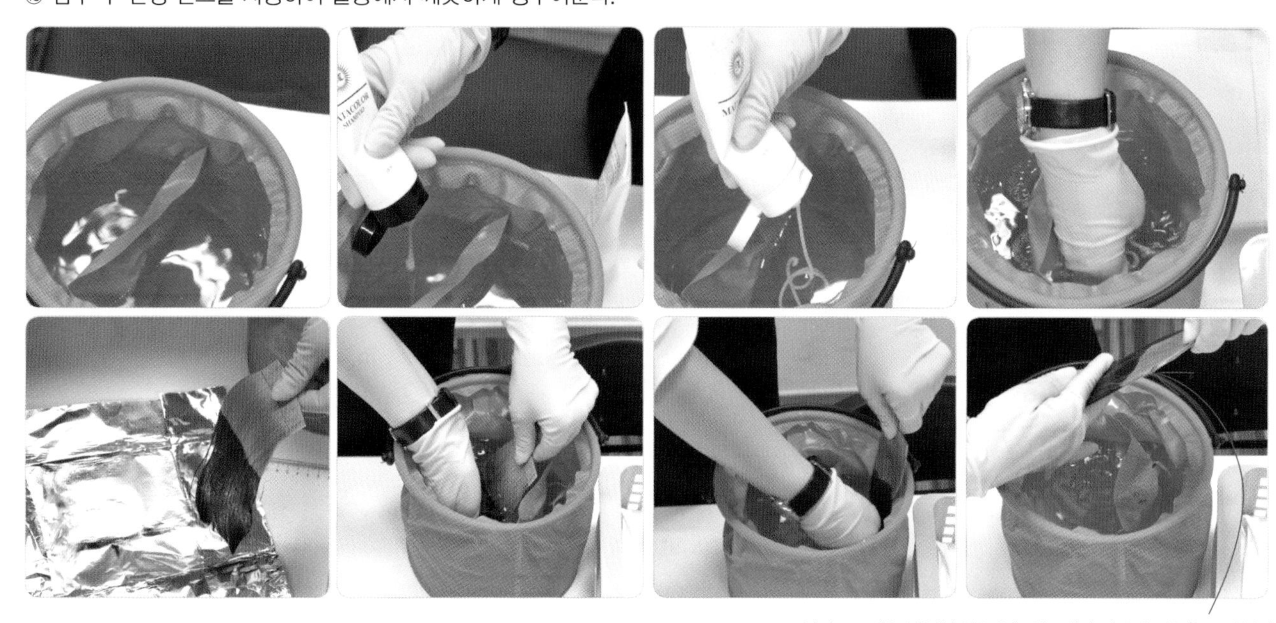

상단 5cm 떼고 작업한 위쪽으로 염모제가 번지지 않도록 주의한다.

⑰ 젖은 헤어피스를 타월 또는 페이퍼 타월로 물기를 꾹꾹 눌러 제거한 후 헤어드라이어를 사용하여 모발을 건조시킨다.

⑱ 브러시를 사용하여 모발 결을 따라 빗어주면서 말려준다.

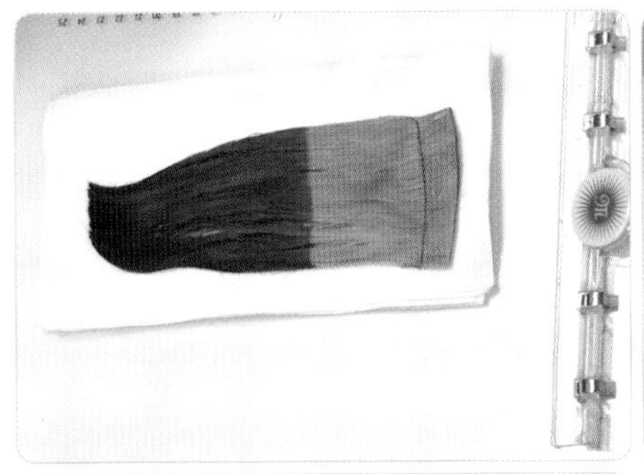

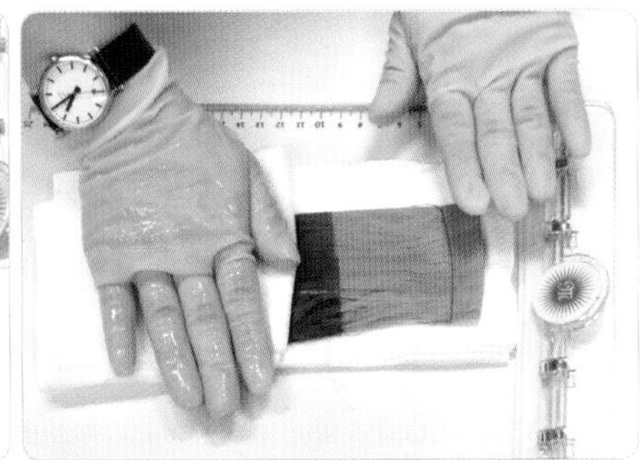

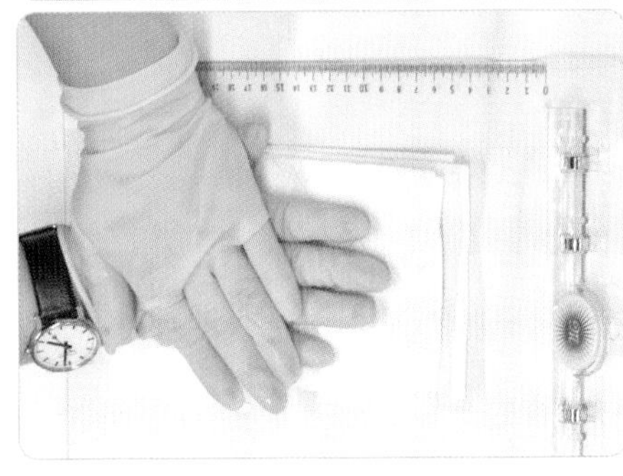

⑲ 초록색으로 염색한 헤어피스를 깔끔하게 정돈하고 A4용지에 투명테이프로 작품을 고정해서 제출한다.

⑳ 주변을 정리하고 심사위원의 지시에 따른다.

Checkpoint

미리 받은 작업 결과지가 작업 중에 헤어드라이어 바람에 날리거나 염모제가 묻지 않도록 보관에 주의한다.

기분파 일반미용사(헤어) 실기

2025년 1월 20일 5판 2쇄 인쇄
2025년 1월 30일 5판 2쇄 발행

지은이 장수은 · 최현경 · 에듀웨이 R&D 연구소(미용부문)
펴낸이 송우혁 | 펴낸곳 (주)에듀웨이 | 주소 경기도 부천시 소향로13번길 28-14, 8층 808호(상동, 맘모스타워)
대표전화 032) 329-8703 | 팩스 032) 329-8704 | 등록 제387-2013-000026호 | 홈페이지 www.eduway.net

기획 · 진행 에듀웨이 R&D 연구소 | 북디자인 디자인동감 | 교정교열 조효정 · 정상일 | 인쇄 미래피앤피

책값은 뒤표지에 있습니다.

ISBN 979-11-86179-91-8

이 도서의 국립중앙도서관 출판시도서목록(CIP)은 서지정보유통지원시스템 홈페이지(http://seoji.nl.go.kr)와 국가자료공동목록시스템(http://www.nl.go.kr/kolisnet)에서 이용하실 수 있습니다.